U0177870

外墙外保温技术与标准

Technology and Standards of External Thermal Insulation

中国建筑标准设计研究院有限公司
北京振利高新技术有限公司
正方利民工业化建筑科技股份有限公司
组织编写

黄振利　顾泰昌　顾平圻　主编

中国建筑工业出版社

图书在版编目（CIP）数据

外墙外保温技术与标准 = Technology and Standards of External Thermal Insulation / 中国建筑标准设计研究院有限公司，北京振利高新技术有限公司，正方利民工业化建筑科技股份有限公司组织编写；黄振利，顾泰昌，顾平圻主编．—北京：中国建筑工业出版社，2022.9

ISBN 978-7-112-27775-9

Ⅰ．①外… Ⅱ．①中… ②北… ③正… ④黄… ⑤顾… ⑥顾… Ⅲ．①建筑物－外墙－保温工程－行业标准－中国 Ⅳ．①TU111.4-65

中国版本图书馆 CIP 数据核字（2022）第 152856 号

责任编辑：毕凤鸣
责任校对：张惠雯

外墙外保温技术与标准
Technology and Standards of External Thermal Insulation
中国建筑标准设计研究院有限公司
北京振利高新技术有限公司 组织编写
正方利民工业化建筑科技股份有限公司
黄振利 顾泰昌 顾平圻 主编
*
中国建筑工业出版社出版、发行（北京海淀三里河路9号）
各地新华书店、建筑书店经销
逸品书装设计制版
北京云浩印刷有限责任公司印刷
*
开本：787毫米×1092毫米 1/16 印张：17½ 插页：4 字数：312千字
2022年10月第一版 2022年10月第一次印刷
定价：**72.00** 元
ISBN 978-7-112-27775-9
（39910）

编写名单

主　编：黄振利　顾泰昌　顾平圻

副主编：梁俊强　叶金成　宋　波　朱传晟　赵军锋　李　永　张　君

编写委员（按姓氏笔画排列）：

于　文　于仁飞　卫　军　马志国　王　川　王力红　王飞飞
王立平　王俊胜　王洁军　王满生　戈禄亚　孔祥荣　白　羽
曲汝铎　曲军辉　朱　青　朱春玲　仲继寿　任　琳　向丽娜
刘海名　刘祥枝　许红升　许鑫华　孙佳晋　孙洪明　孙鲁军
杜　爽　李　宁　李　荣　李　峰　李　黎　李　燚　李小刚
李春雷　李真真　李晓亮　杨　军　杨　柯　杨海凡　吴　斌
吴希辉　邱军付　邱苍虎　邹海敏　张　辉　张成琦　张守峰
张建龙　张晓颖　张娉鹤　张瑞昕　陈全良　陈志豪　邰　慧
范　昕　林勃浩　林燕成　季广其　金建伟　周红燕　郑金丽
赵冬梅　赵惠清　胡永腾　钟圣军　姜　康　洪　梅　贾韵梅
顾镇鑫　徐向飞　高　巍　郭　伟　郭中文　郭志全　郭俊平
黄振玲　曹　杨　曹德军　续俊峰　韩欣健　程　杰　温东升
谢军华　谭　威　潘　籙

指导委员会

主　任：徐　伟

副主任：孟　扬　冯　雅　左勇志　杨玉忠　郭永利

委　员（按姓氏笔画排列）：

王建明　史　勇　吕大鹏　刘　昆　刘松岭　刘晓钟　安艳华
许锦峰　孙四海　孙克放　李云淑　李东毅　张树君　杨维菊
沈　斌　陈丹林　郑一敏　郑襄勤　赵立华　郝翠彩　拜合提亚
栾景阳　蒋　卫

序

—

中国的建筑节能工作从20世纪80年代开始经过40多年的不懈努力发展到今天，从政策、法规、技术、标准和管理等方面形成了一个完整的有机的体系。当下，双碳目标的确定和任务的细分为中国的建筑节能带来了新的更大的发展机遇，同时也带来了巨大的挑战。

助力推动建筑领域碳达峰、碳中和要坚持“三个层面”的工作协同推进，要坚持扎扎实实、稳中求进的工作思路。

第一个层面是，深入开展科学研究及试验，深入探讨建筑节能发展变化的规律，尤其要深入开展应用基础研究。在充分认识规律的基础上逐步完善提高各项标准，夯实建筑节能工作的技术基础。这是我们更好发展的前提。

第二个层面是，积极发展绿色建筑。绿色建筑的全生命周期使其在环境负荷最低的同时为居住者尽可能提供更加舒适的生活环境，就其内容的广度和深度而言，与节能建筑相比有了更加显著的变化。在节能的同时，做到节约水资源、节约土地资源、节约建筑材料，提高室内外环境质量，使广大居住者的生活质量得到较大幅度的改善和提高。

第三个层面是，积极开展近零能耗建筑研究。近零能耗建筑是建筑节能技术的发展方向，我们应当下大力气研究适合国情的技术和工艺，探讨技术可行经济合理的发展路径，为建筑节能的发展开阔更加宽广的道路。

这三个层面的工作构成了建筑领域碳达峰、碳中和较为完整的工作格局。

同时，这三个层面的工作都需要一个共同的物质基础，即性能优良的建筑外墙保温隔热材料。这个基础牢固了，三个层面的工作就有了更好的发展条件。

《外墙外保温技术与标准》的编写以建筑外墙保温隔热材料技术的质量安全与标准创新为主题，积极探讨解决建筑节能面临的突出问题，并且以技术标准的形式反映了取得的进展。这个进展是长期坚持不懈努力的成果，是很有意义的。

这本书的出版，为助力建设领域实现碳达峰、碳中和的目标和任务，增添了新能量、新力量。我们希望，在碳达峰、碳中和目标实现的过程中，不断开发生产出更多更好的技术和产品，形成更加科学合理的技术标准体系，使我们工作的质量更高，工作成效更好。

陈宜明

序

—

住房和城乡建设部发布的《“十四五”建筑业发展规划》明确要求，要大力发展装配式建筑。构建装配式建筑标准化设计和生产体系，推动生产和施工智能化升级，扩大标准化构件和部品部件使用规模，提高装配式建筑综合效益。规划明确提出到2025年，装配式建筑占新建建筑的比例达到30%以上，到2035年，建筑业发展质量和效益大幅提升，建筑工业化全面实现，建筑品质显著提升。

目前装配式建筑在全国各地都有广泛的应用，墙体预制构件一般选择夹芯保温做法。内外叶预制混凝土夹挤塑聚苯保温板，这种夹芯墙体构造可有效地解决保温材料脱落、着火等工程问题，完成了装配式建筑和建筑节能阶段性的技术进步。

在推广应用装配式夹芯保温墙体技术过程中，多地对此类建筑竖向结构受力的稳定可靠程度存有疑虑，特别是对套筒灌浆技术在高层建筑上使用的稳定可靠性存疑。这种疑虑影响装配式技术大面积发展应用的进程。同时随着建筑节能标准的提升，保温层越来越厚，夹芯墙体中大尺寸挤塑聚苯板的安装安全性和对火反应性还有待验证。

如本书所述：增强竖丝岩棉复合板的研发成功，为装配式墙板由夹芯保温构造向外保温构造发展提供了成品构件。这种预制构件由内外免拆模板形成预留空腔，形成的叠合墙板可将外墙板、内墙板、楼梯板、明暗柱、阳台板、雨棚等预制件的钢筋连为一体，成为稳定的整体结构。

这种外保温的装配式构件技术是一种建筑技术的组合创新成果。采用外保温技术消除了建筑结构昼夜温差，没有内外叶墙体的热差形变，稳定了结构，延长了建筑结构寿命；竖向建筑结构整体叠合现浇受力安全，避免了套筒灌浆带来的安全性疑虑；采用A级保温板作外模板降低了火灾隐患。

在我国建筑节能和建筑装配式工作很大程度上是以政府为主导推动的，随着国内统一大市场的建设，建筑保险等市场经济力量推动的需求会更迫切。

通过制定跨界标准将建筑业和保险业深度融合，将建筑业的技术标准转化成保险业可用的标准。通过关联函数将建筑标准中所设定的控制项及评分项转化成保险业的保险计算系数，回答保多少年，收多少钱的问题。通过工程师终身负责制标准的制定，将建筑师转化成建筑保险风险控制师，一系列建筑保险标准的制定将使建筑业和保险业各自的短板互补，通过跨界标准完成新的经济运行平台的搭建。

《外墙外保温技术与标准》一书以“近零能耗、低碳、长寿命”为目标，通过对十几个外保温行业标准在社会实践中的工程案例分析，发现保温行业标准潜在的风险，提出解决方法，对节能工程实践操作有实际指导作用。

相信该书的出版会答疑解惑，团结业内各方技术队伍，坚持否定之否定的发展观，推进建筑节能和装配式建筑向更高、更新、更科学的方向发展。

仇保兴

序

一

城乡建设是碳排放的主要领域之一。超低/近零能耗建筑是全球应对气候变化和我国建筑领域实现碳达峰、碳中和的必然发展路径。从世界范围看，欧盟、美国、日本等为应对气候变化和极端天气、实现可持续发展战略，都积极制定建筑迈向更低能耗的中长期（2020、2030、2050）政策和发展目标，推动建筑达到零能耗正在成为全球建筑节能发展趋势。

我国自2010年起，通过设立国家重点研发项目、开展国际合作的方式，开启了我国近零能耗建筑发展历程。随着国家标准《近零能耗建筑技术标准》的发布和《零碳建筑技术标准》的推进，越来越多的地区将推动低碳建筑规模化发展，鼓励建设近零能耗建筑和零碳建筑。

近零能耗建筑和零碳建筑是全产业链先进技术、产品和施工工艺的集成。墙体保温系统在建筑节能中占相当大比例，墙体保温系统是否安全、节能、长寿命决定了零碳建筑和近零能耗建筑的指标是否能够达到标准设计要求。我国墙体保温技术推行30余年，存在诸如开裂、脱落、渗水、着火等问题，但更多地是积累了大量优秀外保温技术和工程案例。

零碳建筑和近零能耗建筑的推动要求外墙保温行业要科学、合理、高效的发展。新形势下行业各方参与者应该正视矛盾、重视规律，总结我国建筑保温工作的实践经验，共同完成行业发展的新飞跃。

《外墙外保温技术与标准》一书以“近零能耗、低碳、长寿命”为目标对保温行业十几项主要标准进行了解析和完善，提出了“碳达峰，外保温寿命超过50年；碳中和，建筑结构寿命再延长50年”的发展目标，让我们看到了行业脚踏实地，科学发展的信心和决心。

希望通过推动建筑保温领域标准高质量发展，能够探索近零能耗建筑全产业链服务供给创新发展的新技术、新模式、新业态。

徐　伟

序

一

我国已进入“十四五”发展时期，标志着我国从高速增长转入高质量发展的新阶段，物质文明、精神文明、生态文明建设都将取得新的进展。我国已明确提出“双碳”目标，并采取有力措施，实行以碳强度控制为主，碳排放量为辅的制度，深入推进工业、交通、建筑等领域的低碳转型。对发达国家与发展中国家这三大行业碳排放总量进行比较可以发现，发展中国家其工业与交通碳排放量要高于建筑；而在发达国家，随着产业结构的调整和工业的转型升级及绿色交通的推进，建筑排碳则高于工业和交通，从大概率上说，建筑的总量是在不断增加，而且人们对建筑的品质、物理性能和舒适度的要求也在提高，故而如此。我国当前正处在这种转变之中，所以，对建筑节能减排任务的艰巨性和迫切性要有清醒的认识和准确的预判。

根据国务院《关于2030年前碳达峰行动方案》的部署，2022年7月住房和城乡建设部与国家发改委印发了《城乡建设领域碳达峰实施方案》，对建设领域碳达峰提出了具体要求。在能源供给方面，要尽量采用清洁的可再生的非碳能源替代化石类能源；在能源消费方面，要节约用能，削减能耗总量，要提高用能效率，降低能耗强度，要注重能源回收，做到循环利用。因此，建筑行业必须提高建筑节能标准，采用绿色建材，实行绿色建造，推广超低能耗和近零能耗建筑，并科学地延长建筑安全使用期。这里有两个关键点，一个是提高建筑围护结构的保温隔热性能，另一个是延长建筑的结构寿命，即安全使用期限，这是两个相互独立又具有高关联度的技术课题，解决好这两个问题，对提高建筑节能效果，避免短命建筑大拆大建造成能源及资源的巨大浪费，至关重要。

正是在这个大背景下，我们高兴地看到《外墙外保温技术与标准》的问世。这本书历经三年，通过相关专业的多位专家对不同地域、不同外保温种类的技术与标准进行广泛调查、全面梳理、综合研究和创新探索，权衡其利弊，客观地评价，是对30年来我国外墙外保温工程实践和标准建设的集中总结。在对外墙外保温不同构造进行耐候性试验、对比、验证的基础上，本书创新性地提出制定外墙外保温寿命延长至50年技术标准的十条控制基线，为新标准的制定奠定了重要的技术支撑。书中还提到保温层的作用对建筑寿命的影响是非常重要的，和内保温、夹芯保温、自保温相比，外保温在保护建筑主体结构方面具有明显的优势，它可以减少结构的昼夜温差，在结构的热变形中，有利于建筑结构的稳定而延长建筑寿命。本书明确提出“近零能耗、低碳、长寿命”的目标，不仅外保温的寿命从25年延长至50年，而且一般建筑寿命也可望从50年延长至100年，十分值得期待。

达尔文说过:“科学就是整理事实，以便从中得出普遍的规律或结论”，中国丰富的多类型的建筑实践，为我们提供了可供研究整理的大量事实，同样，大量的节能建筑及其保温案例，也成为我们研究和创新科学实用的保温技术的宝贵资源。应该看到，新材料新技术是层出不穷的，外墙外保温技术不会停留在当前的阶段和水平，新的结构体系和建造方法，对保温技术会有更新的要求，如外墙外保温技术如何在装配式建筑中得到应用和推广，仍需要我们做大量的研究、论证和实践验证的工作。应该说外墙外保温的技术研发、应用及至形成标准，还有很长的路，是为任重而道远，《外墙外保温技术与标准》是一个阶段性的成果，期待广大的建筑节能及保温技术的科研设计院所，开发建设、材料供应单位和标准编制机构的专家能密切合作，为我国建筑节能和城乡建设领域的碳达峰、碳中和做出新的更大贡献，建筑保温技术及其标准建设必将有更加精彩的续章。

宋春华

前言

2020年9月中国明确提出2030年“碳达峰”与2060年“碳中和”目标。2021年10月24日，中共中央、国务院印发了《关于完整准确全面贯彻新发展理念做好碳达峰碳中和工作的意见》。为了全人类的共同利益，全中国各级组织都以高涨的热情，立足本职，迅速有效地行动起来。在建筑领域，“节能减排”与“双碳目标”的贯彻落实，通过技术创新实现“减少能源消耗量，减少垃圾生成量”是行业发展的方向。

值此，《外墙外保温技术与标准》一书的编写工作开始启动。秉持否定之否定的社会实践理念，坚持行业自查、自律和创新突破是对外墙外保温技术及标准的认识、并促进其发展的有效途径之一。本书旨在通过理论研究、试验验证和工程应用等多维度对外墙外保温相关技术标准的潜在风险进行分析，并对标准的完善提出建议，促进现有标准达到近零能耗标准水平及碳达峰的要求。

本书的编写工作自2019年8月开始，历经三年时间通过线上线下组织不同专业、不同地域的论坛和交流，经过十一次征求意见稿的修改形成了审定稿，其过程列表如下。

书稿重要完善时间节点

序号	时间	背景	书稿调整
第一稿	2019年8月	《湖南省建筑节能技术、工艺、材料、设备推广应用和限制禁止使用目录（第一批）》，禁限岩棉板薄抹灰外墙外保温系统	初稿
第二稿	2020年7月	中国建筑节能协会与中国建筑科学研究院“上海市禁止或者限制生产和使用的用于建设工程的材料目录（2020版）专题研讨会”	外墙外保温技术发展应坚持否定之否定的发展观，坚持理论自信

续表

序号	时间	背景	书稿调整
第三稿	2020年9月	北京市地方标准《保温板复合胶粉聚苯颗粒外墙外保温施工技术规程》预审会	两个50年碳减排战略
第四稿	2021年初	重庆市、河北省等多个省市禁限外墙外保温	编写方向、技术标准定位、主要矛盾
第五稿	2021年5月	山东省“外墙外保温系统问题分析及应对技术研讨会”	根据反馈意见逐条修改
第六稿	2021年7月	陕西省“建设领域碳减排建筑保险标准研究座谈会”	根据反馈意见逐条修改
第七稿	2021年7月～9月	逐章线上征求意见	广泛汇总各方意见，逐章讨论修改
第八稿	2021年9月	西藏自治区“建筑节能发展研讨会”	调整保温一体化板温度应力计算模型和夹芯保温应力模型相关章节
第九稿	2021年10月	中国建筑节能协会“建筑外墙外保温高质量发展高峰论坛暨行业自律委员会成立大会”在沈阳市召开	三大自律，十六项规矩
第十稿	2021年11月	“中国硅酸盐学会房屋建筑材料分会2021年学术年会、第九届全国商品砂浆学术交流会”在杭州线上召开	完善粘结受力模式的外墙外保温系统
第十一稿	2022年	装配式建筑发展要求和北京顺义马坡的住宅联盟试验示范基地成果	单面叠合保温一体化剪力墙技术
审定稿	2022年3月	专家审定意见	全面修改完善

2022年3月21日，由中国建筑科学研究院徐伟担任组长、中国建筑标准设计研究院顾泰昌担任副组长的专家组对书稿进行了整体审定，达成一致修改意见。会后依据专家建议，完成第十二稿的编写，并将书名调整为《外墙外保温技术与标准》。

书中所涉内容主要有：

（1）建筑外保温的发展史是科学的认知过程，外墙外保温是在社会实践中发展起来的科学技术，有着长期众多的探索。外保温的使用寿命从25年向50年的发展有利于建筑行业尽早实现碳达峰，外保温技术创新是实现碳达峰的必然要求。利用先进外保温技术，有效保护结构、避免建筑大拆大建，使建筑结构寿命再延长50年成为百年建筑，应作为建筑实现碳中和的最低技术标准。

（2）外保温温度应力模拟分析、大型耐候性试验和火灾模拟试验是保温性能研究、保温标准制定的基础。如同研究风场、电场一样，研究建筑外墙温度场，认识温度应力的分布规律，认知建筑结构在不同温度应力作用下的状态，认知不同保温层的构造位置引发露点位置的变化，通过透彻的基础理论研究才能使建筑外墙保温问题纳入科学研究层面。

（3）全面系统地对外保温不同构造进行耐候性试验并对比验证，进而筛选同材料不同构造的长寿命构造设计，是外保温50年长寿命的十大控制基线生成的基础。

（4）研究热传导、热对流、热辐射三种热传播方式，优选防火构造做法，满足保温层不断加厚所带来火灾隐患的防范要求，是外保温三大基础科学研究的重要内容。

（5）站在实现节能减排基本国策的角度想，还可以将不同保温层构造位置是延长还是缩短建筑结构寿命作为节能建筑与不节能建筑的分水岭，进而有利于建筑实现碳中和，解决外墙保温技术的创新方向问题。

（6）通过综合分析和考量，认为外墙外保温技术是节能建筑的最佳选择，同时也是装配式建筑最优的墙体保温技术。外保温技术核心是选择受力模式。当前对外墙外保温的否定潮，其要害是否定外保温的受力模式，粘贴受力技术是外墙外保温的核心技术。外保温工程事故的发生大多为受力模式选择错误造成的。

（7）为了更好诠释本书观点，编制组还筛选出了各种外保温的工程事故案例，进行事故鉴定和案例分析，并围绕技术标准潜在风险进行分析。无论是优质外保温工程，还是事故多发的外保温工程都在一定程度上检验了技术标准编制的完善程度。通过理论与实践的系统分析与总结，是标准水平提升的动力，更是标准本身生命力旺盛的证明。

简言之，本书是在归纳总结外墙外保温技术与工程经验的基础上编写的，充分反映了行业需求的变化和动态发展趋势，是行业集体智慧的结晶。本书在编写过程中得到了众多行业专家、同仁的帮助和支持，其中叶金城、李东毅、史勇、赵惠清、仲继寿、李德英、吴景山、杨西伟、曲汝铎等为本书的编写方向、技术标准定位、战略目标、理论文化自信、抓主要矛盾等战略思考提出了宝贵意见；程杰、曲军辉、李永、杨维菊等为本书做了逐章、逐句的修改；张君、王飞飞、徐福泉、王满生为本书的受力模式计算分析和温度应力数值模拟提供了技术支持；徐伟、顾泰昌、冯雅、孟扬、左勇志、杨玉忠等专家在本书的审定过程中提出了宝贵意见，帮助编制组明确了本书的定位和文章架构。在此对参与本书编制、修改、交流与讨论的各位专家、同行表示衷心感谢。对书中不完善的地方表示诚挚歉意，并希望通过不断的工程实践与理论研究，继续完善此书。对为此书的付梓印刷做出辛苦努力的所有人表示由衷的感谢。

编　者

2022年9月

目录

第1章

全面提升建筑外墙外保温技术

30年来，汹涌澎湃的基建改革开放浪潮促使建筑节能事业蒸蒸日上，建筑业腾飞发展，中国发展成就惊叹世人。在政府的推动下，各种建筑节能技术百花齐放，竞相发展。中国这个千年秦砖汉瓦的文明古国成为全世界建设规模最大、技术种类最多、发展最快的基建鼎盛强国。

1.1 建筑外保温在发展中的九大问题探索

外墙保温在大量的建造实践中，既有众多的教训又有很多的突破，正确的认识只能从社会实践中总结出来，回顾外墙外保温发展的道路，其可归纳为以下九个方面的技术探索。

1.1.1 节能建筑选择内保温还是外保温

这是始终在争论的一个话题。

建筑节能发展初期，国内企业大都选择做内保温。内保温工程中的热桥、结露、霉变、墙体裂缝等问题突出，一直困扰着内保温技术的推广和应用。随着节能标准的提升，大量的居住建筑采用外保温技术。至今一些仍采用内保温技术的工程，如滑雪馆，仍是保温问题暴露的重灾区。

综合来看，外保温技术是节能技术应用的主流。

1.1.2 各种保温材料是否都可以套用薄抹灰系统做法

1950年，德国发明了模塑聚苯板（EPS板），1957年EPS板应用于外墙外保温，1958年真正工程意义的EPS板薄抹灰外墙外保温系统研发成功，并广泛应用于欧洲。

EPS板薄抹灰系统在国外主要用于低层别墅外保温工程。引进到国内后，各种保温材料纷纷简单套用此技术，缺乏系统性研究与创新，直接用于高层建筑外保温工程，造成了很多工程事故，产生了众多技术纷争。如：挤塑聚苯板（XPS）、硬泡聚氨酯板（PU）、酚醛板（PF）等有机保温板与EPS板技术参数差异很大，草率地套用薄抹灰做法势必产生很多工程问题。更有甚者，连技术参数全然不同的无机板材，如膨胀珍珠岩保温板、发泡水泥板也简单套用了此种薄抹灰做法。缺乏研究和试验基础的薄抹灰做法造成了严重的工程质量问题，如保温层被大风卷落等，不断出现的工程问题将薄抹灰做法推向悬崖尽头。

不同保温材料坚决不能草率套用薄抹灰构造做法！

1.1.3 是保温保护结构，还是结构保护保温

在实践中，有些人看到个别薄抹灰外保温板被大风刮落、有机板发生火灾事故后就摒弃了外保温做法，把目光转向了夹芯保温。在把保温层置于结构墙体中间后，似乎可以松口气了，貌似做到了“保温层终于与墙体结构同寿命了”。事实上，在保温与结构同寿命的道路上，保温与结构之间谁保护谁的问题，实际上就成了做外保温与做夹芯保温之争。

对建筑全寿命周期温度场进行模型分析可以发现：钢筋混凝土结构做外保温后，结构年温差显著缩小，寿命明显延长；当做夹芯保温后，内叶墙与外叶墙温差扩大到7～10倍，导致墙体结构设计寿命明显缩短。

外保温技术克服了墙体昼夜温差变化过大的问题，能够与结构和谐共生，延长了建筑寿命。

1.1.4 是采用刚性抗裂技术，还是柔性抗裂技术

建筑节能发展初期，保温材料外表面多选用钢丝网复合水泥砂浆，这种传统做法其表面裂缝很难避免，钢丝穿透形成的热桥会使保温效果大打折扣。

在工程实践发展中，这种做法的刚性面层渐被柔性面层替换，如将水泥砂浆用胶粉聚苯颗粒浆料取代，外表面采用柔性砂浆复合玻纤网布软配筋饰面。这样一来，既避免了钢丝产生的热桥，又控制了外墙面裂缝的生成。

外保温彻底柔性技术理论上可以不设应力集中释放的分隔缝。长期工程实践证明，抗裂砂浆的柔性抗裂效果是高品质外保温的重要技术保证。用乳液制作的双组分抗裂砂浆远比用胶粉制作的单组分抗裂砂浆效果更好。我国早期外

保温工程的抗裂效果证明了这一点，早期抗裂砂浆中多用双组分砂浆，后因施工、运输等问题使单组分砂浆的应用越来越普遍，这种随着产品的更替随之也损失了抗裂砂浆的抗裂、耐候等性能。

外保温系统应采用柔性抗裂技术。

1.1.5 是选用材料防火，还是构造防火

有关外保温防火要求的标准主要有：国家标准《建筑设计防火规范》GB 50016—2014（2018年版）和《建筑外墙外保温系统的防火性能试验方法》GB/T 29416—2012。其中，GB 50016—2014明确了不同燃烧等级的材料在外保温工程中的应用范围和采取的技术措施，主要从材料防火的角度进行规范。GB/T 29416—2012是外墙外保温系统大尺寸防火试验方法，在标准试验条件下对外保温系统燃烧时的可见持续火焰尺寸、外部火焰温度、内部火焰温度、火焰蔓延尺寸、系统稳定性等多项指标进行记录，并判定该外保温系统是否合格，是从系统构造防火的角度进行判定。两项标准是外保温技术体系材料防火、构造防火的安全保障，构造防火的技术路线也在建筑和消防两个行业的技术层面完成了合作，达成了共识，具有极强的可操作性，但是GB/T 29416—2012标准的工程实践不够广泛。

外保温增加防火隔离带也是极具争议的。大量火灾模拟试验和长期工程实践证明：防火隔离带防止火焰蔓延的作用很有限，保温层越厚，隔离带阻断火焰蔓延作用越差，而且还破坏了原外保温系统的构造完整性，严重影响了外保温系统的技术稳定，缩短了外保温系统的寿命。

外保温曾经历了材料防火和构造防火两条技术路线的激烈争论，这种分歧对行业发展也造成了很大伤害。分析总结后认为：有机保温材料的出路是研究有效的系统构造防火，无机保温材料的出路是研究安全性和系统耐候稳定性。

1.1.6 是选择粘贴受力，还是锚固受力

粘贴和锚固属于完全不同的两种受力模式，其受力传递路径需要分别侧重材料力学、结构力学进行解释。

1）外墙外保温是一种粘结受力的模式，外墙外保温的构造应力设计遵循材料力学规律。

外墙外保温是完全的柔性构造，只有完全的柔性构造才能充分释放外保温生

成的各种应力。这种消纳和释放各种应力的作用是由各粘结层的材料自身的技术要素复合形成的，其施工使用的锚固件仅为临时辅助固定，系统受力不予计算。

2）带有重质刚性饰面层的保温装饰一体化板应选择锚固受力模式，按幕墙构造设计，由纵横龙骨或独立托承盘架悬挑受力。

在通过温度场对保温构造模拟分类时，这种保温装饰一体板应归于夹芯保温类，其保温层两侧的温差与夹芯保温内外叶墙体的温差相近。

刚性饰面层的每块保温装饰一体化板其面层重量荷载及所发生的各种破坏力（热应力、风荷载、地震、水冻涨、火灾）的变动荷载，直接通过锚固件传导到结构墙体上，保温装饰一体化板受力计算模式应遵循结构力学规律。保温装饰一体化板应分别计算每块重质面板相对应所产生的力臂、力矩，选取满足三维形变等相关技术要求的锚固构造和板缝设计。保温装饰一体板粘结做法只是暂时固定，系统受力不计算粘结力。

1.1.7 是侧重保温，还是侧重遮阳

中国工程院院士、西安建筑科技大学刘加平教授一直致力于研究“新式绿色环保型窑洞”，刘加平院士认为从传统民居看似朴素的设计中可以研究总结出节能原理，再将其提炼成方法论用于新的生态民居建设。这种利用绿色建筑原理，稳定结构温度的观点是节能路线的重要工作方向，该种对传统窑洞理念进行研究和示范的推广具有极大的经济、社会效益。

中国工程院院士、清华大学建筑学院副院长江亿教授认为“建筑物墙两边存在温度差，所以要加保温材料，不让温度差引起传热，这样就可节能。但是越到南方，建筑物墙两边的温度差越小，温差越小就越不需要太多的保温。”在南方，建筑的遮阳、散热通风比保温更重要。他在这里使用了一个妙喻：“在太阳底下是穿羽绒服还是打伞凉快？当然是打个旱伞、穿个T恤衫凉快。对建筑而言也是如此，遮阳、散热通风比保温更为重要。”他表示应因地制宜，在南方不要光强调外墙保温，而要更注重房屋的遮阳和自然通风。

两位院士分别用窑洞和旱伞形象诠释了各自对建筑外保温的理念，并在自己影响的技术领域，影响着技术的发展方向，直至今日。

1.1.8 禁止限制还是完善发展

中国外墙外保温的技术标准创造了三个世界之最：

一是用于外保温的材料品种世界最广泛，无机材料、有机材料等各种导热

系数较小的材料均有工程应用。

二是用于外保温的施工方法世界最多，浇筑、喷涂、贴砌、粘贴、抹灰等施工方法应有尽有。

三是形成的技术标准及文件世界最全，有各类各级规范、标准、规程、工法、图集、导则、指南。

外保温的技术标准是我国实施碳减排的巨大宝库，是全行业几十年共同努力的成果，目前已形成的外保温行业标准体系是支撑建筑节能重大成果的高地。要继续提高建筑节能标准，实现碳达峰的目标，必然得全面继承、合理发展外保温技术标准体系，分析并排除现有技术的潜在风险，才能提高完善。不能因为个别薄抹灰做法出现缺陷及事故就全盘否定薄抹灰外保温技术，不能因为无机保温砂浆出了大面积事故，就一票否决，不许改进更新。

技术创新都是在不断纠正自己错误的过程中完成的，节能减排是一项基本国策，是要全行业同仁共同努力，要各种材料应用技术共同进步，才能实现。

否定之否定的发展观是我们的理论法宝。

1.1.9 优质优价，还是低价恶性竞争

资本逐利的本性也对外保温市场形成伤害，主要表现为恶意垫资抢占工程，组织围标、串标扰乱市场秩序。低价中标恶性竞争导致偷工减料，恶性循环，劣币驱逐良币，这是外保温工程质量事故频发的重要原因。

20年前聚苯板薄抹灰做法，每平方米施工报价180元，经历了多次人工费和原材料涨价后，现每平方米价格降到不足百元。

外保温市场要实行优质优价、扶优汰劣，实行质量终身负责制，引入建筑保险机制，创建良性循环的市场经济环境才能健康持续发展。

1.2 外保温工程安全使用25年六大技术要点

外墙外保温技术最初是用于修补第二次世界大战中受到破坏的建筑物外墙裂缝，通过实际应用后发现，当把这种板材粘贴到建筑墙面以后，不仅能够有效地遮蔽外墙出现的裂缝等问题，还能使厚重的墙体变薄，并发现这种复合墙体还具有良好的保温隔热性能。

外墙外保温技术引进到中国后，随着建筑节能标准的不断提高，经过近40年的工程实践和发展，可呈现出以下六大技术特点。

1.2.1 外保温应是避免热应力集中的柔性构造

由建筑温度场模型可知，外墙外保温的外表面是昼夜温差变化最大的部位。外保温应是一个完全柔性的构造，可及时充分释放热应力，避免热应力集中造成形变过大破坏。外保温整体柔性的粘结力应能释放和消纳因温度变化而引起的外保温整体三维形变的热应力。

根据外保温系统热应力分布趋势可以得出：为适应相邻材料不同升降温速度所产生的形变剪切应力，降低热应力集中，保温系统外侧材料柔性应最强，外侧材料柔性应大于内侧材料柔性，相邻材料导热系数差（变形速度差）不宜过大。外保温整体柔性的性能设计，要求外保温各层材料的技术指标满足允许变形，具有改变力传递方向的释力性能。

外保温整体柔性构造是热应力释放的必然要求。

1.2.2 外保温与基层墙体间应以粘结力为主

以粘结力为主的受力模式是外墙外保温又一可靠评价指标。

外保温各构造层材料通过粘结力将重力荷载逐层传递到基层墙体，这种粘结力是由各层材料的粘结技术指标串连形成。

对外保温系统粘贴小型面砖的受力分析，就是在计算各构造层的柔性粘结力。单块面砖面积与周边柔性砖缝面积比例应相适应，单块面砖应像鱼鳞一样各自独立附着在由柔性砂浆和软配筋构成的鱼皮上，每块面砖发生的热应力形变，不会向相邻面砖传递。

1.2.3 外保温应具有阻隔液态水进入，利于气态水排出的水分平衡性能

外保温中的水分散构造层是利用材料自身性能，吸收分散外保温露点位置产生的液态水，并在适当时机将其转变为气态水排出，使系统处于干湿自平衡状态。这种水分散构造是外保温系统防水相变破坏的技巧。

1.2.4 外保温在负风压状态下不应产生膨胀变形

综合分析被风刮落的外墙外保温事故案例，可发现一个共同点：每个发生事故的建筑只有一面墙被风荷载破坏，这个被风荷载破坏的部位即是所在风场的负压发生区。

观察被风刮落的残片和墙上被破坏的印痕，要么有连通空腔的存在，要么

有在负风压状态下可发生膨胀形成气囊形变的材料。

1.2.5 外保温防火构造应三管齐下

针对热传递的三种形式（热辐射、热传导、热对流），外保温系统防火应遵循构造防火三要素：防火保护层、防火分仓、无连通空腔的热对流通道。

节能标准越高，所需保温材料就越厚，由此形成的燃烧热值总量就越大，防火要求也就越严格。增加防火保护层的厚度，控制防火分仓的最小体积，禁止易发生连通空腔的点框粘做法，是外保温通过构造抵抗火灾的有效手段。

1.2.6 外保温应材料轻质、整体柔性并有利于减隔震

整体柔性和整体轻质是附着在建筑结构外保温系统安全抗震的必要条件。建筑物抵抗地震破坏是由结构设计的科学性来实现的。

附着在建筑结构上的外保温整体柔性材料，能消减地震时结构向外保温系统力的传递，同时整体轻质材料也可减少结构震动变形产生的破坏力。

1.3 外保温长寿命的十条控制基线

1.3.1 主要问题

随着时间的推移，越来越多外保温可使用寿命将要接近25年的最长期限，如何应对是摆在行业同仁面前必须要面对的问题。概括起来主要问题有：

1）外保温技术引领了墙体节能的主流方向，基本盘是好的，大多数工程经过多年实践检验，质量仍然完好如初，但也有一部分外保温工程质量问题渐渐暴露出来。

2）报道最多的外保温事故案例主要是薄抹灰系统被大风吹落，大面积掉下来，伤人毁物。

3）造成损失最大的是火灾，每次火灾都会因外保温的燃烧引燃整体楼房。人员伤亡和财产损失巨大，因火灾事故多次引发官员被问责处罚。

1.3.2 主要原因

外保温工程质量事故产生的原因主要有：

1）基础理论研究缺失，没有选择科学的外保温构造设计；

2）工程低价位竞争、恶性循环、偷工减料、质量失控。

1.3.3 技术措施

20多年的外保温工程实践积累了很多的优质工程，形成了众多优质产品和高品质工程标准。外保温工程不断地发展升级，目前已进入近零能耗的发展阶段。总结经验，提升外保温行业标准，将外保温工程可使用寿命从25年提升到50年非常有必要。通过研究外保温工程面临的五种自然力的破坏影响，制定50年可安全使用的外保温技术标准，应满足以下十个控制基线：

1）外保温系统各构造层应由完全柔性的材料组成，外侧材料的可允许变形量应大于内侧材料的可允许变形量，相邻材料变形速度差不应大于20倍；

2）外保温系统不应设置分隔缝，不应设置应力集中释放区，系统材料性能设计应满足允许变形、诱导变形的要求，应改变应力的传导方向使应力得到及时释放；

3）外保温材料应为弹性体或亚弹性体，无机浆料进行亚弹性改性时聚苯颗粒体积添加量不应少于50%，各种纤维重量添加量不应少于1%；

4）外保温系统应有水分散构造，应有防液态水进入、排出气态水功能，使露点生成的冷凝水得到分散，并适时转化成气态水排出，形成含水量的自我平衡；

5）当采用贴砌做法时，最小防火分仓体积不应大于0.027m^3，低能耗工程贴砌两层保温板做法的最小防火分仓体积不应大于0.041m^3；

6）外保温系统应设置防火找平过渡层，采用有机保温板时厚度不应小于30mm，采用无机保温板时厚度不应小于20mm；

7）外保温系统构造中的线条在窗口和阴阳角位置不宜使用可燃材料，不应使用热塑性材料，避免受热收缩形成助燃构造；

8）各种外保温材料一律采用满粘法施工，不允许有任何空腔及虚粘存在，杜绝风压破坏；

9）各种外保温材料在负压下不应产生膨胀变形，禁止非竖丝岩棉用在外保温工程中；

10）外保温整体柔性和整体轻质是附着在结构上安全消解地震破坏力的必要条件。

1.4 保温延长建筑结构寿命的研究

1.4.1 遵循外保温十个控制基线重新做外保温，可以安全使用更久

根据温度应力模拟计算分析使用内保温、自保温、夹芯保温时会导致建筑结构陷入失稳状态，而对其重新做外保温后可稳定结构并延长建筑结构的寿命。要使建筑进一步获得更长寿命，必须选用更高的外保温技术标准——低能耗、近零能耗标准。

1.4.2 对原有保温构造存在问题的工程进行修缮，可延长寿命

凡不满足外保温50年寿命十个控制基线的工程均会存在诱发事故的隐患。为避免短寿命外保温导致大量建筑垃圾的生成，对不稳定的保温构造应采取将原有保温构造通过钢丝网分楼层在墙体结构上生根的办法重新加固。在完成对原有保温构造安全加固后，按外保温50年寿命十个控制基线的要求重新做外保温，延长结构寿命。

1.4.3 对外保温工程进行正常维护

凡能满足外保温50年寿命十个控制基线的工程，都会有基本完好的质量寿命周期，对此类外保温工程只需对外饰面涂层适时刷新即可安全运行，使用更久。

1.5 外保温的发展史是科学的认知过程

早在建筑节能初期，在中国建筑节能协会第一次工作会议上，甘肃建筑科学研究院李德隆教授就提出外保温有十大优点，强调外保温第一大贡献就是保护结构延长了建筑结构寿命，得到与会人员的一致赞同。之后刘加平院士的窑洞理论又提出稳定结构温度是节能路线的工作核心，指出了建筑节能技术的发展方向；清华大学张君教授建筑温度场数学模型的建立，使建筑外墙节能技术成为研究五种自然力的科学根据；北京市城建研究中心王满生博士关于建筑出挑构造温度应力分析的模型及夹芯保温墙体温度场应力分析模型，补充了关于建筑温度场的理论。

通过建立温度场研究不同保温的构造位置引发建筑保温的不同运动状态，使得保温应用技术成为研究温度应力、水、风、火、地震五种自然力的科学。

消灭墙体昼夜温差的恒温恒湿外保温工程技术已成为节能墙体追求的最高境界。

中国建筑科学研究院环能院徐伟院长提出的近零能耗建筑已成为外保温技术发展的更高创新集成。

坚持节能减排的基本国策，就要发展完善外保温技术，进而支撑建筑长寿命发展。

保温层的作用对建筑寿命的影响是非常重要的，延长还是缩短建筑的寿命可作为节能建筑和非节能建筑的划分依据。内保温、自保温、夹芯保温等应用技术，其保温层的构造位置使建筑结构不同部位存在较大温差，从而引发建筑墙体结构处于不稳定状态，并因此缩短建筑物的使用寿命。如果提高节能标准，加厚保温层的厚度，会使这些类型建筑结构更加不稳定。

发展外保温技术是支撑我国建筑节能发展的重要手段。

1.6 用市场经济的力量让建筑节能跨入新阶段

外保温技术在中国30年一路走来沧桑不尽。不想让外保温在否定中死亡，就须全面完善、提升外保温的行业标准，瞄准更长寿命，把25年的现行标准提升到50年，全面推进超低能耗建筑节能技术，进而赋予外保温新的生命。

在中国，外保温技术的发展在很大程度上是靠政府推动。经过这些年的发展，外保温工程市场经济日渐成熟，各类标准的编制发布也直接印证了这点。团体标准《建筑外墙外保温工程质量保险规程》T/CABEE 001—2019的发布，将成为中国外保温技术发展进入市场经济扶优限劣的新起点。该标准是建筑与保险两行业深度融合的典范。建筑业用该标准推进工程质量的完善发展，保险业用该标准计算保险收费系数。该标准的两个函数一个是预期保险使用年限系数，一个是工程保险收费系数。这两个函数回答了保多少年，收多少钱的问题，两个关键数据完成了跨行业的桥梁搭建。

《建筑外墙外保温工程质量保险规程》T/CABEE 001—2019通过对外保温工程全过程的控制，从设计构造、材料指标、施工工艺，全流程全方位进行风险预测。对全流程提出了控制项和评分项，设定了评定和评比规则，使外保温工程全过程的质量水平和外保温工程寿命计算联系在一起，使外保温施工品质控制的高低与保险的收费挂钩，实现了外保温的质量寿命用金融手段来促保。

第2章

建筑外保温基础研究概述

2.1 建筑温度场认识温度应力分布研究

清华大学张君教授依据墙体不同保温做法对保温材料在建筑物的不同构造位置，建立了温度场的数学分析模型，参见《外墙外保温技术理论与应用》第二版[1]。

通过该模型可分析出：外保温是建筑墙体外面用保温材料包裹，隔绝了室外温度变化对建筑结构的影响，消除建筑墙体因温度变化产生的热胀冷缩变形，稳定了结构，使结构寿命显著延长。

超低能耗建筑是更高水平外保温技术的集合，因此，采用外保温技术会使其有更长的寿命。

根据外保温外表面温度状况分析，其应力集中发生区在外保温的外表面，外保温系统的材料构造组成应有充分释放温度应力的能力。外保温材料柔性构造设计应满足释放温度应力三原则：

1）柔性释放应力，外保温系统构造中外层材料允许变形量大于内层材料允许变形量，满足逐层渐变的构造设计。

2）控制相邻材料变形速度差。保温系统各构造层相邻材料之间过大的变形应力影响不同材料之间的粘结稳定，相邻材料层导热系数不宜相差过大。

3）整体柔性构造随时释放应力。保温系统中不设温度应力集中释放区，不设置分隔缝，采用柔性砂浆配柔性软配筋，有机无机粉料复合聚苯颗粒形成亚弹性体，在砂浆、胶粉中配置长短不同，弹性模量不同的纤维用于分散力的传导方向。

外保温柔性构造的核心思想是允许变形、诱导变形、分散并改变力的传递方向。

2.2 建筑温度场认识露点温度变化研究

影响外墙保温的五种自然力中，只有温度应力和水的相变这两种自然力在持续发挥着作用。根据建筑温度的数据分析，不同的保温构造位置会有不同的冷凝现象，外保温露点位置不在基层墙体内。

室外温湿变化中，外保温抗裂层存在冷凝生成条件，抗裂层下的保温材料如完全闭孔或孔隙率很低，不能分散冷凝水，就会使抗裂砂浆粘结力下降，强度降低，干燥时产生干湿形变，抗裂砂浆层易产生空鼓和脱落。

设置水分散构造层是胶粉聚苯颗粒外保温系统又一个特点，将胶粉聚苯颗粒浆料设置在保温板外侧，做水分散构造是一种良好的组合；在抗裂砂浆表层上涂硅橡胶高弹底涂，既能防止液态水进入保温层，又能方便气态水排出。

2.3 耐候性试验筛选长寿命构造设计研究

一味模仿国外外保温薄抹灰的构造，给我国的节能技术及工程应用发展埋下了隐患，经过这些年的实践，工程事故不断出现，越来越多地展现了盲从的危害。

2020年上海发布文件禁止全部薄抹灰外保温做法，可以认为是对这种全面盲从外来技术的一种否定。外保温材料应选择什么构造做法更为科学合理，是行业发展过程一项重要的技术研究。

在长达八年的时间里北京振利公司先后对市场上大多数保温做法进行了12轮大型耐候性试验，共选择48个外保温系统，积累了几百万个试验数据，通过此试验也终于完成保温构造优选试验分析。研究成果引起了国内外的广泛关注，美国FM和ASTM两大机构的主要技术官员和法国建筑科学院专家均专程前来参观。

本试验采用的大型耐候性试验设备为两个温度控制箱体，能够同时进行四个外保温系统的耐候性试验（图2-1、图2-2）。

这种试验设备能够实现在同环境温度条件下进行不同外保温系统及不同组成材料的外保温构造对比试验，进而实现比较同条件下不同外保温系统组成材料耐候性能的优劣。

每组试验均采用对比性验证，即：同材料不同构造试验，以验证材料的不

图2-1 耐候性能检测试验机外部箱体

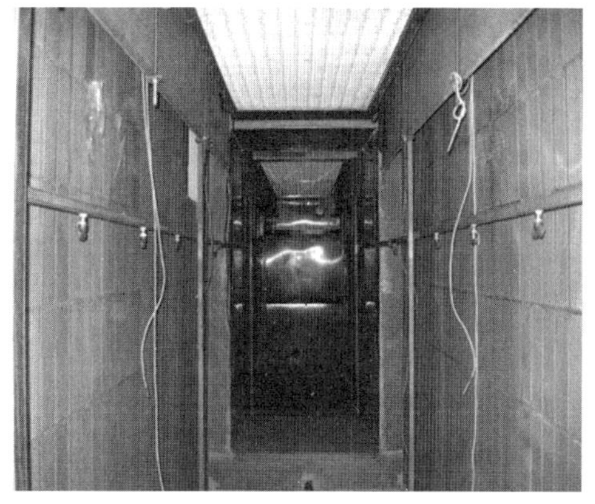

图2-2 耐候性能检测试验机内部箱体

同构造优选；同构造不同材料的对比试验，以验证不同材料对构造的适应性。

该试验方法按照《外墙外保温工程技术标准》JGJ 144—2019进行。

外保温大型耐候性试验用外保温试件构造情况详见表2-1。

大型耐候性试验系统构造做法汇总 **表2-1**

序号	粘结层	保温层	找平层	饰面层	备注
1	15mm胶粉聚苯颗粒	60mm EPS板	10mm胶粉聚苯颗粒	涂料	—
2	15mm胶粉聚苯颗粒	65mm EPS板	—	面砖	—
3	—	50mm 保温浆料	—	面砖	—
4	5mm粘结砂浆	70mm EPS板	—	涂料	—
5	15mm胶粉聚苯颗粒	40mm EPS板	10mm胶粉聚苯颗粒	涂料	—
6	15mm胶粉聚苯颗粒	65mm EPS板	—	涂料	EPS板开双孔，梯形槽
7	15mm胶粉聚苯颗粒	65mm EPS板	—	涂料	平板EPS板，不留板缝
8	5mm粘结砂浆	70mm EPS板	—	涂料	—
9	—	60mm 有网EPS板	10mm胶粉聚苯颗粒	面砖	—
10	—	60mm 有网EPS板	—	面砖	—
11	—	60mm 无网EPS板	10mm胶粉聚苯颗粒	涂料	—
12	—	60mm 无网EPS板	—	涂料	—
13	15mm胶粉聚苯颗粒	50mm XPS板	10mm胶粉聚苯颗粒	涂料	—
14	15mm胶粉聚苯颗粒	50mm XPS板	—	涂料	板不去皮，开双孔
15	5mm粘结砂浆	60mm XPS板	—	涂料	—
16	5mm粘结砂浆	60mm XPS板	—	涂料	—

续表

序号	粘结层	保温层	找平层	饰面层	备注
17	15mm胶粉聚苯颗粒	60mm EPS板	10mm胶粉聚苯颗粒	面砖	—
18	15mm胶粉聚苯颗粒	60mm EPS板	—	面砖	—
19	15mm胶粉聚苯颗粒	60mm XPS板	—	面砖	—
20	5mm粘结砂浆	60mm EPS板	—	面砖	—
21	—	40mm喷涂硬泡聚氨酯	30mm胶粉聚苯颗粒	涂料	—
22	—	40mm喷涂硬泡聚氨酯	10mm胶粉聚苯颗粒	涂料	—
23	—	40mm喷涂硬泡聚氨酯	—	涂料	聚氨酯表面修平
24	—	40mm喷涂硬泡聚氨酯	—	涂料	聚氨酯表面不修平
25	15mm胶粉聚苯颗粒	75mm EPS板	30mm胶粉聚苯颗粒	涂料	—
26	15mm胶粉聚苯颗粒	85mm EPS板	10mm胶粉聚苯颗粒	涂料	—
27	15mm胶粉聚苯颗粒	90mm EPS板	—	涂料	—
28	5mm粘结砂浆	100mm EPS板	—	涂料	岩棉防火隔离带
29	15mm胶粉聚苯颗粒	60mm XPS板	10mm胶粉聚苯颗粒	涂料	—
30	15mm胶粉聚苯颗粒	60mm XPS板	10mm胶粉聚苯颗粒	涂料	—
31	15mm胶粉聚苯颗粒	65mm XPS板	—	涂料	—
32	5mm粘结砂浆	70mm XPS板	—	涂料	岩棉防火隔离带
33	5mm粘结砂浆	100mm岩棉板	—	涂料	—
34	5mm粘结砂浆	100mm岩棉板	20mm胶粉聚苯颗粒	涂料	锚固为主做法
35	5mm粘结砂浆	100mm岩棉板	20mm胶粉聚苯颗粒	涂料	锚固为主做法
36	15mm胶粉聚苯颗粒	60mm XPS板	10mm胶粉聚苯颗粒	涂料	—
37	15mm胶粉聚苯颗粒	100mm增强竖丝岩棉板	—	涂料	—
38	15mm胶粉聚苯颗粒	100mm增强竖丝岩棉板	—	面砖	做至抗裂层
39	5mm粘结砂浆	100mm增强竖丝岩棉板	—	涂料	—
40	5mm粘结砂浆	100mm增强竖丝岩棉板	—	面砖	做至抗裂层
41	15mm胶粉聚苯颗粒	60mm XPS板	10mm胶粉聚苯颗粒	涂料	—
42	15mm胶粉聚苯颗粒	60mm XPS板	—	涂料	—
43	15mm胶粉聚苯颗粒	60mm XPS板	30mm胶粉聚苯颗粒	涂料	—
44	5mm粘结砂浆	60mm XPS板	—	涂料	—
45	5mm粘结砂浆	40mm聚氨酯复合保温板	10mm无机保温砂浆	涂料	—

续表

序号	粘结层	保温层	找平层	饰面层	备注
46	5mm粘结砂浆	40mm 聚氨酯复合保温板	—	涂料	双层耐碱网布
47	5mm粘结砂浆	40mm 聚氨酯复合保温板	10mm胶粉聚苯颗粒	涂料	—
48	5mm粘结砂浆	40mm 聚氨酯复合保温板	—	涂料	单层耐碱网布

注：基层墙体为C20混凝土墙，保温材料与胶粉聚苯颗粒浆料界面处均有界面剂处理。涂料饰面时抗裂层：4mm抗裂砂浆+耐碱玻纤网格布+高弹底涂；面砖饰面时：10mm抗裂砂浆+热镀锌电焊网。

该试验研究是国内目前外保温耐候性试验量最大、涉及保温材料种类和保温系统最多的研究项目。保温材料涉及胶粉聚苯颗粒浆料、EPS板、XPS板、聚氨酯板、增强竖丝岩棉复合板、无机保温浆料；施工工艺和构造涉及了现浇、贴砌、点框粘、现场喷涂、薄抹灰、厚抹灰等做法；饰面层涉及涂料、面砖、饰面砂浆。涉及市场上大多数主流保温材料和构造系统。

经耐候性墙体温度场的数值模拟，与大型耐候性试验的实测数据比较，耐候性试验墙体的升降温速率，其试验结果和理论计算结果吻合较好。

通过整理此12轮大型耐候性试验有如下试验结论：

1）外保温板材性能稳定性排序：模塑聚苯板优于挤塑聚苯板，挤塑聚苯板优于聚氨酯板。

2）做法排序：满粘保温板优于点框粘保温板，点框粘保温板优于点粘保温板。

3）各类高效保温板与抗裂砂浆层之间设胶粉聚苯颗粒浆料层可减缓裂缝生成。

4）各类保温板在增加30mm以上胶粉聚苯颗粒浆料做保护层后不会发生抗裂层的破坏。

5）贴砌做法是外保温各种做法中耐候性、稳定性最强的，其六面用胶粉聚苯颗粒浆料包裹保温板，减少保温板与抗裂层的变形速度差，可有效控制保温板的形变。

小结：通过大型系统耐候性试验，遴选出胶粉聚苯颗粒浆料与各种保温板的贴砌做法为外墙外保温各种系统做法中耐候性最稳定的构造，因此这种做法被写入行业标准《胶粉聚苯颗粒外墙外保温系统材料》JG/T 158—2013中，延长了外墙外保温系统的寿命。

2.4 防火试验优选构造防火做法研究

2006年北京振利高新技术有限公司与中国建筑科学研究院防火所等八家单位申请并承担的建设部科研课题“外墙保温体系防火试验方法，防火等级评价标准及建筑应用范围的技术研究”（06-K5-35），取得了适合我国国情开创性研究成果，2007年9月通过了专家验收。

在课题研究期间完成了32次窗口火试验，见表2-2。

窗口火试验列表 表2-2

序号	系统名称	试验日期	试验地点	系统构造特点				防火隔离带/挡火梁	火焰传播性
				保温材料	保护层类型	粘贴方式	防火分隔		
1	胶粉聚苯颗粒贴砌EPS板外保温系统	2007-2-2	北京振利	EPS	厚抹灰	无空腔	分仓	—	无
2	EPS板薄抹灰外保温系统	2007-4-14	北京振利	EPS	薄抹灰	有空腔，粘结面积≥40%	无	—	不评价
3	EPS板薄抹灰外保温系统	2007-5-29	北京振利	EPS	薄抹灰	有空腔，粘结面积≥40%	无	—	有
4	硬泡聚氨酯复合板薄抹灰外保温系统	2007-5-30	北京通州	PU	薄抹灰	有空腔，粘结面积≥40%	无	—	无
5	喷涂硬泡聚氨酯抹灰外保温系统	2007-7-16	北京通州	PU	10mm厚保温浆料	无空腔	无	—	无
6	浇筑硬泡聚氨酯外保温系统	2007-9-6	北京通州	PU	薄抹灰	无空腔	无	—	无
7	膨胀玻化微珠保温防火砂浆复合EPS板外保温系统	2007-11-13	北京通州	EPS	厚抹灰	有空腔，粘结面积≥40%	无	—	无
8	EPS板薄抹灰外保温系统	2008-4-23	北京通州	EPS	薄抹灰	有空腔，粘结面积≥40%	无	硬泡聚氨酯防火隔离带	无
9	EPS板薄抹灰外保温系统	2008-10-7	敬业达	EPS	薄抹灰	有空腔，粘结面积≥40%	无	岩棉防火隔离带	无

续表

序号	系统名称	试验日期	试验地点	系统构造特点				防火隔离带/挡火梁	火焰传播性
				保温材料	保护层类型	粘贴方式	防火分隔		
10	EPS板薄抹灰外保温系统	2008-10-21	北京通州	EPS	薄抹灰	有空腔，粘结面积≥40%	无	硬泡聚氨酯防火隔离带	有
11	EPS板薄抹灰外保温系统	2008-11-11	敬业达	EPS	薄抹灰	有空腔，粘结面积≥40%	无	酚醛防火隔离带	无
12	EPS板薄抹灰外保温系统	2008-11-11	敬业达	EPS	薄抹灰	有空腔，粘结面积≥40%	无	岩棉挡火梁	有
13	EPS板薄抹灰外保温系统	2009-3-18	敬业达	EPS	薄抹灰	有空腔，粘结面积≥40%	无	岩棉挡火梁	无
14	EPS板薄抹灰外保温系统	2009-3-18	敬业达	EPS	薄抹灰	有空腔，粘结面积≥40%	无	泡沫水泥挑檐，岩棉隔离带	有
15	EPS板薄抹灰外保温系统	2009-4-13	敬业达	EPS	薄抹灰	有空腔，粘结面积≥40%	无	—	有
16	EPS板薄抹灰外保温系统	2009-6-3	北京通州	EPS	薄抹灰	有空腔，粘结面积≥40%	无	硬泡聚氨酯防火隔离带	无
17	高强耐火植物纤维复合保温板现场浇筑发泡聚氨酯外保温系统	2009-8-12	敬业达	PU	厚保护层	无空腔	无	—	无
18	XPS板薄抹灰外保温系统	2009-8-12	敬业达	XPS	薄抹灰	有空腔，粘结面积≥40%	无	岩棉防火隔离带	无
19	硬泡聚氨酯复合板薄抹灰外保温系统	2009-8-20	北京通州	PU	薄抹灰	有空腔，粘结面积≥40%	无	—	无
20	EPS板瓷砖饰面外保温系统	2009-9-3	敬业达	EPS	厚保护层：瓷砖饰面	有空腔，粘结面积≥40%	无	—	无

续表

序号	系统名称	试验日期	试验地点	系统构造特点				防火隔离带/挡火梁	火焰传播性
				保温材料	保护层类型	粘贴方式	防火分隔		
21	喷涂硬泡聚氨酯-幕墙保温系统	2009-11-22	北京通州	PU	厚抹灰	保温层与基层墙体满粘，但存在幕墙空腔*	保温层内无防火分隔，但幕墙空腔用岩棉隔离带分隔	岩棉防火隔离带	无
22	胶粉聚苯颗粒贴砌EPS板薄抹灰外保温系统	2009-11-26	北京振利	EPS	薄抹灰	无空腔	分仓	—	无
23	EPS板薄抹灰外保温系统	2010-2-3	北京通州	EPS	薄抹灰	有空腔，粘结面积≥40%	无	硬泡聚氨酯防火隔离带	不评价
24	胶粉聚苯颗粒贴砌XPS板外保温系统	2010-3-23	北京振利	XPS	厚抹灰	无空腔	分仓	窗口胶粉聚苯颗粒20cm	无
25	EPS板薄抹灰外保温系统	2010-5-13	敬业达	EPS	薄抹灰	有空腔，粘结面积≥40%	无	—	无
26	EPS板瓷砖饰面外保温系统	2010-5-13	敬业达	EPS	厚保护层，瓷砖饰面	有空腔，粘结面积≥40%	无	—	无
27	酚醛薄抹灰-铝单板幕墙保温系统	2010-6-23	北京振利	PF	薄抹灰	有空腔，粘结面积≥40%	无	—	有
28	喷涂硬泡聚氨酯厚抹灰外保温系统	2010-9-2	北京通州	PU	厚抹灰	无空腔	无	—	无
29	酚醛厚抹灰(分仓构造)-铝单板幕墙保温系统	2010-9-10	北京振利	PF	厚抹灰	无空腔	有	胶粉聚苯颗粒分隔	无
30	XPS板薄抹灰外保温系统	2010-10-28	敬业达	XPS（B_1级）	薄抹灰	有空腔，粘结面积≥40%	无	—	有
31	EPS板薄抹灰外保温系统	2010-10-28	敬业达	EPS	薄抹灰	有空腔，粘结面积≥40%	无	岩棉防火隔离带	无

续表

序号	系统名称	试验日期	试验地点	系统构造特点				防火隔离带/挡火梁	火焰传播性
				保温材料	保护层类型	粘贴方式	防火分隔		
32	硬泡聚氨酯保温板厚抹灰外保温系统	2010-11-5	北京通州	PU	厚抹灰	有空腔，粘结面积≥40%	无	—	无

注：1.表中符号：EPS——模塑聚苯板；XPS——挤塑聚苯板；PU——硬泡聚氨酯；PF——改性酚醛板。

2.表中的试验2和试验23仅作为演示试验，主要用于介绍窗口火试验方法。因试验时的风速条件不满足测试标准的要求，因此不对试验结果进行评价。

其中EPS板试验19次（薄抹灰15次，厚保护层4次），硬泡聚氨酯试验8次（薄抹灰3次，厚保护层5次），XPS板试验3次（B_2级XPS板薄抹灰1次，B_1级XPS板薄抹灰1次，B_2级XPS板厚抹灰1次），改性酚醛板试验2次。

外保温系统窗口火试验结果见表2-3。

外保温系统窗口火试验结果 表2-3

序号	水平准位线2可燃保温层测点最高温度（℃）	可燃保温层烧损高度	系统火焰传播性判定
1	＜500	未见明显烧损	无
2	—	—	不评价
3	＞500	全部烧损	有
4	＜500	水平准位线2上方10cm	无
5	＜500	水平准位线2上方5cm	无
6	＜500	水平准位线2下方10cm	无
7	＜500	未见明显烧损	无
8	＜500	水平准位线2下方	无
9	＜500	水平准位线2下方	无
10	＞500	全部烧损	有
11	＜500	水平准位线2下方	无
12	＜500	烧损到模型顶部	有
13	＜500	水平准位线2下方	无
14	＞500	最高防火隔离带下边缘	有
15	＞500	烧损到模型顶部	有
16	＜500	水平准位线2下方	无
17	＜500	水平准位线2下方	无
18	＜500	水平准位线2下方	无

续表

序号	水平准位线2可燃保温层测点最高温度（℃）	可燃保温层烧损高度	系统火焰传播性判定
19	＜500	水平准位线2上方15cm	无
20	＜500	水平准位线2下方	无
21	＜500	水平准位线1	无
22	＜500	水平准位线2下方	无
23	—	—	不评价
24	＜500	水平准位线1	无
25	＜500	水平准位线2下方	无
26	＜500	水平准位线2下方	无
27	＞500	烧损到模型顶部	有
28	＜500	水平准位线2下方	无
29	＜500	水平准位线2下方	无
30	＜500	烧损到模型顶部	有
31	＜500	最高防火隔离带下边缘	无
32	＜500	水平准位线2下方	无

历经六年防火试验研究，包括锥形量热计试验、燃烧竖炉试验、窗口火试验、墙角火试验，完成了国家标准《建筑外墙外保温系统的防火性能试验方法》GB/T 29416—2012的编制，完成了防火等级评价及建筑应用范围分级，见表2-4。

胶粉聚苯颗粒外墙外保温系统对火反应性能指标　　表2-4

防火保护层厚度（mm）	锥形量热计试验		燃烧竖炉试验	窗口火试验	
	现象	热释放速率峰值（kW/m²）	试件燃烧后剩余长度（mm）	水平准位线2处保温层测点的最高温度（℃）	燃烧面积（m²）
≥33	不应被点燃，试件厚度变化不应超过10%	≤5	≥800	≤200	≤3
≥23		≤10	≥500	≤250	≤6
≥13		≤25	≥350	≤300	≤9

胶粉聚苯颗粒外墙外保温系统对火反应性能指标显示：用胶粉聚苯颗粒浆料做防火保护层，当防火保护层在30mm时，外保温系统热释放速率峰值≤5kW/m²，属不燃类系统，保温板不会熔融。

试验说明构造防火有三个基本要素，即无空腔、保护层、分仓综合各防火试验结果有几点结论：

1）聚苯板薄抹灰系统抗火攻击能力弱，聚苯板受到热辐射后很快就会发生体积收缩，200℃后就会发生液化流坠，抗裂砂浆层下形成空腔助燃构造，300℃聚苯板就会发生汽化被点燃。

2）楼层间设置的防火隔离带防止火焰蔓延的作用有限，对有机保温板燃烧产生的大量火焰热量阻挡作用很小。

3）保温板粘结面积不同，火焰传播速度明显不同，无空腔满粘是有机保温板必要的构造。

4）胶粉聚苯颗粒浆料有良好的防火作用，受热辐射后表层的聚苯颗粒在无机材料包裹下发生收缩形成空腔，这些密集小体积空腔减缓了热的传导。

5）抗火焰热辐射作用主要靠防火保护层的厚度，防火保护层厚度增加会有明显防火作用。

6）防火分仓起着密集防火隔离带和防火保护层的叠加作用，其防火效果比较明显，分仓越小，防止保温板液化后流淌的作用越有效。

7）小体积分仓及比较厚的保护层可有效减少聚苯板受热收缩量，控制聚苯板液态变化范围，防止聚苯板汽化燃烧。

试验证明胶粉聚苯颗粒浆料中无机材料包裹有机颗粒，是一种防火微分仓构造，可有效防止热量的传递。

通过锥形量热计试验可知胶粉聚苯颗粒浆料的热释放速率峰值≤5kW/m^2。燃烧竖炉试验结果表明：采用这种微分仓构造并由胶粉聚苯颗粒浆料做防热辐射的保护层，20mm厚可防止聚苯板的液化形变，30mm厚可避免聚苯板受热体积收缩。由大型窗口火试验和墙角火试验结果分析表明，对有机类保温板采用胶粉聚苯颗粒浆料这种微分仓构造可形成有效的防火分仓构造，安全分仓体积可设为0.027m^3（600mm×450mm×100mm）。

第3章

外保温核心技术是选择受力模式

3.1 外保温安全的关键是选择正确的受力模式

近年来有些省市纷纷出台外墙外保温的工程应用禁限文件。首先发声的是湖南省，禁止刚出台的岩棉薄抹灰外墙外保温行业标准在湖南应用，紧随其后是上海市禁止粘贴、锚固做法的外保温薄抹灰技术，重庆市、河北省等多个地方政府也发布了外保温的禁限令。全国大面积的外保温否定潮，实际上是质疑外保温的受力模式。

多年来外保温薄抹灰技术做法发生了大量工程质量事故，造成伤人毁物、着火死人等危害社会的后果，依据这些事实提出禁限外墙外保温技术做法，并直指粘结和锚固这两种受力模式，由此可见外保温安全的关键是选择受力模式。

我国建筑节能经过近半个世纪的发展，外墙外保温从引进、大面积工程应用到全面创新，外保温技术标准也得到了全面提升，已经深深扎根于中国工程建设领域，并为实施零能耗技术，实现碳达峰，为社会主义建设发挥出其强大的贡献。选择正确的外保温受力模式，而非全盘否定外墙保温技术，是让外墙外保温更好服务社会建设的最佳选择。

3.2 粘结受力是外保温的核心技术

外墙外保温的保温层把环境温度变化的影响阻隔在外保温的外表面，使得外保温的外表面产生剧烈温差变化，导致其热应力不断变化。外保温特定的作用，使得外保温系统材料具备四个独有特性，构成粘结力为外保温的关键核心技术。

3.2.1 外保温是一个完全的柔性构造

外保温所用材料均为弹性体或亚弹性体，遇冷热变化可自行消纳形变，自身产生的热应力不向周边传递，可及时充分释放。

3.2.2 外保温材料有序合理组合

外保温系统外层材料柔性变形量大于内侧材料允许变形量，相邻材料因温度变化引起的变形速度，可相互适应，不大于20倍。相邻材料发生不同形变速度时，其层间粘结强度能承受并消解在相邻材料之间产生的剪切力。

3.2.3 外保温表层复合材料采用柔性砂浆包裹柔性软配筋

在弹性砂浆中设置柔性软配筋，使其柔中寓刚。外保温表面柔性设计形成抗裂保护构造，其材料设计复配多种纤维，满足允许变形、诱导变形，改变力的传递方向，成为应力消减传递构造。

3.2.4 外保温的荷载逐层传递至结构墙体

外保温系统所产生的固定荷载（自重）与变动荷载（风、地震、热应力、水、冻胀等）各层材料之间粘结力等物理性能指标满足自然力传递的要求，均通过各层材料逐层传递给结构墙体，各层材料自身强度值均不小于0.10MPa。

外保温系统这种粘结构造的应力设计，遵循材料力学规律，系统粘结力由保温系统各粘结材料自身的物理力学技术要素复合形成。影响外保温系统粘结力的因素主要有三个：各层材料之间的粘结强度，各层材料的拉拔强度和材料之间的粘结面积。

外保温系统受力不计算锚固力。

3.3 不同受力模式的外保温安全性分析

3.3.1 锚固受力是硬质饰面保温板（保温装饰一体化板）的受力模式

按温度场数值模型温度应力分类，保温装饰一体化板应属于夹芯保温，其保温板两侧的温差与夹芯保温内外叶墙形成的温差趋势相近，其温度变化主要发生在硬质饰面层，其运动状态属夹芯保温应有的特征。保温装饰一体化板的固定荷载和变动荷载都集中发生在硬质饰面层，其饰面层为刚性重质材料，自重大、导热系数高、弹性模量大，硬质饰面层固定荷载及变动荷载是保温装饰一体化板要解决的主要矛盾，应选择锚固受力模式，按幕墙设计受力构造。由纵横龙骨或独立承托悬挑受力分别计算每块重质面板相对应所产生的力矩，满足其三维变形的锚固构造，这种锚固受力系统构造设计遵循结构力学规律。

保温装饰一体化板只计算锚固力，不计算粘结力。

3.3.2 模塑聚苯板薄抹灰外保温工程事故主要是背离粘结受力模式

模塑聚苯板薄抹灰外保温技术做法应用范围广泛，技术体系成熟，是典型的粘结受力技术系统。该技术是我国节能建筑的优秀主导技术，形成的优质工程最多。

但是这次对外保温的否定潮主要指向就是模塑聚苯板薄抹灰做法，理由是这些年被风刮下来的外保温事故工程多是这种做法。外保温薄抹灰做法被风刮落的案例，现场拍摄到的落地破碎保温板块和残留墙上粘结痕迹皆印证为该工程粘结面积被大大地缩减，有效粘结面积大多在10%左右。工程无底线的减少粘结面积，低价恶性竞争导致背离粘结力这个关键核心技术。

3.3.3 岩棉薄抹灰外保温系统不应选择锚固受力模式

各地岩棉板薄抹灰外保温工程发生被风刮掉的事故案例多有发生，导致一些省市禁限岩棉板薄抹灰外保温做法。究其原因应归结为岩棉板薄抹灰外保温技术做法选错了系统的受力模式。岩棉板薄抹灰技术做法把锚栓锚固作为主要受力模式，这是在我国外保温薄抹灰技术标准中唯一采用机械固定方式为主的技术系统。选择锚固受力模式表明岩棉板自身不能完成材料粘结时对外保温系统物理指标的要求，岩棉板自身不能单独作为一个构造层自行受力传递相关荷载。对岩棉这种轻质、松散、低强度的材料一般不应选择机械锚固模式。因此，在钢筋混凝土结构中岩棉薄抹灰不应采用锚固受力模式。

第4章

外保温是装配式建筑的可靠选择

我国对建筑设计使用年限划分为5年、25年、50年、100年四档，其中普通建筑是50年，但实际应用中很多建筑的使用寿命并没有达到设计年限，一大原因是设计存在缺陷，施工中偷工减料，导致了建筑质量差、耐久性差，这意味着将有大量建筑垃圾产生，既浪费资源，又污染环境，不符合可持续发展要求。建筑工程质量要提高，不应使用劣质材料，要做好监管工作，不偷工减料。

一个良好的外保温系统可以起到保护建筑主体结构，延长建筑寿命的作用。因保温材料位于基层墙体之外，可缓冲温度变动导致结构变形产生的应力，避免内部主体结构产生大的温度变化，有效提高建筑的耐久性。

承诺实现碳中和的时间还有不到40年，在这期间建筑保温行业可以通过延长建筑结构寿命，避免因建筑结构不稳定、短寿命引发大拆大建生成大量建筑垃圾等问题为碳中和做贡献。

外墙外保温稳定建筑结构温度，减少建筑结构热应力形变，是节能建筑百年寿命的终极选择，也是百年装配式建筑的最佳选择。

4.1 预制夹芯保温构造存在的问题

随着装配式混凝土结构的大量应用，装配式预制夹芯保温墙板成为装配式建筑的重要构件。所谓预制夹芯保温外墙板（又称三明治墙板）是集承重、围护、保温、防水、防火等功能为一体的重要装配式预制构件，由外墙板、保温板和内墙板通过连接构件预制而成，并且通过局部现浇及钢筋套筒灌浆等连接方式组装，使之成为装配式住宅的外围护墙体。这种夹芯保温构件存在诸多问题，归结起来主要有几点。

4.1.1 内外叶墙体温差大

对北京地区采用夹芯保温的墙体进行温度场数值模拟，本节采用EPS板保温层的夹芯墙板进行ANSYS数值模拟分析，预制夹芯保温墙板（图4-1）的尺寸参数为：长度为3200mm，宽度为2800mm，外叶混凝土板厚度均为40mm，内叶混凝土板厚度均为80mm，中间保温板厚度为70mm，就冬夏两季墙体在室外太阳辐射及气温变化下的实时温度场进行了全面计算（计算参数见表4-1和表4-2）。

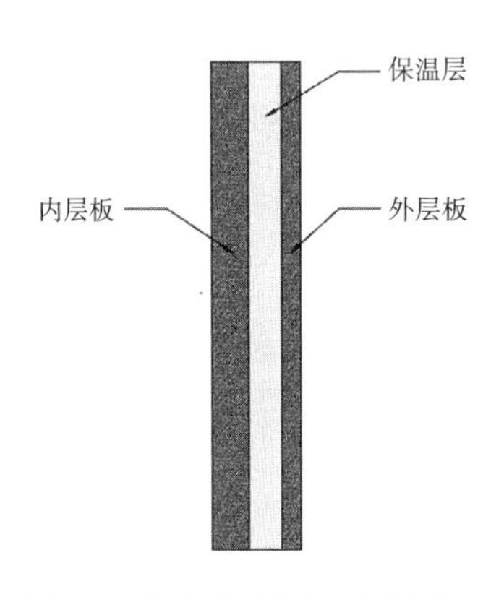

图4-1 装配式预制夹芯保温墙板

材料的物理参数之一（混凝土EPS板夹芯保温墙体） 表4-1

夹芯保温体系材料	内饰面层	混凝土	EPS板	混凝土	面层涂料
长度（m）	3.2	3.2	3.2	3.2	3.2
宽度（m）	2.8	2.8	2.8	2.8	2.8
厚度（m）	0.002	0.08	0.07	0.04	0.003
导热系数[W/(m·K)]	0.60	1.74	0.035	1.74	0.5
密度（kg/m^3）	1300	2430	30	2430	1100
参考温度（℃）	15	15	15	15	15

室内、室外温度参数 表4-2

季节	室内气温（℃）	室外最高温度（℃）	室外最低温度（℃）
春季（3月）	23.0	25.3	4.4
夏季（6月）	25.0	39.0	23.0
秋季（9月）	23.0	26.5	9.7
冬季（12月）	20.0	1.5	-11.5

与墙体内表面类似，对墙体外表面，设室外空气温度为$T_{out}(t)$，室外空气与墙体外表面对流换热系数为β_{out}，墙体外表面温度为$T_n(t)$（第n个节点），忽略室内和墙体内表面之间以及各层墙体材料的相互热辐射。此时，墙体外表面与室外空气的对流热交换量可表达为：

$$q_{out}=\beta_{out}[T_{out}(t)-T_n(\mathrm{t})] \tag{4-1}$$

同样，国家标准《民用建筑热工设计规范》GB 50176—2016中，详细规定了室外换热系数β_{out}的详细取值问题。β_{out}与室外建筑物表面风速V_e有关，在后续计算中，β_{out}的取值见表4-3。

对流换热系数 **表4-3**

季节	对流换热系数[W/(m²·K)]	
	内表面	外表面
春季（3月）	8.7	21.0
夏季（6月）	8.7	19.0
秋季（9月）	8.7	21.0
冬季（12月）	8.7	23.0

1.夏季温度场模拟

数值模拟时，取夏季室外温度39℃，室内温度25℃进行模拟计算，结果见图4-2。

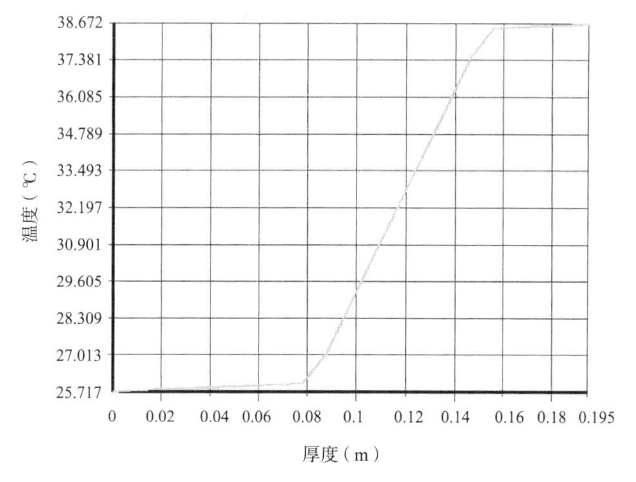

图4-2 沿垂直墙体的温度曲线图

2.冬季温度场模拟

冬季温度场模拟取室外温度-12.5℃，室内温度20℃进行模拟计算，结果见图4-3。

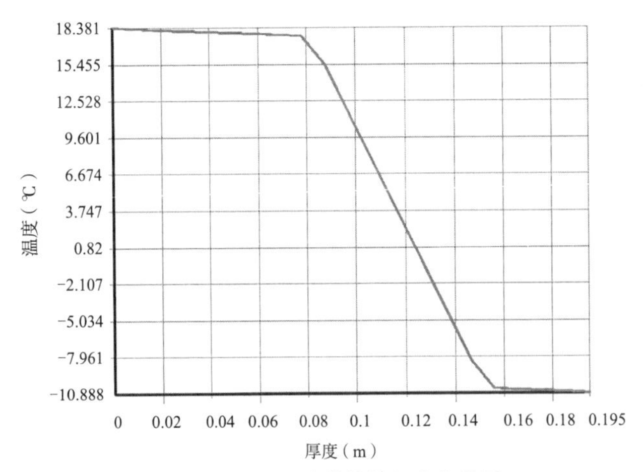

图4-3　沿垂直墙体的温度曲线图

3.夹芯保温温度场分析

北京地区夹芯保温预制墙板的温度场数值模拟结果，墙体在夏季温度稳定到最高温39℃后，墙体外表面温度最高到了约38.67℃，室内墙面的温度达到了约25.7℃。

在冬季室外温度稳定在最低温度−12.5℃后，墙体外表面温度最低约−10.9℃，室内墙面的温度约18.48℃。

室内墙体年温差为7.22℃，室外墙体年温差为49.57℃，室外墙体年温差是室内墙体年温差的6.8倍。

4.1.2 内外墙体热应力差大

在温度应力数值模拟时，墙板的周边由于受到四周墙板的限制，假定板的周边在既不能伸缩又不能转动的条件下，模拟墙体的温度应力大小。表4-4为温度应力模拟时的材料参数。

材料的热物理参数之二（EPS板夹芯保温墙体）　　表4-4

夹芯保温体系材料	内饰面层	混凝土	EPS板	混凝土	面层涂料
长度（m）	3.2	3.2	3.2	3.2	3.2
宽度（m）	2.8	2.8	2.8	2.8	2.8
厚度（m）	0.002	0.8	0.7	0.4	0.003
弹性模量（GPa）	2.00	20.00	0.0091	20.00	2.00
线膨胀系数（10^{-6}/K）	10	10	23	10	8.5
泊松比	0.2	0.2	0.371	0.2	0.2
参考温度（℃）	15	15	15	15	15

利用前面温度场计算结果，采用上表中所列参数作为模型输入数值，计算混凝土聚苯板夹芯保温墙体的温度应力。计算中初始温度T_0取15℃。该参数的真正物理意义为材料内温度应力为零时的温度数值。而这个数值在实际结构中是较难确定的，对现场浇筑的混凝土或砂浆，该值为混凝土或砂浆初凝（水泥浆由塑性向弹性转变的转变点）时的温度，该温度通常与施工的季节、时间密切相关。由于高温季节施工的混凝土结构更容易发生开裂，因此通常采用对原材料进行降温处理的方法，即降低T_0值。对保温墙体，由于结构层、保温层及其附加层均在不同时刻施工完成，这给保温墙体温度应力计算中T_0的取值带来更大的困难。为统一比较计算结果，计算中各层材料的初始温度选取为一个相同的数值。

由于冬季、夏季温度变化最大，因此在这两个季节墙体内因温度变化引发的应力最大，所以计算中仅对冬夏两个季节中温度变化最大的墙体中的温度应力进行了计算。

1.夏季温度场模拟

夏季温度应力数值模拟时，取夏季室外温度39℃，室内温度25℃进行计算，结果见图4-4和图4-5。

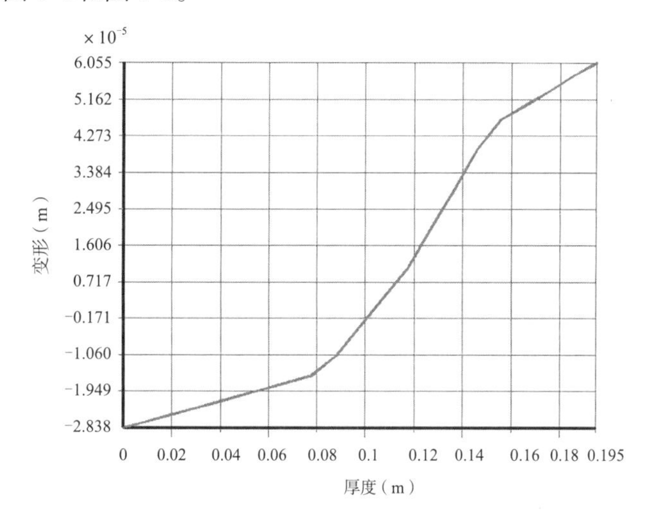

图4-4　沿垂直墙体方向的夹芯板的变形曲线1

2.冬季温度场模拟

冬季温度应力数值模拟时，取冬季室外温度-12.5℃，室内温度20℃进行计算，结果见图4-6和图4-7。

3.温度应力分析

所示结果可以看出，内外墙板的温度应力差值都非常大，夏季外混凝土板的等效应力幅值为5.94MPa，内混凝土板的等效应力幅值为2.39MPa。冬

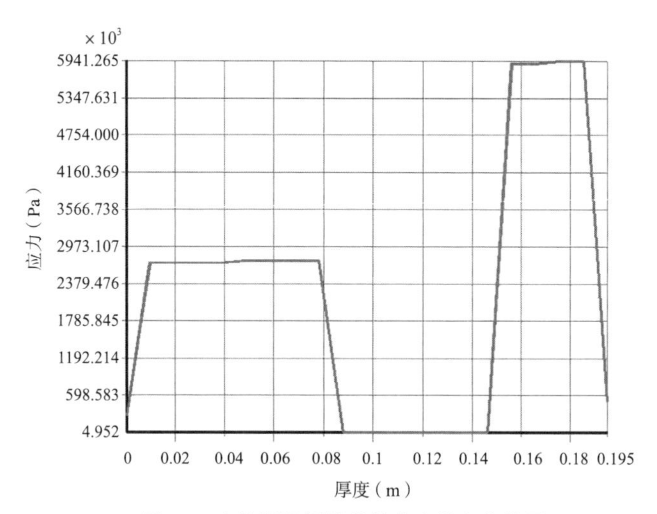

图4-5　夹芯保温板的等效应力分布曲线图1

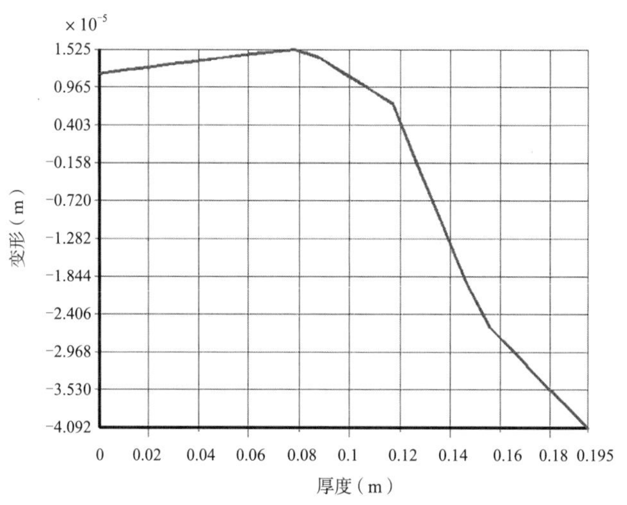

图4-6　沿垂直墙体方向的夹芯板的变形曲线2

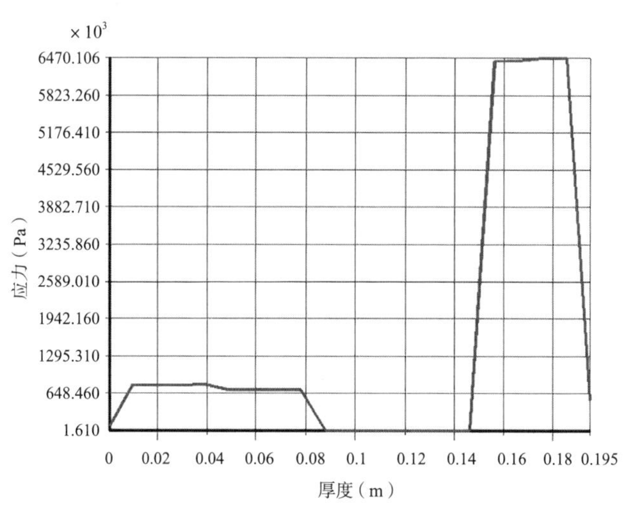

图4-7　夹芯保温板的等效应力分布曲线图2

季外混凝土板的等效应力幅值为6.47MPa，内混凝土板的等效应力幅值为0.65MPa。夏季夹芯保温墙体外墙板比内墙板热应力大2.5倍，冬季夹芯保温墙体外墙板比内墙板热应力大10倍。内外侧墙体温度应力差会导致两者变形不一致，而导致后续使用的墙体破坏，缩短建筑结构寿命。

4.2 预制夹芯保温墙体套筒灌浆做法的缺陷

预制夹芯保温墙体的竖向受力钢筋楼层各自断开，在施工中靠吊装机械将本层墙体预留套筒与另一层墙体预留钢筋对接套孔，并在套筒钢筋的空隙注入高强度无收缩灌浆料。待灌浆料硬化后金属套筒与钢筋形成连接，成为建筑结构竖向受力核心构造。其原理就是金属套筒与高强无收缩灌浆料之间锚固连接，而钢筋与灌浆料之间锚固连接，从而实现力的传递，与钢筋搭接连接有相似的力学传递特征。装配式夹芯保温墙体竖向结构受力的核心技术就是套筒灌浆。

套筒灌浆技术潜在风险失控点：

1）金属套筒与钢筋对接入孔难定位。

由于竖向预制构件转换层预埋钢筋位置控制不准确，竖向钢筋预埋位置误差大，吊装时预制构件预埋套筒无法准确就位，一些不负责任的施工人员存在割除预埋钢筋的现象，带来严重的质量隐患。

2）灌浆易发生不密实和漏浆。

灌浆施工中，灌浆施工工艺不准确或操作人员操作不当导致套筒内灌浆不密实。灌浆施工前预制件四周采用封缝料进行封堵，局部封堵不严密，尤其在底部预埋线盒位置，灌浆过程中容易漏浆。

3）水灰比对灌浆强度影响很大。

灌浆料水灰比应严格遵守使用要求，一般为0.12:1～0.14:1，水灰比对灌浆强度影响很大。

4）灌浆料的施工温度对强度影响很大。

环境温度也是影响灌浆料强度的重要因素，灌浆温度不宜低于5℃。灌浆料强度的损失对竖向结构受力系统的影响是重大隐患。

4.3 外保温应用于装配式建筑的探索

随着建筑节能技术标准的提高，外墙保温层加厚，夹芯保温技术的弱点愈发显现。同时各地对竖向受力结构的构件使用也多存安全疑虑。随着近零能耗建筑节能标准的出台，为2030年碳达峰定下了大盘基调，用外保温替代夹芯保温是碳达峰对建筑节能提高技术标准的起点要求。增强竖丝岩棉板成功的工程实践，为外保温完成这种替代提供了保证。

外保温取代夹芯保温是建筑节能的最优选择，也是装配式建筑的最优选择。

4.3.1 单面叠合保温一体化剪力墙技术构造

单面叠合保温一体化剪力墙以50mm厚的预制混凝土板为免拆内模板，增强竖丝岩棉复合板为免拆外模板，内、外模板通过穿墙管和穿墙螺栓及锚栓等连接件在工厂连接固定在一起，并在内、外模板之间安装好相应的钢筋配筋，构件制作好后将其吊装到工地现场将钢筋与下层墙体钢筋连接好并加固后可直接在内、外模板之间浇筑混凝土，并在增强竖丝岩棉复合外模板做胶粉聚苯颗粒贴砌浆料找平过渡层及抗裂防护层和饰面层。

该单面叠合保温一体化剪力墙将工地现场支模移到了工厂内，而且实现了混凝土中钢筋的连续性和混凝土的连接性，装配化率高，抗震能力强，安全可靠，实用性强。

单面叠合保温一体化剪力墙基本构造如下：

1）单面叠合保温一体化剪力墙技术构造特点。

内外免拆模板与结构钢筋组合，形成预制吊装构件，见图4-8。

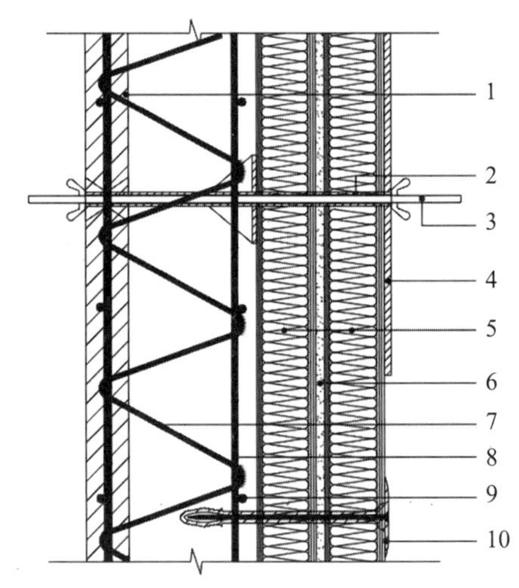

图4-8 单面叠合保温一体化剪力墙（浇筑前）

1—预制混凝土板；2—Ⅰ型硬质连接件；3—对拉螺杆；4—背板；

5—增强竖丝岩棉复合板；6—粘结砂浆；7—桁架筋；8—竖向钢筋；9—水平钢筋；10—Ⅱ型硬质连接件

（1）内模板为50mm预制混凝土植连桁架钢筋、竖向钢筋、水平钢筋、外模板连接定位件。

（2）外模板为增强竖丝岩棉复合板通过连接件与内模板固定。

2）竖向连接钢筋、水平连接钢筋，完成对预制吊装构件上下、前后、左右等各方位的钢筋连接配置，见图4-9、图4-10。

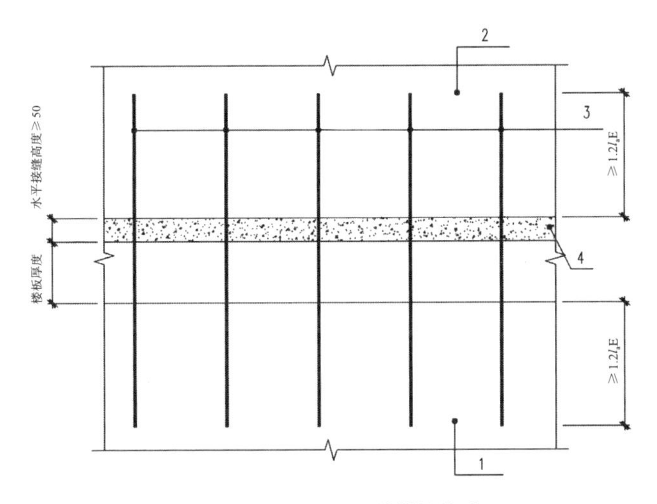

图4-9　竖向连接钢筋搭接构造

1—下层叠合剪力墙；2—上层叠合剪力墙；3—竖向连接钢筋；4—楼层水平接缝

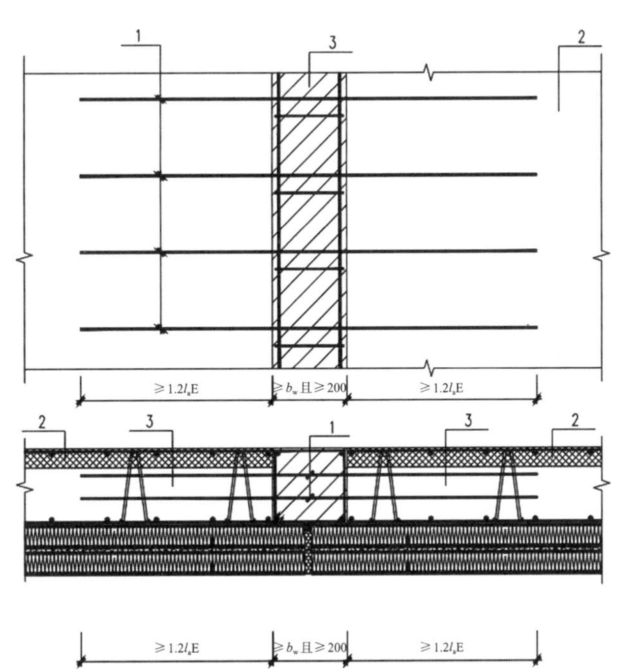

图4-10　水平连接钢筋搭接构造

1—连接钢筋；2—预制部分；3—现浇部分

3）内模板PC构件与置留空腔现浇混凝土形成一体并与叠合楼板、内墙板、明暗墙柱等其他PC构件形成整体纵横钢筋混凝土，见图4-11～图4-13。

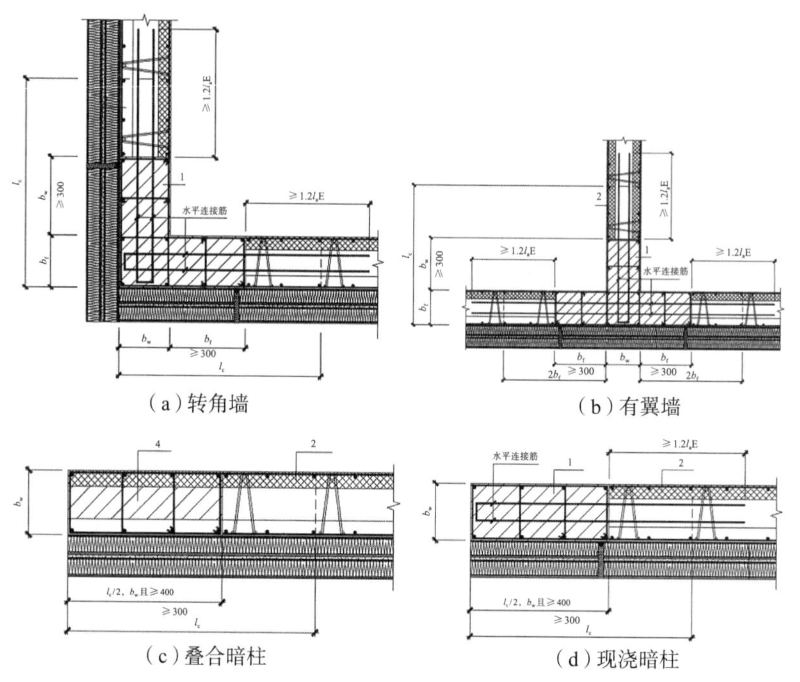

（a）转角墙　（b）有翼墙

（c）叠合暗柱　（d）现浇暗柱

图4-11　约束边缘构件

l_c—约束边缘构件沿墙肢的长度；1—后浇带；2—预制剪力墙；3—水平连接钢筋，直径及间距同叠合墙板水平钢筋；4—叠合暗柱

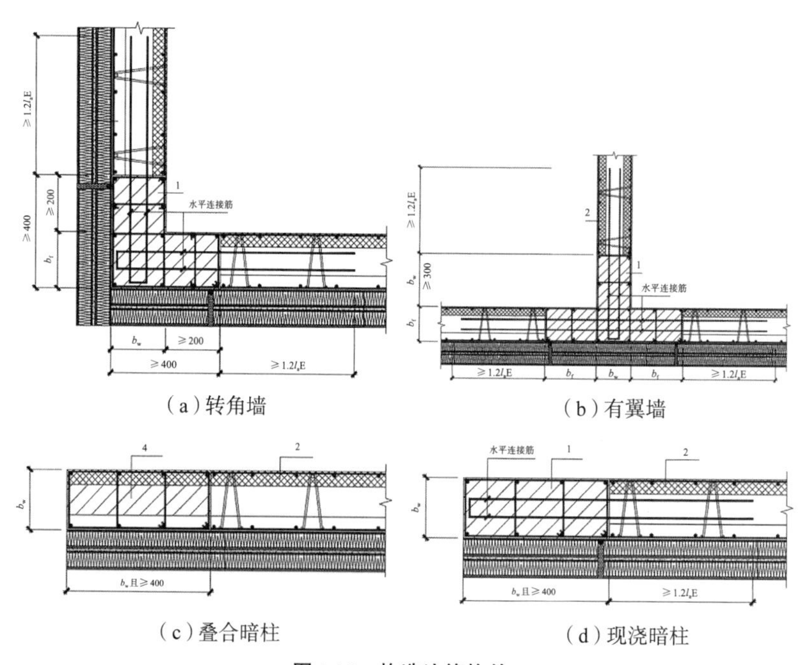

（a）转角墙　（b）有翼墙

（c）叠合暗柱　（d）现浇暗柱

图4-12　构造边缘构件

1—后浇带；2—预制剪力墙；3—水平连接钢筋，直径及间距同叠合墙板水平钢筋；4—叠合暗柱

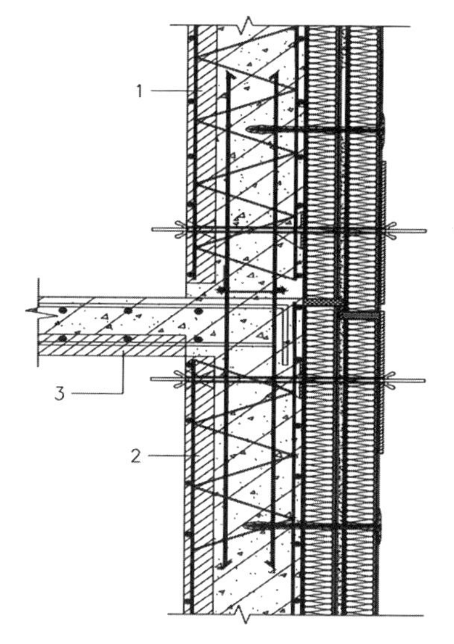

图4-13　上下层墙体与叠合板钢筋连接节点

1—上层墙体；2—下层墙体；3—叠合楼板

4）外模板与内模板的对拉锚固件，形成现浇混凝土时的外保温受力构件，见图4-14。

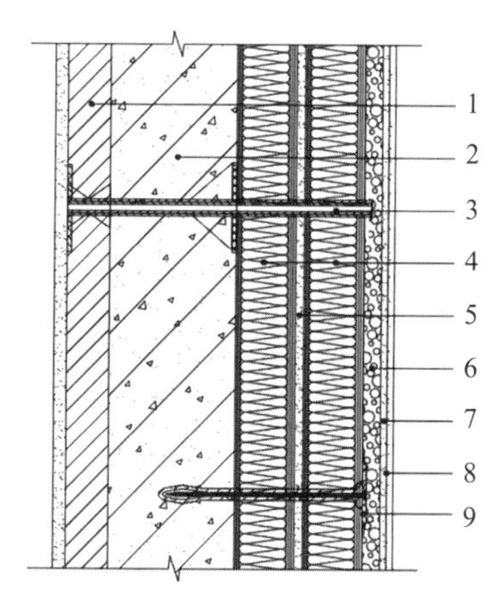

图4-14　墙体受力系统

1—预制混凝土板；2—现浇混凝土；3—Ⅰ型硬质连接件；4—增强竖丝岩棉复合板；5—粘结砂浆；6—胶粉聚苯颗粒浆料；7—抗裂砂浆；8—玻纤网格布；9—Ⅱ型硬质连接件

4.3.2 单面叠合保温一体化剪力墙技术三大优点

装配式建筑墙体从夹芯保温构造发展到外墙外保温构造，是一项核心技术关键性的突破。把装配式建筑技术的发展阶段推到了新高度。其优点主要表现有三：

1）外保温形成的温度场稳定了建筑结构，延长了装配式建筑结构寿命。

应用夹芯保温技术时，保温层使得内外叶墙体产生8～10倍的温差，这种内、外墙之间经常发生的结构温度应力，会使建筑常年处于不稳定状态，会缩短建筑结构寿命，一般夹芯保温的建筑结构寿命为50年。而外保温做法消灭了建筑结构的昼夜温差，消减了因温度变化引发的结构应力，稳定了结构，延长了建筑寿命，外保温的装配式建筑寿命可达百年以上。

2）装配式竖向结构受力模式创新，消除安全隐患。

内外双向免拆模板，竖向结构墙整体现浇改变装配式竖向钢筋在楼层间断开，用套筒灌浆连接的设计模式。其妙有三：

（1）利用50mm厚PC构件植连钢筋骨架，竖向钢筋、水平钢筋、桁架钢筋形成预留现浇空间墙体。

（2）利用连接钢筋，完成上下、左右、前后的部件结合。

（3）利用现浇混凝土完成各种PC构件的固定。

3）用增强竖丝岩棉复合板做外保温免拆模板装配式外墙，综合造价会大幅降低。

4.3.3 装配式外墙板发展的新阶段

通过与现行装配式外墙从技术、施工质量、节能要求、成本等方面进行对比，可以发现单面叠合保温一体化剪力墙具有整体性好、钢筋连接牢固、技术可靠、施工速度快、满足一般节能及超低能耗要求、墙体寿命长、造价成本低等优点（表4-5）。由此可见，单面叠合保温一体化剪力墙在市场应用上具有广阔的前景。

现行装配式外墙对比分析　　表4-5

对比项	项次	夹芯保温外墙板（内叶+保温+外叶）	预制外墙（后粘保温）	单面叠合保温一体化剪力墙（保温作外模板）
技术	墙体构造	200mm厚预制混凝土墙+保温板+60mm外叶板	200mm厚预制混凝土墙	50mm厚预制混凝土墙+150mm空腔+保温板
	竖向钢筋连接方式	套筒连接	套筒连接	钢筋搭接
	可靠性	套筒连接，采用灌浆料，施工难度大，连接部位施工质量不可靠	套筒连接，采用灌浆料，施工难度大，连接部位施工质量不可靠	钢筋搭接，施工质量可靠
	整体性	预制墙体与现浇暗柱处的混凝土通过粗糙面连接	预制墙体与现浇暗柱处的混凝土通过粗糙面连接	中间空腔与暗柱一同现浇，整体性好
	标准化	墙体顶部有出筋，墙体型号多，标准化程度低	墙体顶部有出筋，墙体型号多，标准化程度低	墙体顶部无出筋，墙体型号少，标准化程度高

续表

对比项	项次	夹芯保温外墙板（内叶+保温+外叶）	预制外墙（后粘保温）	单面叠合保温一体化剪力墙（保温作外模板）
技术	依据标准	《装配式混凝土结构技术规程》JGJ 1—2014	《装配式混凝土结构技术规程》JGJ 1—2014	《装配式混凝土建筑技术标准》GB/T 51231—2016
施工质量	平整度	平整度差，难以修复，且难以满足喷涂要求	平整度差，进行下一道工序前，需要对墙体平整度进行修复。且由于墙体生产时涂刷脱模剂，外贴保温易脱落	无影响
	灌浆料	需要灌浆料，且价格高，还需进行套筒拉拔试验	需要灌浆料，且价格高，还需进行套筒拉拔试验	无需灌浆料，无需进行套筒拉拔试验
	冬季施工	灌浆料受气候影响，低温难以施工，灌浆有隐患	灌浆料受气候影响，低温难以施工，灌浆有隐患	无影响
	破损情况	易出现缺棱掉角、破损现象，冬季修复困难	无影响	无影响
	吊装、安装	墙体重，不易起吊，不易安装，不易固定，不安全	墙体重，不易起吊，不易安装，不易固定，不安全	墙体轻，易起吊，易安装，易固定，安全
	保温竖向拼缝处理方式	相邻墙体保温板的侧边竖向平整度不易控制，中间缝隙填堵困难	同现浇墙体，保温板竖向缝之间密拼，缝隙不需填堵	相邻墙体保温板的缝隙用胶粉聚苯颗粒塞堵，对保温板侧边平整度要求不高，填堵简单
	外叶板裂缝	由于温差易产生裂缝	无影响	无影响
	塔吊选型	重型，价格高	重型，价格高	轻型，价格低
	施工人员素质	由于墙体安装时，需要与竖向预留插筋定位及灌浆，所以对施工人员素质要求较高	由于墙体安装时，需要与竖向预留插筋定位及灌浆，所以对施工人员素质要求较高	施工简单便捷，无需与竖向预留插筋定位，无需灌浆，普通农民工即可完成
80%节能标准	保温板种类及厚度	100mm厚挤塑板	40mm厚石墨挤塑板 60mm厚竖丝岩棉板	40mm厚石墨挤塑板 60mm厚竖丝岩棉板
	传热系数	0.329W/(m^2·K)	0.325W/(m^2·K)	0.345W/(m^2·K)
	保温板种类及厚度	115mm厚石墨挤塑板	80mm厚石墨挤塑板 60mm厚竖丝岩棉板	80mm厚石墨挤塑板 60mm厚竖丝岩棉板
	传热系数	0.223W/(m^2·K)	0.228W/(m^2·K)	0.23W/(m^2·K)
超低能耗标准	保温板种类及厚度	60mm厚石墨挤塑板 30mm厚真空板	40mm厚石墨挤塑板 30mm厚真空板 60mm厚竖丝岩棉板	40mm厚石墨挤塑板 30mm厚真空板 60mm厚竖丝岩棉板
	传热系数	0.13W/(m^2·K)	0.123W/(m^2·K)	0.123W/(m^2·K)

单面叠合保温一体化剪力墙与“三明治”夹芯保温外墙板成本对比分析如下：

（1）结构简单，生产成本低。同面积单面叠合保温一体化剪力墙比夹芯保温外墙板生产材料少；模具单一重复利用率高；构件规格标准化高，人工效率高；半成品及成品自重轻，生产用机械效率高，构件生产费用低。

（2）自重轻，吊装设备成本低。同面积单面叠合保温一体化剪力墙构件自身重量仅是夹芯保温外墙板五分之一，吊装设备按现有传统现浇结构设置即可，设备租赁费用低。

（3）连接方式简单，安装成本低。无多套筒精确对准，预埋插筋连接，按预定放线位置对准垂直即可，安装快，人工费用低。

（4）材料摊销少，材料成本低。无套筒灌浆作业等，支撑杆件用量少，材料费用少。

装配式建筑预制构件从夹芯保温向外保温的创新发展，装配结构受力模式的改变将为碳达峰的社会实践增添新的助力。

首先“十四五”规划新建建筑选用装配式技术用量比例的要求可提前实现。新建建筑可选择这种节能标准高、结构安全有保障、造价低、寿命长的外保温装配式现浇墙体技术。

近零能耗建筑标准将会在这种装配式建筑技术应用中无障碍发展。节能技术标准持续提高，要求外保温的耐候能力也要不断提高，所有装配式都要达到近零能耗的节能标准，而单面叠合保温一体化剪力墙技术成为近零能耗在建筑过程中最靠谱的做法。

同时单面叠合保温一体化剪力墙技术为绿色建材的发展提供了广阔应用空间。如粉煤灰、尾矿砂等工业废弃物，对用赤泥做成的岩棉，用在外保温免拆模板，也是节能与减排基本国策实践的标志性示范。

第5章

胶粉聚苯颗粒及配套外保温技术的发展

5.1 胶粉聚苯颗粒浆料及配套技术的应用

胶粉聚苯颗粒保温浆料由胶粉料和聚苯颗粒配制而成。胶粉料由氢氧化钙、不定型二氧化硅加入少量硅酸盐水泥，同时加入高分子胶粘剂、保水增稠剂等外加剂，并掺入大量纤维，在工厂均混配置按袋包装而成，聚苯颗粒是将回收的废聚苯板粉碎成一定粒度级配均混按袋包装而成。

胶粉聚苯颗粒浆料保温系统的配套材料抗裂砂浆中的砂子可采用工业废料尾矿砂，胶粉中的无机粉料也可以采用粉煤灰，所以胶粉聚苯颗粒外墙外保温工程可以大量消纳工业废料，变废为宝，具有减排、环保的综合效益。因此，胶粉聚苯颗粒浆料外墙外保温技术系统荣获国家绿色创新奖项二等奖。行业标准《胶粉聚苯颗粒外墙外保温系统材料》JG/T 158—2013的制定对规范节能技术标准和系统推进外保温施工操作具有重要意义。

从《胶粉聚苯颗粒外墙外保温系统》JG 158—2004修订到《胶粉聚苯颗粒外墙外保温系统材料》JG/T 158—2013，胶粉聚苯颗粒外墙外保温系统走在一条不断研发创新、不断对本技术系统否定之否定的发展、不断站在新起跑线的上升道路上。在建筑节能早期，该技术系统就及时完成了从内保温技术向外保温技术的探索和转变，如北京市地方标准《外墙内保温施工技术规程》DBJ/T 01-60-2002、《外墙外保温施工技术规程》DBJ/T 01-50-2002标准中都提倡的是胶粉聚苯颗粒保温浆料复合玻纤网格布抗裂砂浆做法。

胶粉聚苯颗粒保温浆料以其保温性能可靠、施工可操作性强、抗裂性能好等明显优势，从65%节能到近零能耗的高标准节能阶段，该保温浆料及其相关保温技术均能完善或实现良好的保温系统构造做法，安全运行，为各种类型保温材料安全发展提供更宽泛的空间。

《胶粉聚苯颗粒外墙外保温系统材料》JG/T 158–2013标准中含多项核心专利技术，专利权人在制定标准时明示将专利技术写进标准，公众可免费使用此专利技术，胶粉聚苯颗粒外墙外保温构造做法发明专利和胶粉聚苯颗粒贴砌分仓构造发明专利通过行业标准的应用，成为中国外保温多种材料做法的通用构造。

5.2 在装配式建筑和近零能耗建筑中的发展

胶粉聚苯颗粒浆料具有导热系数低、干密度小、软化系数高、耐水性好、干缩率低、干燥快、施工方便、触变性好、整体性强、弹性模量低、防火等级高、耐冻融、耐候及抗裂性能好等特点，与其他保温材料复合后同样可以应用于装配式建筑和近零能耗建筑中。

胶粉聚苯颗粒浆料复合高效保温材料形成的保温构造不仅可充分发挥高效保温材料优异的保温性能，同时也可充分发挥拥有50多年应用历史的胶粉聚苯颗粒浆料的抗裂、耐候、防火等优势，提高了整个复合保温板的档次，解决了现有保温结构一体化板易开裂、耐候性差等质量问题。在高效保温材料上复合一层柔性的胶粉聚苯颗粒浆料，然后再复合抗裂砂浆玻纤网，实现了保温结构一体化板各构造层的柔性渐变，可使整个保温系统成为一个柔性渐变、逐层释放应力的技术体系，满足允许变形与限制变形相统一的原则，可随时分散和消解变形应力，解决了保温体系的开裂问题。

由胶粉聚苯颗粒浆料复合保温板制成的免拆模复合保温板基本构造见图5-1。保温板可以是EPS板、石墨EPS板、XPS板、硬泡聚氨酯板、改性酚醛泡沫板等。当保温板由竖丝岩棉条构成时，其基本构造见图5-2。

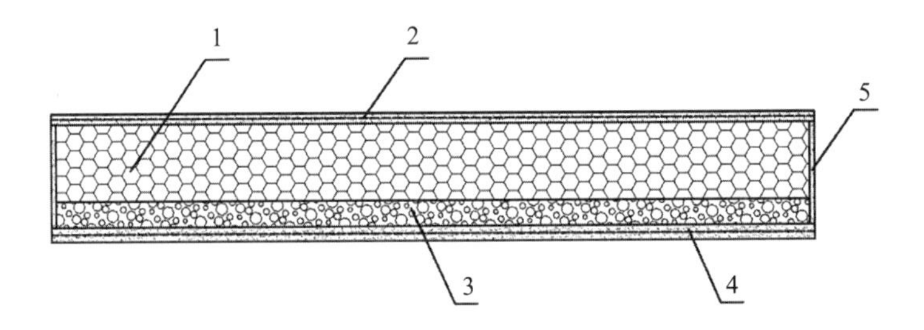

图5-1 免拆模复合保温板

1—保温板；2—水泥基聚合物砂浆复合玻纤网；3—胶粉聚苯颗粒贴砌浆料；
4—水泥基聚合物砂浆复合玻纤网；5—水泥基聚合物砂浆

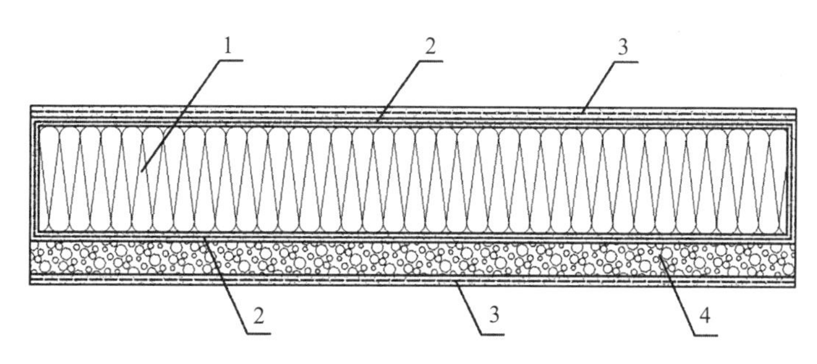

图 5-2　免拆模复合保温板（竖丝岩棉条芯材）

1—竖丝岩棉条；2—水泥基聚合物砂浆复合玻纤网；3—水泥基聚合物砂浆复合玻纤网；
4—胶粉聚苯颗粒贴砌浆料

免拆模复合保温板现浇混凝土保温系统由现浇混凝土结构、免拆模复合保温板、连接件、找平过渡层和抗裂层共同组成，见图 5-3 和图 5-4。

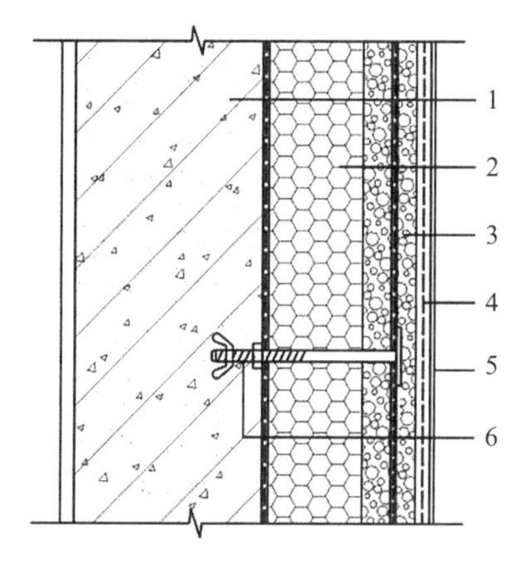

图 5-3　免拆模复合保温板现浇混凝土保温系统构造（外保温）

1—现浇混凝土外墙；2—免拆模复合保温板；3—胶粉聚苯颗粒贴砌浆料；4—抗裂砂浆复合玻纤网；5—涂装材料；6—连接件

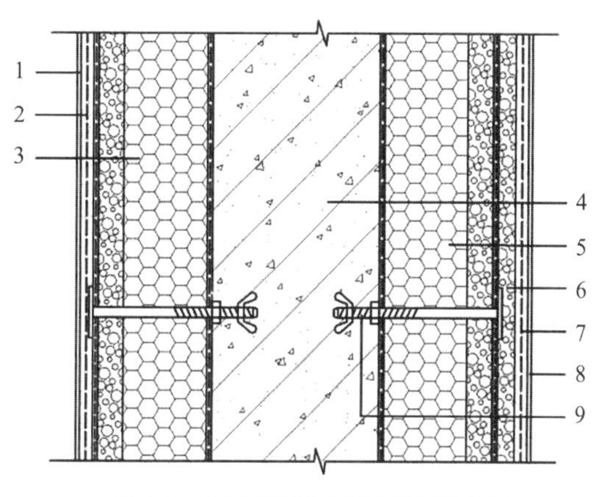

图 5-4　免拆模复合保温板现浇混凝土保温系统构造（内外保温）

1—涂装材料（内）；2—抗裂砂浆复合玻纤网（内）；3—免拆模复合保温板；4—现浇混凝土外墙；5—免拆模复合保温板；6—胶粉聚苯颗粒贴砌浆料；7—抗裂砂浆复合玻纤网；8—涂装材料；9—连接件

当免拆模复合保温板现浇混凝土保温系统应用于近零能耗建筑时，除可采用图 5-4 所示的内外保温构造外，还可采用图 5-5 所示的复合贴砌保温板构造。采用图 5-5 所示的构造时，在混凝土现浇施工完毕后，应在免拆模复合保温板外侧贴砌相应厚度的保温板，保温板可以是 EPS 板、XPS 板、硬泡聚氨酯板或增强竖丝岩棉复合板；当采用 EPS 板、XPS 板、硬泡聚氨酯板时，应按照现行国家标准《建筑设计防火规范》GB 50016—2014（2018 年版）及国家有关防火规定设置相应的防火构造。EPS 板、XPS 板、硬泡聚氨酯板或增强竖丝岩棉复合板的性能应符合相应产品标准规定。

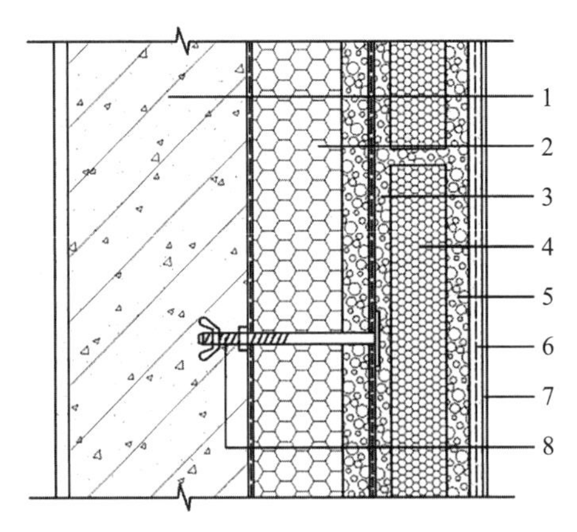

图5-5　免拆模复合保温板现浇混凝土贴砌保温板构造（近零能耗）

1—现浇混凝土外墙；2—免拆模复合保温板；3—胶粉聚苯颗粒贴砌浆料；
4—保温板；5—胶粉聚苯颗粒贴砌浆料；6—抗裂砂浆复合玻纤网；
7—涂装材料；8—连接件

另外，胶粉聚苯颗粒浆料还可制成轻集料泡沫混凝土——胶粉聚苯颗粒浇注浆料，从而应用于含有轻钢龙骨的钢结构自保温墙体或框架结构自保温填充墙体中。胶粉聚苯颗粒浇注浆料的主要性能见表5-1。

胶粉聚苯颗粒浇注浆料性能　　表5-1

项目	单位	指标	试验方法及依据
干表观密度	kg/m^3	300～500	《胶粉聚苯颗粒外墙外保温系统材料》JG/T 158—2013
抗压强度	MPa	≥1.0	《无机硬质绝热制品试验方法》GB/T 5486—2008
导热系数	W/(m·K)	≤0.10	《绝热材料稳态热阻及有关特性的测定 热流计法》GB/T 10295—2008或《绝热材料稳态热阻及有关特性的测定 防护热板法》GB/T 10294—2008
线性收缩率	%	≤0.2	《建筑砂浆基本性能试验方法标准》JGJ/T 70—2009
吸水率（*V*/*V*）	%	≤20	《泡沫混凝土》JG/T 266—2011
燃烧性能等级	—	A级	《建筑材料及制品燃烧性能分级》GB 8624—2012

现浇胶粉聚苯颗粒复合保温墙体的基本构造见图5-6、图5-7。该构造既可应用于钢结构建筑中，也可应用于混凝土框架填充墙体中，其中内外保温复合构造还可应用于近零能耗建筑中，其中保温板可以是EPS板、石墨EPS板、XPS板、硬泡聚氨酯板或增强竖丝岩棉复合板等。在非人员密集场所，内保温中的增强竖丝岩棉复合板也可替换为燃烧性能不低于B_1级的其他保温板。

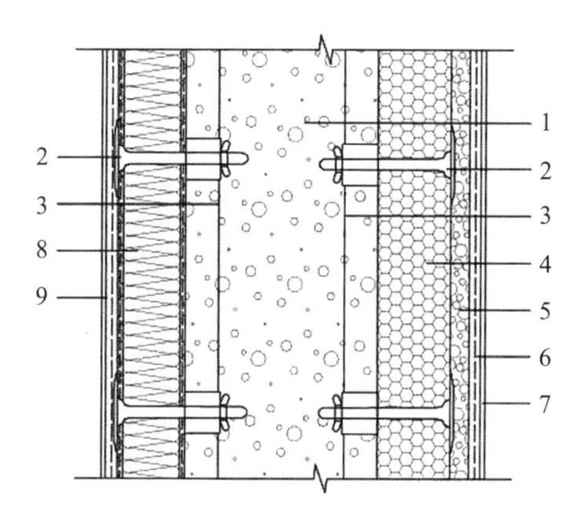

图5-6　现浇胶粉聚苯颗粒复合保温墙体基本构造（内外保温）

1—胶粉聚苯颗粒浇注浆料；2—固定件或连接件；3—轻钢龙骨；4—保温板；
5—胶粉聚苯颗粒贴砌浆料；6—抗裂砂浆复合玻纤网；7—涂装材料；
8—增强竖丝岩棉复合板；9—内装饰层（涂装材料+抹灰砂浆复合玻纤网）

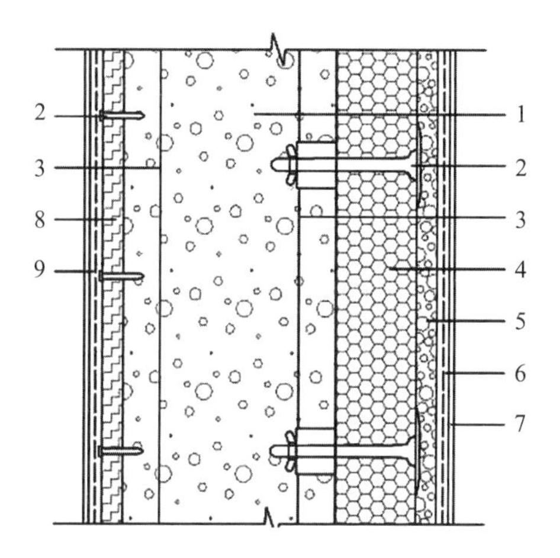

图5-7　现浇胶粉聚苯颗粒复合保温墙体基本构造（外保温）

1—胶粉聚苯颗粒浇注浆料；2—固定件或连接件；3—轻钢龙骨；4—保温板；
5—胶粉聚苯颗粒贴砌浆料；6—抗裂砂浆复合玻纤网；7—涂装材料；
8—纤维增强硅酸钙板或纤维增强水泥板；9—内装饰层（涂装材料+抹灰砂浆复合玻纤网）

5.3 安全使用50年的探索

行业标准从《胶粉聚苯颗粒外墙外保温系统》JG 158—2004发展到《胶粉聚苯颗粒外墙外保温系统材料》JG/T 158—2013的历程，完成了外保温可使用年限由25年到50年的探索，通过探索发现：

1）外保温是较为理想的保温形式，在既有内保温、自保温、夹芯保温工程改造中，采用外保温进行改造是首选。因为只有外保温才能避免建筑结构墙体的温差，才能稳定建筑结构延长建筑寿命。

2）胶粉聚苯颗粒保温浆料与各种保温板组合做贴砌构造，表面有30mm胶粉聚苯颗粒保温浆料保护层，均能形成五不怕保温构造，即不怕台风（无空腔）、不怕火灾（最小分仓体积）、不怕冻融（水分散构造）、不怕热应力（整体柔性）、不怕地震（轻质柔性体系）。

3）外墙外保温工程应采用工程管理软件，实行质量终身负责制并承诺永久保修，可安全使用50年。

第6章

模塑聚苯板薄抹灰外保温技术与标准解析

模塑聚苯板（简称EPS板）薄抹灰外墙外保温系统（技术）具有优越的保温隔热性能和良好的防水性能及抗冲击性能，能有效解决墙体的龟裂和渗漏水问题。EPS板薄抹灰外墙外保温系统技术成熟、施工方便、性价比高，是国内外普遍使用的外保温系统，在我国各地区均得到了广泛应用。该系统中EPS板导热系数低于0.039W/（m·K），可满足严寒和寒冷地区建筑节能设计标准要求。

目前，有关该系统的国家标准有《模塑聚苯板薄抹灰外墙外保温系统材料》GB/T 29906—2013，行业标准有《外墙外保温工程技术标准》JGJ 144—2019。

6.1 现行标准关键技术要求

6.1.1 材料

1. EPS板

1）保温性能优异，标准中规定其导热系数分为两档：033级不大于0.033W/（m·K），039级不大于0.039W/（m·K）；

2）轻质，标准规定其表观密度为18～22kg/m^3；

3）具有一定的强度，标准规定其垂直于板面方向抗拉强度大于等于0.10MPa；

4）尺寸稳定性好，标准规定其尺寸稳定性小于等于0.3%；

5）标准规定033级的燃烧性能等级达到B_1级。

2.胶粘剂

1）与水泥砂浆的拉伸粘结强度，标准规定耐水强度（浸水48h，干燥7d）大于等于0.6MPa；

2）与EPS板的拉伸粘结强度，标准中规定耐水强度（浸水48h，干燥7d）

均不小于0.10MPa，且破坏发生在EPS板中。

3.抹面胶浆

规定了比较合适的与EPS板的拉伸粘结强度，在标准中，规定原强度和耐水强度（浸水48h，干燥7d）、耐冻融强度均不小于0.10MPa，且破坏发生在EPS板中。

4.玻纤网

1）标准规定了玻纤网单位面积质量不小于130g/m^2；

2）标准规定了玻纤网耐碱断裂强力（经向、纬向）不小于750N/50mm；

3）标准规定了玻纤网耐碱断裂强力保留率（经向、纬向）不小于50%；

4）标准规定了玻纤网的断裂伸长率（经向、纬向）不大于5%。

6.1.2 构造

1）外墙做找平层；

2）保温板应采用点框粘法或条粘法固定在基层墙体上；

3）受负风压作用较大的部位宜增加锚栓辅助固定；

4）保温板宽度不宜大于1200mm，高度不宜大于600mm；

5）保温板顺砌方式粘贴，竖缝逐行错缝；

6）墙角处保温板应交错互锁；

7）有密封和防水构造要求；

8）应在外保温系统中每层设置水平防火隔离带。

6.2 潜在风险分析

6.2.1 材料

1）系统面层抗裂砂浆3～5mm，抗热辐射能力差。

2）标准规定EPS板为1200mm×600mm的尺寸规格，尺寸偏大，不易施工操作。

6.2.2 构造

1.风压破坏

建筑物的风荷载是指空气流动形成的风遇到建筑物时，对建筑物表面产生的作用力。风荷载与风的性质（风速、风向）、建筑物所在地的地貌及周围环境、建筑物本身的高度、形状等有关。风荷载作用于建筑物的压力分布是不均匀的。风荷载分为正风压和负风压。正风压对建筑物表面产生压力，负风压对建筑物表面产生拉力。外墙外保温系统必须具有抵抗负风压的能力，才能保证在负风压的作用下不脱落。当负风压对EPS板外墙外保温系统的作用力大于粘结砂浆与基层墙体或粘结砂浆与EPS板之间的粘结力时，EPS板外墙外保温系统会出现脱落，表现为：负风压力在瞬间或者一次大风期间（即短时间内）将EPS板外墙外保温系统破坏，通常见到的EPS板薄抹灰外墙外保温系统被风刮掉的工程案例都与负风压力作用有关（图6-1、图6-2）。

图6-1　负风压破坏工程案例一
（粘结层与基层的界面破坏）

图6-2　负风压破坏工程案例二
（点粘处与EPS板的界面破坏）

建筑物的负风压易发生部位通常在与风向平行的建筑两侧和背风一侧，其中以建筑两侧的负风压最大，最容易造成负风压破坏。风荷载作用随着建筑物的高度增加而增加，所以在高层建筑结构中，要特别重视风荷载对外保温系统的影响。可以通过风玫瑰图来确定某地区常年主风向，由此确定负风压易发生区。

EPS板薄抹灰外墙外保温系统事故大多是由于负风压破坏造成的，EPS板薄抹灰外墙外保温系统粘贴存在空腔和无空腔两种形式。带空腔的EPS板薄抹灰外墙外保温系统，在负风压区，空腔内空气压强大于外界空气压强，并且空腔内外空气压力差大于非空腔部位内外空气压力差，从而对EPS板薄抹灰外墙外保温系统产生由内向外的推力，用点框粘法施工的EPS板粘结面积小于40%时易发生EPS板大面积脱落，如2017年5月太原市小店区恒大绿洲20号楼体外层出现的EPS板脱落（图6-3），附近一片狼藉，有些车辆被砸"伤"，损失惨重。从图6-3中可见EPS保温板是连同粘结砂浆、抹面胶浆、涂料层一起从基层墙体上掉下来的。

图6-3　EPS板保温层脱落

2.连通空腔

我国技术标准规定采用的EPS板与基层墙体的粘贴方法主要有条粘法和点框粘法两种。目前EPS板点框粘法标准尺寸为1200mm×600mm。为了降低材料成本和施工成本，部分企业会采用只打点不做框的粘贴方法（图6-4），每块板用粘结砂浆只需0.84kg，粘结率也下降到8.72%（表6-1），这样不但可成倍减少材料消耗（每块板可少消耗3.11kg粘结砂浆），而且也使施工速度大幅度提高，这是典型的偷工减料做法，粘结层会形成连通空腔，必然会受到负风压影响，工程质量事故不可避免。

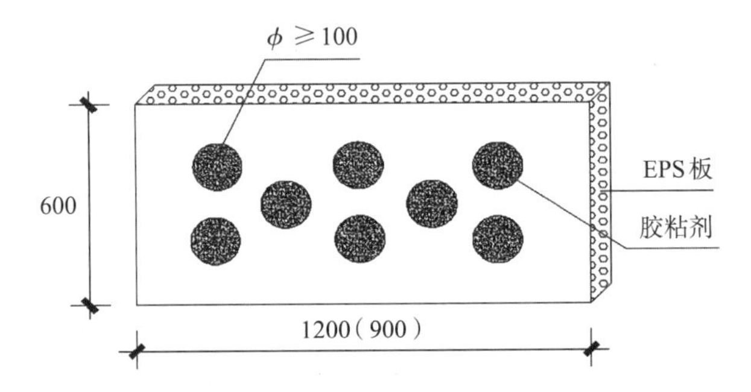

图6-4　纯点粘EPS板做法胶粘剂布点示意（单位：mm）

减少粘结材料消耗计算表　表6-1

板材规格（mm）	粘结方式	每块板砂浆用量（kg/块）	粘结率	单位面积砂浆用量（kg/m^2）
1200×600	标准点框粘	3.95	41.00%	5.49
1200×600	只打点不做框	0.84	8.72%	1.17
差额	—	3.11	32.28%	4.32

点框粘法是目前应用最多的粘贴方法，但在现场实际施工操作过程中，施工人员若没有按照点框粘法工艺要求进行操作，将框的部分给予省略，即有点无框的“纯点粘”，便形成连通空腔，如2018年7月受强台风暴雨影响，温州瓯海新桥高翔景苑6幢楼均发生外墙保温层脱落事故，10m²保温层从天而降（图6-5）。

图6-5　外墙被刮落的高翔景苑小区

采用纯点粘法时，由于EPS板的四个周边没有与基层粘结，使EPS板的变形没有约束支点，从受力角度看相当于简支梁变成了悬臂梁，在正负风压力的作用下，使EPS板变形幅度比点框粘法的要大得多，增加了大面积脱落的可能性；点粘法形成了连通的大空腔，连通空腔产生的负风压便会以整体施力的形式，施加于粘结面积较小的薄弱部位，破坏其粘结力，把各个胶粘剂点逐个击破，从而导致EPS板大面积脱落。在负风压易发生区位置，如果采用有连通空腔的保温层做法，负风压产生的由基层墙体向EPS板的推力会集中在负风压最大的位置，导致负风压易发生部位的破坏，造成大面积脱落（图6-6）。

图6-6　点粘法导致的保温系统脱落案例

3.防火

EPS板薄抹灰外墙外保温系统容易造成空腔助燃。2007年5月29日进行的外墙外保温系统的窗口火试验（图6-7）结果表明，EPS板薄抹灰外墙外保温系统不能阻止试验状态的火焰传播。该试验采用EPS板粘结砂浆将80mm厚的EPS板粘结在基层墙体上，表面抹3～5mm厚抹面胶浆并压入玻纤网，再刮柔性耐水腻子，刷饰面涂料。

图6-7　窗口火试验后的EPS板薄抹灰外墙外保温系统保温层状态

试验表明，EPS板薄抹灰外墙外保温系统抗火攻击能力很弱，EPS板受到热辐射后很快就会发生体积收缩，200℃后就会发生液化流坠，抹面胶浆层内形成空腔助燃构造，300℃时EPS板就会发生汽化而被点燃。

6.3 技术调整对防控风险的作用

6.3.1 技术调整方案

1）优化材料性能指标，各标准的材料性能指标应统一，不应随意调低材料性能指标。

2）EPS保温板面层均应有不少于20mm厚的轻质柔性找平过渡层，找平过渡层材料宜选用柔性的胶粉聚苯颗粒浆料，而不应选用硬质类保温砂浆。

3）设计有防火隔离带时，防火隔离带材料宜选用四面包裹的增强竖丝岩棉复合板。防火隔离带材料与相邻的聚苯板应采用辅助固定件连接固定好。

4）粘贴EPS板时宜选用满粘贴做法或贴砌做法，无法采用满粘贴做法或贴砌做法时，也应采用闭合小空腔做法，不建议采用点框粘做法。

5）采用小尺寸的EPS板进行粘贴，单块EPS面积不宜超过$0.4m^2$，推荐EPS板规格为600mm×600mm或600mm×450mm。

6.3.2 闭合小空腔构造的作用

鉴于连通空腔的外保温系统在负风压的作用下容易脱落，国内外的技术标准都规定：EPS板与基层墙体的粘结面积必须大于40%，EPS板与基层墙体的粘结面必须形成闭合空腔，因此多采用点框粘法施工。

EPS板点框粘做法（图6-8）中EPS板尺寸为1200mm×600mm或900mm×600mm。此类做法EPS板尺寸大，施工速度快，但在粘贴EPS板施工时压板的一端很容易造成板的另一端翘起，引起另一端的板面虚贴、空鼓，在粘贴时难以达到100%的粘贴饱满度。

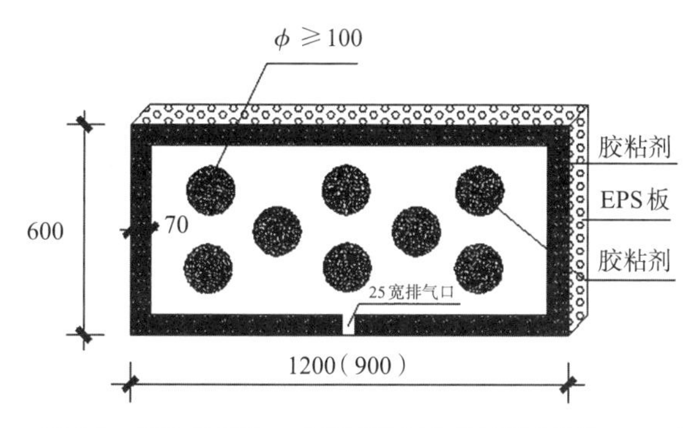

图6-8 传统点框粘EPS板胶粘剂布点示意（单位：mm）

粘贴EPS板外保温技术引进中国初期一些地方就对大尺寸板材和点框粘做法进行了改进，提出了粘结面积60%的闭合小空腔做法（图6-9），即600mm×450mm板材上的框状胶粘剂处不留排气口，而在板材上扎两个小孔以方便挤压粘结时气体的排出。采用闭合小空腔做法时，板材尺寸小，不但便于工人施工操作，而且可以确保有效粘结面积，同时也可以防止连通空腔

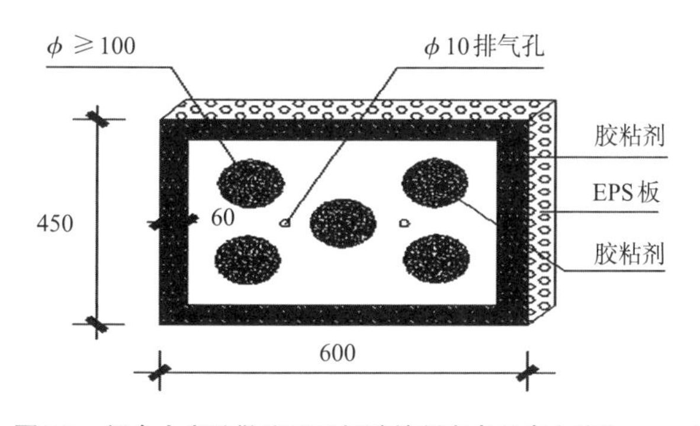

图6-9 闭合小空腔做法EPS板胶粘剂布点示意（单位：mm）

存在。闭合小空腔做法每块EPS板用粘结砂浆约为2.04kg，有效粘结率达到56%，其每平方米材料消耗量约为7.56kg。由此可见，闭合小空腔做法不但符合工人实际操作的把控，而且有效粘结面积大。闭合小空腔做法曾经编入北京、陕西、河北等地方标准中进行了推广应用，在后来该种做法逐渐被防火性能更好的胶粉聚苯颗粒贴砌EPS板外保温系统做法所替代。

6.3.3 无空腔构造的作用

胶粉聚苯颗粒贴砌EPS板外保温系统是一种无空腔构造做法，已编入行业标准《胶粉聚苯颗粒外墙外保温系统材料》JG/T 158—2013以及北京市、山东省、吉林省、陕西省等地方标准中。这种做法技术成熟可靠，是解决EPS板薄抹灰外墙外保温系统脱落的有效方法。

胶粉聚苯颗粒贴砌EPS板外保温系统的基本构造见图6-10，采用15mm厚胶粉聚苯颗粒贴砌浆料抹于墙体表面，将开好横向梯形槽并预先涂刷界面剂的聚苯板粘贴砌筑好，EPS板外表面再用20mm厚胶粉聚苯颗粒贴砌浆料找平，形成“胶粉聚苯颗粒贴砌浆料＋EPS板＋胶粉聚苯颗粒贴砌浆料”的无空腔复合保温层；预留的10mm宽板缝用砌筑时挤出的胶粉聚苯颗粒贴砌浆料碰头灰填实并刮平；抗裂防护层采用抗裂砂浆复合涂塑耐碱玻纤网格布构成。该做法一方面相当于在每个EPS板周围增加了一圈胶粉聚苯颗粒贴砌浆料锚固件，进一步增强了系统整体粘结力和抗风压能力；另一方面又提高了EPS板保温层的水蒸气渗透能力；而最主要的还是能分解消纳EPS板胀缩时集中产生的

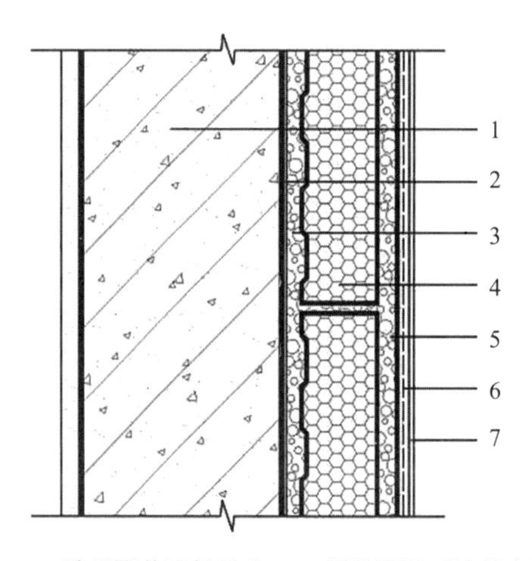

图6-10 胶粉聚苯颗粒贴砌EPS板外保温系统基本构造

1—基层墙体；2—界面砂浆；3—胶粉聚苯颗粒贴砌浆料；
4—梯形槽EPS板（双面刷界面剂）；5—胶粉聚苯颗粒贴砌浆料；
6—抗裂砂浆复合玻纤网；7—涂装材料

应力，它可以将应力传递给胶粉聚苯颗粒贴砌浆料粘结层和找平层，然后再向面层逐层释放，可有效避免裂缝的发生；另外，EPS板的六面全部被胶粉聚苯颗粒贴砌浆料包围，可在一定程度上限制EPS板的胀缩变形。贴砌EPS板做法充分考虑了EPS板上墙后陈化收缩的特性，通过粘结层、找平层和板缝处的胶粉聚苯颗粒贴砌浆料对产生的应力进行限制、传递、分解和消纳，有效地解决了EPS板后收缩易导致板缝处开裂的问题。

2007年2月2日对胶粉聚苯颗粒贴砌EPS板外保温系统进行了窗口火试验，试验结果表明该外保温系统未引发火焰传播（图6-11），小体积分仓以及一定厚度的保护层可有效减少EPS板受热收缩量，可控制EPS板液态变化范围，防止EPS板汽化燃烧。

图6-11 窗口火试验后的胶粉聚苯颗粒贴砌EPS板外保温系统保温层状态

6.4 近零能耗技术应用

应用于近零能耗建筑外墙保温工程时，由于保温层需要加厚，因此要充分考虑外保温系统的防火性能和抗风荷载、抗地震作用的能力，因此不宜采用存在空腔的点框粘构造做法，有机保温板面层也应有足够厚度的保护层以防止火灾攻击。同时，也不应一次性粘贴太厚的保温板，保温板应分两层或更多层叠加粘贴以减小保温板的悬挑影响。综上所述，应采用贴砌双层保温板的构造做法，且EPS板规格宜为600mm×450mm，两层EPS板的厚度宜相同，上下两层保温板应错缝，两粘结层的厚度宜为15～20mm，板缝宽度宜为

15～20mm，找平过渡层厚度宜为20～30mm，锚栓数量不应少于6个/m^2，第二层EPS板之间宜每层楼设置一道同厚度的增强竖丝岩棉复合板的防火隔离带，防火隔离带宽度宜为450mm。基本构造见图6-12。

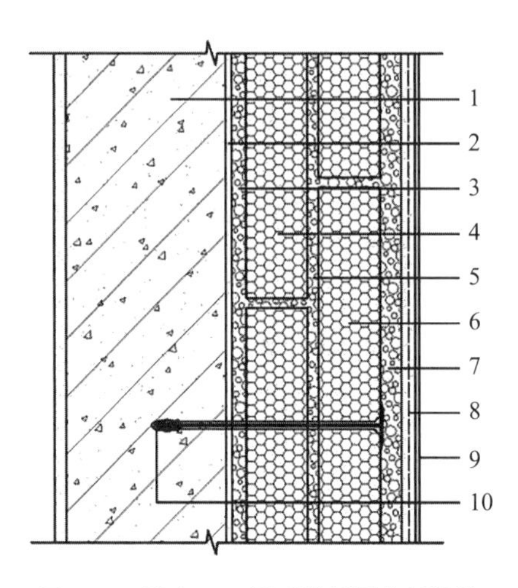

图6-12 贴砌EPS板系统近零能耗构造

1—基层墙体；2—界面砂浆；3—胶粉聚苯颗粒贴砌浆料；4—EPS板；
5—胶粉聚苯颗粒贴砌浆料；6—EPS板；7—胶粉聚苯颗粒贴砌浆料；
8—抗裂砂浆复合玻纤网；9—涂装材料；10—锚栓

6.5 保险风险系数分析

依据中国建筑节能协会团体标准《建筑外墙外保温工程质量保险规程》T/CABEE 001—2019，可对技术优化前后的模塑聚苯板外墙外保温系统构造进行评价，由于优化前后的主要差异点在构造设计上，而在组成材料和施工管理控制上均可控制一致而不存在差异，因此这里仅对构造设计的评分项进行对比。

1）技术调整后保温层材料与基层墙体的结合方式基本上是采用全面积粘贴，其风险评价得分值可由16分提高到25分（见该标准第4.2.2条）。

2）技术调整后设置有厚度不低于20mm的胶粉聚苯颗粒浆料找平过渡层，其风险评价得分值可由0分或16分提高到20分（见该标准第4.2.3条）。

3）技术调整后外墙外保温工程防脱落和抗风荷载设计风险评价得分值可由32分提高到40分（见该标准第4.2.5条）。

4）技术调整后防火隔离带材料选择风险评价得分值可由0分提高到20分（见该标准第4.2.8条）。

从以上分析可以看出，优化后评价得分显著提升，有效地降低了质量风险。如全面采用优化后的技术方案，在EPS板面层增加一层找平过渡层，并采用闭合小空腔粘贴、满粘贴或贴砌做法，则需要对现有的国家标准、行业标准进行调整，改变薄抹灰的思路，优化模塑聚苯板薄抹灰外墙外保温系统构造，并统一材料技术指标。在实施近零能耗技术标准，更不能采用现有薄抹灰构造，由于保温层厚度的增加，其抗风荷载、抗地震力、抗火能力都会显著减弱，风险很高。因此，很有必要对现有的国家标准、行业标准进行修订，确保模塑聚苯板薄抹灰外墙外保温系统的质量、耐久性和低风险性。

第7章

挤塑聚苯板薄抹灰外保温技术与标准解析

挤塑聚苯板（简称挤塑板或XPS板）由聚苯乙烯树脂及其他添加剂经加热、螺杆混炼、挤出、滚筒压制、锯片裁切等连续过程制造而成的，具有均匀表层及闭孔式蜂窝结构的泡沫塑料板材。这种闭孔式结构的保温材料，使其抗压、抗拉、密度、吸水率、导热系数及蒸汽渗透率等性能相比于其他类型的保温材料，具有突出优势。

国内现行关于挤塑板材料性能的标准主要有三个：《挤塑聚苯板（XPS）薄抹灰外墙外保温系统材料》GB/T 30595—2014、《绝热用挤塑聚苯乙烯泡沫塑料（XPS）》GB/T 10801.2—2018、《挤塑聚苯板薄抹灰外墙外保温系统用砂浆》JC/T 2084—2011。当标准间存在矛盾时，应以GB/T 30595—2014为准。

7.1 现行标准关键技术要求

7.1.1 材料

综合比较各标准的相关规定，可以总结出以下几方面挤塑板材料性能优势：

1.保温隔热性能

挤塑板表面致密光滑，内部具有连续紧密排列的完全闭孔式的蜂窝状物理结构，表观密度22～35kg/m^3。泡孔内部形成闭孔构造，阻断空气对流散热，保温性能稳定、持久。在常用有机保温材料中，挤塑板[导热系数≤0.030W/(m·K)]，优于模塑聚苯板[导热系数≤0.039W/(m·K)]和石墨模塑聚苯板[导热系数≤0.033W/(m·K)]，略差于硬泡聚氨酯板[导热系数≤0.024W/(m·K)]。因此挤塑板是目前建筑保温领域应用十分广泛，市场占有率极高的主要保温材料之一。

2.抗拉强度、抗压强度

挤塑板、模塑聚苯板本质上都属于聚苯乙烯泡沫塑料，都是通过内部连续的闭孔结构实现阻断空气对流传导而达到绝热保温的目的。由于挤塑板的制造工艺和成型机理与后者完全不同，使其形成了轻质、均匀、致密的特殊结构，抗拉、抗压强度极高，抗冲击性极强，垂直于板面的抗拉强度可以达到0.20MPa，而建筑保温常用的模塑聚苯板、石墨模塑聚苯板垂直于板面的抗拉强度只有0.10MPa，硬泡聚氨酯板也是0.10MPa，挤塑板是它们的2倍。

3.吸水率、透气性

模塑聚苯板、石墨模塑聚苯板是预发泡小球体在固定尺寸的模具内受热、体积膨胀、彼此挤压粘连在一起，形成一定机械强度的泡沫塑料板材。板材密度不同，小球体之间挤压、粘连的强度有所不同，但小球体之间存在“物理缝隙”。其连续闭孔结构只存在于每个独立的小球体内，彼此又是分隔开的。而挤塑板则是在加热、加压条件下连续挤出成型的，内部的小泡孔是封闭、连续一体的，小泡孔之间不存在“物理缝隙”。因此，同是聚苯乙烯泡沫塑料保温材料，吸水率、透气性存在显著差别。挤塑板的吸水率（V/V）≤1.5%，水蒸气渗透系数为1.5～3.5ng/（Pa·m·s）。模塑聚苯板、石墨模塑聚苯板的吸水率（V/V）≤3%，水蒸气渗透系数≤4.5ng/（Pa·m·s）。两者吸水率相差一倍。而硬泡聚氨酯板材，是双组分液料连续浇筑、层压机覆膜压制成型的，内部泡孔也是高闭孔率、连续紧密排列的，泡孔之间也不存在“物理缝隙”。

聚氨酯树脂分子与聚苯乙烯树脂的分子结构是不同的，前者具有更高的亲水性，吸水率指标与模塑聚苯板、石墨聚苯板吸水率（V/V）≤3%相同，水蒸气渗透系数比模塑聚苯板、石墨模塑聚苯板还要高，达到≤6.5ng/（Pa·m·s）。由此可见，挤塑板具有极低的吸水率和更好的憎水性和防潮性，加之具有很好的机械强度，使其在特别强调防水、防潮等情况下成为首选保温材料。

7.1.2 构造

1.《挤塑聚苯板（XPS）薄抹灰外墙外保温系统材料》GB/T 30595—2014

4.1 挤塑板外保温系统应由粘结层、保温层、抹面层和饰面层构成，其基本构造应符合表1的要求。基层墙体的耐火极限应符合现行防火设计规范的有关规定。

2.《外墙外保温工程技术标准》JGJ 144—2019

6.1.3 保温板应采用点框粘法或条粘法固定在基层墙体上，挤塑板与基层墙体的有效粘结面积不得小于保温板面积的50%，并应使用锚栓辅助固定。(与挤塑板无关内容略)

挤塑板外保温系统基本构造 表1

基层墙体	系统基本构造				构造示意图
	粘结层①	保温层②	防护层		
			抹面层③	饰面层④	
混凝土墙体及各种砌体墙体	胶粘剂	界面处理剂+挤塑板+界面处理剂+锚栓	抹面胶浆+玻纤网布	涂装材料	① ② ③ ④ 锚栓

6.1.4 受负风压作用较大的部位宜增加锚栓辅助固定。

6.1.5 保温板宽度不宜大于1200mm，高度不宜大于600mm。

6.1.6 保温板应按顺砌方式粘贴，竖缝应逐行错缝。保温板应粘结牢固，不得有松动。

6.1.7 挤塑板内外表面应做界面处理。

6.1.8 墙角处保温板应交错互锁。门窗洞口四角处保温板不得拼接，应采用整块保温板切割成型。

挤塑板薄抹灰外墙外保温系统构造设计技术特征：

1）规定挤塑板厚度，控制板缝偏差，阻断热桥等措施保证挤塑板外墙外保温系统保温有效性。

2）通过挤塑板内外表面涂刷专用界面剂，提高挤塑板与胶粘剂、抹面胶浆间的粘结强度，增加粘结面积，挤塑板错缝排布、阴阳角处交错互锁、门窗洞口刀把设置，机械锚固件辅助固定，特殊部位增加锚固件数量等措施增加挤塑板外墙外保温系统与基层墙体的连接可靠性。

7.2 潜在风险分析

7.2.1 材料

1.粘结亲和性差

挤塑板制造工艺决定了其表面致密光滑、吸水率极低、亲和渗透性差，胶粘剂、抹面胶浆无法实现同挤塑板的牢固粘结，最终导致抹面防护层剥离或挤塑板脱落等问题。通过涂刷专用界面剂可以解决挤塑板粘结牢固性问题，其中挤塑板界面剂是关键，如果界面剂自身质量不合格，或存在界面剂漏刷同样不能解决挤塑板有效粘结问题。

标准明确规定，挤塑板与基层连接以粘结为主、锚固为辅。胶粘剂、界面剂、挤塑板、抹面胶浆的相互粘结承载了系统的全部重力荷载。静止状态下，锚固件、托架处于不受力状态。锚固件辅助连接作用有效但有限，可以在挤塑板首层初始粘贴时设置起步托架，防止挤塑板滑坠，托架对系统粘结安全不起作用。

2.尺寸稳定性差

《挤塑聚苯板（XPS）薄抹灰外墙外保温系统材料》GB/T 30595—2014规定挤塑板尺寸稳定性≤1.2%。

《模塑聚苯板薄抹灰外墙外保温系统材料》GB/T 29906—2013规定模塑聚苯板尺寸稳定性≤0.3%。

与模塑聚苯板、石墨模塑聚苯板相比，挤塑板尺寸稳定性差，与成型机理，所用原料（原生料、大白、二白、杂料），设备、工艺，养护时间，养护方式等因素有关。

与硬泡聚氨酯板及酚醛板相比，制造工艺方面，都属于外部稳定压力条件下成型的连续紧密排列、蜂窝状闭孔结构的板材，所以尺寸稳定性均较差。

1）温度变化对挤塑板尺寸稳定性影响。

北京工业大学材料科学与工程学院王昭君等人对模塑聚苯板材料和挤塑聚苯板材料受热变形情况进行了分析[2]，材料变形情况如图7-1和图7-2所示。

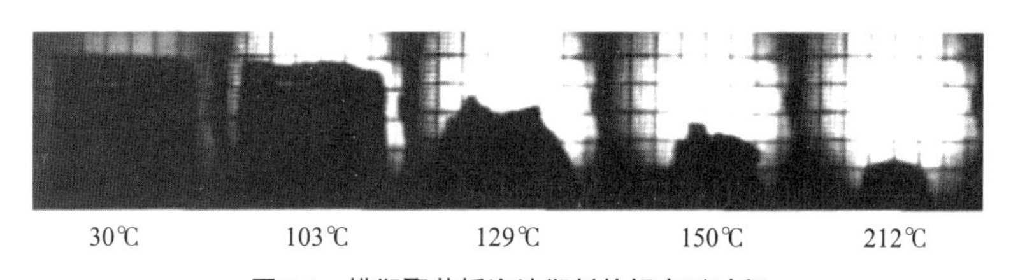

图7-1　模塑聚苯板泡沫塑料热解变形过程

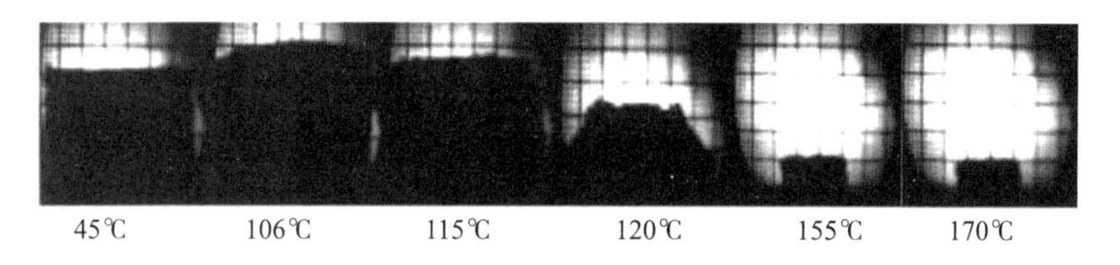

图7-2　挤塑聚苯板泡沫塑料热解变形过程

图7-1显示了模塑聚苯板在30～200℃的热解变形过程。模塑聚苯板在100℃时开始变形；在100～200℃范围内收缩变形趋势明显。

图7-2显示了挤塑聚苯板在45～170℃的变形过程。挤塑聚苯板在45～106℃范围内表现为膨胀变形趋势明显；在106～170℃范围内转为收缩变形趋势。

在受热过程中，挤塑板变化形态表现为先膨胀后收缩，而模塑聚苯板则呈连续收缩状态，两者受热变化形态差异很大。因此，挤塑板薄抹灰系统的构造设计及施工工艺不能直接套用模塑聚苯板薄抹灰系统做法，而应该考虑到挤塑板自身特点，选择不同的构造设计。

2）板材温差变形大引发剪切应力破坏。

挤塑板线性膨胀系数≥0.07mm/(m·K)，即温度变化一度时每延长米的胀缩值大于等于0.07mm。挤塑板导热系数低，绝热性能优异，而饰面层和抗裂层不具有隔热作用，夏季时外表面温度可高达到70℃左右，但内表面温度基本上维持在20～30℃，内外表面温差50℃，尺寸变形相差0.07×50=3.5mm，导致挤塑板出现翘曲的现象。冬季时挤塑板外表面温度-10℃左右（北京地区为例），冬夏季板材尺寸变形0.07×80=5.6mm。

在挤塑板薄抹灰保温系统中，抹面胶浆与挤塑板直接接触，两者导热系数相差较大，热变形速度也存在明显差异。环境温度变化时，相邻材料变形速度不同，使抹面胶浆与挤塑板之间产生剪切应力，影响它们之间的粘结强度，当抹面胶浆变形能力及粘结强度不能抵御温度应力破坏时，将导致面层开裂和空鼓（图7-3）。

图7-3 抹面砂浆层出现裂纹空鼓

3.吸水率低、透气性差

挤塑板内部为独立的蜂窝状密闭式气泡结构，板的正反两面都没有缝隙，没有透气性。

模塑聚苯板与挤塑板都属于聚苯乙烯泡沫塑料，但成型机理、生产工艺却不相同。模塑聚苯板是由聚苯乙烯小球，经预发泡、陈化、干燥、模压、切割而成板材。聚苯乙烯膨胀小球具有闭孔式组织结构，内部充满气体，小球壁之间彼此融合，其间可以形成水分侵入的空间和路径，使得模塑聚苯板具备了较好的透气性能。而挤塑板成形工艺造成了它具有十分连续完整的闭孔式组织结构，各泡孔之间基本没有空隙存在，具有均匀的横截面和连续平滑的表面。挤塑板与模塑聚苯板之间结构不同，决定了它们在物理性能上存在较大差异，尤其在透气性和粘结性能方面的差异明显（图7-4、图7-5）。挤塑板吸水率低，透气性差，与砂浆粘结亲和性差，极容易引发空鼓、开裂、剥离、脱落等质量问题。

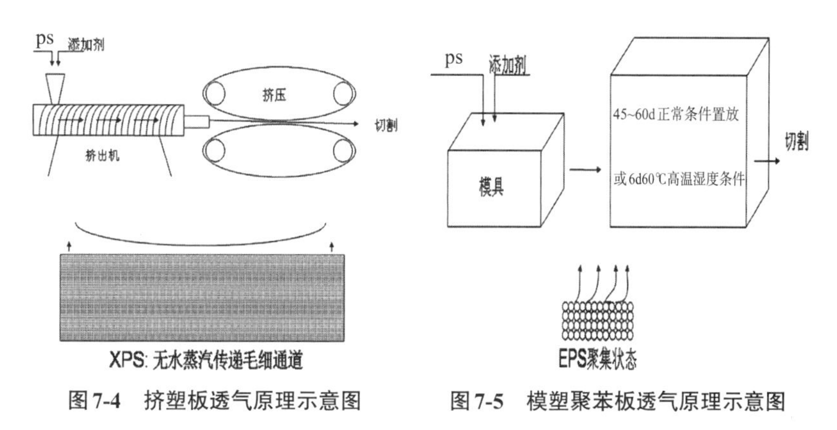

图7-4　挤塑板透气原理示意图　　图7-5　模塑聚苯板透气原理示意图

7.2.2 构造

挤塑板薄抹灰外墙外保温系统构造，是直接套用模塑聚苯板薄抹灰外墙外保温系统构造而成的。对于挤塑聚苯板板材变形大、热应力高、吸水率低、粘结亲和力差等特性而言，点框粘薄抹灰做法使挤塑聚苯板外保温工程极易出现开裂、起鼓、脱落等安全质量问题。

1.挤塑聚苯板外保温工程质量问题案例

挤塑板外保温工程在外界环境变化引起的热应力的反复作用下，面层的开裂、脱落十分严重，如图7-6、图7-7所示。

挤塑板外保温系统粘结层若形成了连通空腔，在负风压作用下更容易被破坏，会出现挤塑板大面积脱落现象，如图7-8所示。

挤塑板的表面很光滑，吸水率低，难与面层材料形成牢固粘结，因而容易造成饰面层脱落，如图7-9所示。

图7-6　挤塑板外保温饰面层开裂

图7-7　挤塑板外保温饰面层开裂及脱落

图7-8　连通空腔使挤塑板大面积脱落

图7-9　挤塑板吸水率低导致饰面层脱落

2.挤塑板薄抹灰系统构造方面潜在风险点分析

1）挤塑板应变剧烈及温差变形引起的薄抹灰系统开裂、剥离、脱落。

组成保温系统材料的温度应变存在差异，温度变化时外保温材料之间会产生应力，容易引起裂缝，影响系统的耐久性。

从表7-1中模塑聚苯板应变的10组数据可以看出，在20℃时模塑聚苯板表面应变波动不大，平均值在24με左右；随着温度的升高，其应变波动变大，到达70℃后，应变峰值达到2670με，平均值也达到了2340με。

模塑聚苯板应变　　表7-1

温度	应变（με）										平均值
20℃	−78	−53	−11	10	23	40	60	62	77	109	24
70℃	2324	2510	2555	1999	2411	2670	1932	2503	2388	2109	2340

从表7-2中的挤塑板应变的10组数据可以看出，挤塑板的应变剧烈，20℃时峰值为159με，70℃时就达到4571με，应变平均值达到4036με，接近模塑聚苯板平均应变的2倍。当自然界的温度产生剧烈变化时，挤塑板的体积会发生较大的变化，在用作墙体保温材料时，必须考虑到这种变化，选用适宜的保温构造和配套材料。

挤塑板应变 **表7-2**

温度	应变（με）										平均值
20℃	-120	-76	-55	3	12	42	45	95	126	159	23.1
70℃	3480	4027	4571	4329	3875	4262	3553	4085	3961	4221	4036

由以上结果可以看出，挤塑板、模塑聚苯板在温度出现变化时的体积变化明显，抹面层砂浆若与保温板直接接触，在温度发生变化时，由于抹面层砂浆与保温板之间的温度应变差别十分显著，因此应采取相应的有效措施，才能保证墙面不会出现裂缝而影响系统的正常使用。由于在受到温度影响时，挤塑板比模塑聚苯板的温度应变变化大，体积变形也比模塑聚苯板大，相对于模塑聚苯板更加不稳定，受到环境影响的变化更加复杂，因此对抹面层砂浆的技术要求更高，抹面层砂浆若达不到相应的技术要求，则必然会因挤塑板巨大的温度应变影响而开裂。

温差变形方面，在不同材料的界面上，温差变形在约束条件下产生剪应力。产生较大相对变形的前提是温差和两种材料的线膨胀系数差异都大，而产生较大应力的必要条件是它们之间存在较大的约束。在挤塑板薄抹灰外保温系统中，挤塑板内侧温度变化很小，基本上稳定在20～30℃，各界面上温差应力不大；挤塑板外侧温差很大（夏季时，外墙表面温度可达到70℃左右，由于抗裂层和饰面层没有隔热作用，挤塑板外侧温度也基本上可以达到70℃左右，而冬季时挤塑板外侧温度可降至-20℃以下，年温差高达90℃，昼夜温差也达到50℃），挤塑板抹面砂浆界面，线膨胀系数差异大，但挤塑板弹性模量高（超过20MPa），它对抹面砂浆有很强的约束。因此，界面应力大，并且在板缝处产生大量的应力集中，导致板缝处应力状态极不稳定，引起开裂，图7-10为保温板不同季节受温差影响变形示意图。

（1）挤塑板等常见有机保温材料上墙后温差变形计算比较。

按照高层建筑75%节能标准，混凝土墙体厚度180mm，分别计算得出4种常见有机保温板的厚度（表7-3），抗裂防护层厚度为3mm。

分别计算保温板外表面的伸长及应力，保温板尺寸为1200mm×600mm，

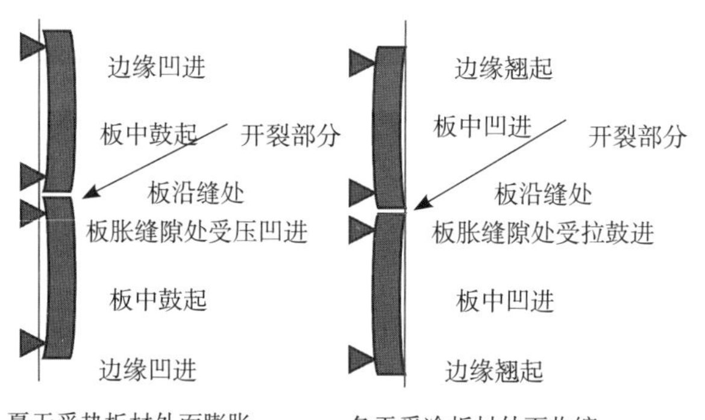

图7-10 保温板不同季节受温差影响变形示意图

保温层厚度 **表7-3**

材料	模塑聚苯板	挤塑板	聚氨酯复合板	酚醛板
厚度（mm）	80	70	55	80

按照低温20℃，墙面温度70℃计算。

保温板外表面的伸长ΔL应按式（7-1）计算：

$$\Delta L=\alpha(t_2-t_1)L \tag{7-1}$$

式中：α——保温板的线膨胀系数，mm/(m·K)；

t_1、t_2——保温板表面的温度变化值，℃；

L——保温板的长度，m。

保温板在限制伸长的情况下保温板表面的温度应力σ可按式（7-2）计算：

$$\sigma=E\varepsilon \tag{7-2}$$

式中：E——保温板的弹性模量，MPa；

ε——保温板的应变，无量纲。

墙体上的保温板变形与应力估算见表7-4及图7-11。

墙体上的保温板变形与应力估算比较 **表7-4**

项目	单位	模塑聚苯板	挤塑板	聚氨酯复合板	酚醛板
伸长	mm	3.6	4.2	5.4	4.8
	倍数	1	1.2	1.5	1.3
应力	kPa	27.3	60	117	65.6
	倍数	1	2.2	4.3	2.4

从计算结果上分析：聚氨酯复合板表面变形最大，是模塑聚苯板的1.5倍，挤塑板和酚醛板表面变形居中；墙体上保温板表面的温度应力聚氨酯复合板最大是模塑聚苯板的4.3倍，挤塑聚苯板是模塑聚苯板的2.2倍，酚醛板

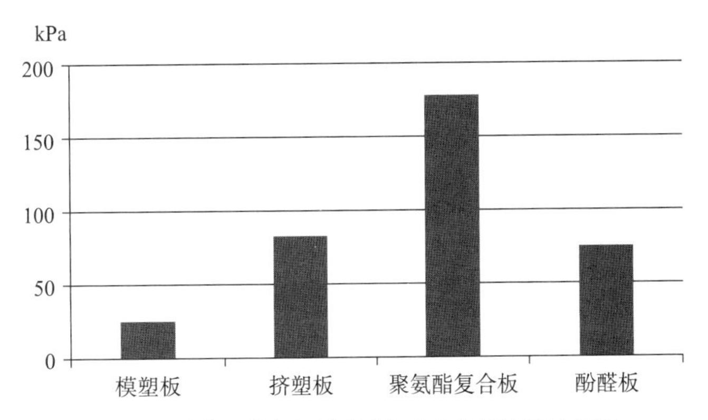

图7-11　墙体上的保温板变形与应力估算比较柱状图

的温度应力是模塑聚苯板的2.4倍。

（2）挤塑板等常见有机保温材料与抹面胶浆之间温差变形应力计算比较。

由于保温板与抹面胶浆的线膨胀系数不同，当受到湿度和温度变化时伴随着体积收缩和膨胀，受彼此之间的相互约束会产生温度应力。针对保温板的线膨胀系数不同，在相同保温构造做法比较保温板与砂浆之间的应力，建立简单数学模型进行估算比较。

假设自由伸长为L_1、L_2（假设$L_1 \geqslant L_2$），此时无温度应力，见下式：

$$L_1=\Delta T \cdot a_1 \tag{7-3}$$

$$L_2=\Delta T \cdot a_2 \tag{7-4}$$

但两者相互接触，最后长度为L，并且$L_1>L>L_2$，根据力学平衡，两温度应力相等，见下式：

$$F_1=(L_1-L) \cdot E_1/(1-\gamma_1) \tag{7-5}$$

$$F_2=(L-L_2) \cdot E_2/(1-\gamma_2) \tag{7-6}$$

$$F_1=F_2 \tag{7-7}$$

$$(L-L_2) \cdot E_2/(1-\gamma_1)=(L_1-L) \cdot E_1/(1-\gamma_2) \tag{7-8}$$

得到：

$$L=\frac{L_1E_1(1-\gamma_2)+L_2E_2(1-\gamma_1)}{E_1(1-\gamma_2)+E_2(1-\gamma_1)} \tag{7-9}$$

代入力学式得到：

$$F_1=(L_1-L)E_1/(1-\gamma_1)=\Delta T \Delta a \frac{E_1E_2}{E_1(1-\gamma_2)+E_2(1-\gamma_1)} \tag{7-10}$$

式中：F——温度应力，kPa；

ΔT——温度变化，℃；

E_1、E_2——弹性模量，MPa；

Δa——线膨胀系数差值，mm/（m·K）；

γ_1、γ_2——材料的泊松比，无量纲。

①模塑聚苯板与抹面胶浆。

模塑聚苯板的线膨胀系数为6×10^{-5}/℃，抹面胶浆的线膨胀系数为1×10^{-5}/℃，它们的线膨胀系数差值为$\Delta\alpha=5\times10^{-5}$/℃，取温度变化为$\Delta T=50$℃，水泥砂浆的弹性模量为$E=6$GPa，水泥砂浆的泊松比取为0.28，则此时水泥砂浆的平均温度应力为$F=25.3$kPa。

②挤塑板与抹面胶浆。

挤塑板的线膨胀系数为7×10^{-5}/℃，抹面胶浆的线膨胀系数为1×10^{-5}/℃，它们的线膨胀系数差值为$\Delta\alpha=6\times10^{-5}$/℃，取温度变化为$\Delta T=50$℃，水泥砂浆的弹性模量为$E=6$GPa，水泥砂浆的泊松比取为0.28，则此时水泥砂浆的平均温度应力为$F=83.1$kPa。

③聚氨酯复合板与抹面胶浆。

聚氨酯复合板的线膨胀系数为9×10^{-5}/℃，抹面胶浆的线膨胀系数为1×10^{-5}/℃，它们的线膨胀系数差值为$\Delta\alpha=8\times10^{-5}$/℃，取温度变化为$\Delta T=50$℃，水泥砂浆的弹性模量为$E=6$GPa，水泥砂浆的泊松比取为0.28，则此时水泥砂浆的平均温度应力为$F=178.4$kPa。

④酚醛板与抹面胶浆。

酚醛板的线膨胀系数为8×10^{-5}/℃，抹面胶浆的线膨胀系数为1×10^{-5}/℃，它们的线膨胀系数差值为$\Delta\alpha=7\times10^{-5}$/℃，取温度变化为$\Delta T=50$℃，水泥砂浆的弹性模量为$E=6$GPa，水泥砂浆的泊松比取为0.28，则此时水泥砂浆的平均温度应力为$F=75.3$kPa。

几种保温板材的平均温度应力对比见图7-12。

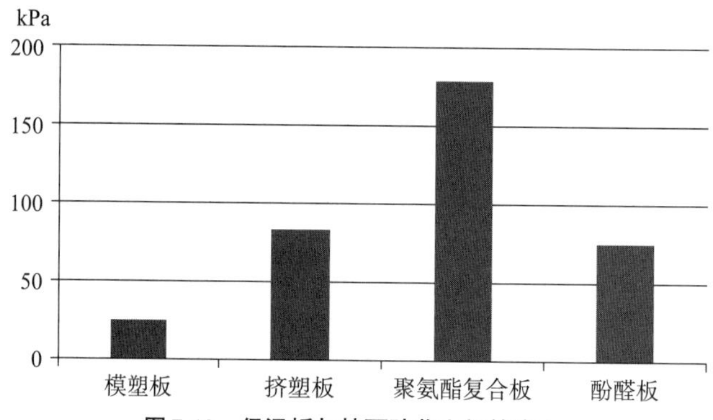

图7-12 保温板与抹面胶浆之间的应力

从以上计算可以看出，不同保温板与抹面胶浆之间产生的应力差别较大。外墙外保温系统，在夏季和冬季，由于保温层的隔热和保温作用，使得保温层以外的部分温度过高或过低，这时不宜用线膨胀系数相差太远的材料作为相邻材料，否则会出现温度应力过大，造成空鼓、裂缝、脱落等现象。

2）风压对挤塑板薄抹灰系统连通空腔构造的破坏性。

挤塑板薄抹灰外墙外保温系统的粘结方法主要是点框粘法，容易形成连通空腔。在现场实际操作时，板材尺寸过大，操作困难，易发生偷工减料，点框粘往往会变成纯点粘，即有点无框，加剧连通空腔形成。

在此情况下，挤塑板的四个周边没有与基层粘结，使挤塑板的变形没有约束支点，从受力角度看相当于简支梁变成了悬臂梁，在正负风压力的作用下，使挤塑板变形幅度比点框粘法的要大得多，呈几何倍数地增加了开裂的可能性和裂缝程度；同时，纯点粘法将点框粘法的小空腔变成了贯通的大空腔，一块板的松动或开裂透风，连通空腔产生的负风压便会以整体施力的形式，施加于粘结力较为薄弱的粘结点，破坏其粘结力，会把粘结点逐个击破，加上外保温防护面层无法束缚大空腔的外保温系统在垂直于墙面方向的自由度，导致从总体来看粘结面积不够。在负风压易发生区位置，如果采用有连通空腔的保温层做法，负风压产生的拉力会集中在负压最大的位置，导致负风压易发生部位的破坏，造成开裂或脱落。

3）结露问题对挤塑板薄抹灰系统破坏性影响。

外墙结露是指当外墙某处的温度低于该处空气的露点温度时，该处水蒸气液化的现象。

但挤塑板外表面温度低于结露温度，空气湿度较大时，容易在挤塑板外表面抹面胶浆层产生结露，形成结露水。由于抹面胶浆层厚度很薄，能吸收的液态水量很少，抹面胶浆将处在液态水的长期反复浸润作用下而降低强度和粘结力；另外，干燥时还会产生干湿变形，极易引起空鼓和脱落现象。图7-13就是结露水对挤塑板薄抹灰系统产生的破坏。

7.3 技术调整对防控风险的作用

7.3.1 技术调整方案

通过以上对挤塑板薄抹灰外保温系统风险分析，为达到保温系统不开裂、不脱落、稳定可靠的目的，系统构造设计应考虑以下措施：与基层通过粘结

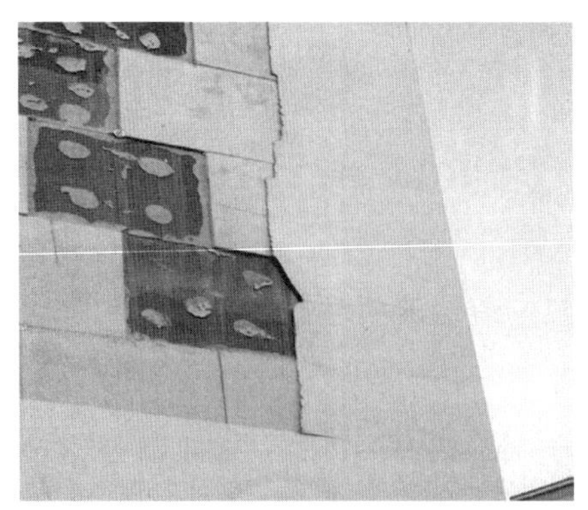

图7-13　结露水对挤塑板薄抹灰系统的破坏

浆料满粘改善粘结性能；开孔、边缝解决透气性问题；专用界面剂解决粘结牢固问题；外抹A级找平浆料解决尺寸不稳定导致的开裂问题；构造防火解决挤塑板防火性能不稳定、火灾破坏性更大的问题。为此，提出挤塑板三明治外保温系统方案。

1.挤塑板三明治外墙保温系统构造

采用胶粉聚苯颗粒贴砌挤塑板，可以有效解决挤塑板的热应力变形，挤塑板与墙体之间的无空腔满粘可解决负风压的破坏。其具体构造做法如图7-14所示。挤塑板沿长度方向的中轴线上宜开设两个垂直于板面的通孔，孔径40～60mm，孔心距200mm（图7-15），这样有利于满粘施工，可改善系统的透气性，并可消减挤塑板的内应力，减少空鼓。

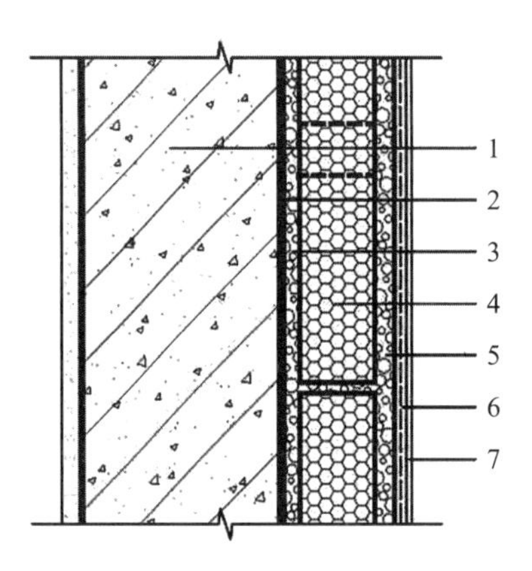

图7-14　胶粉聚苯颗粒贴砌挤塑板外保温系统基本构造

1—基层墙体；2—界面砂浆；3—胶粉聚苯颗粒贴砌浆料；4—双孔XPS板（双面刷界面剂）；5—胶粉聚苯颗粒贴砌浆料；6—抗裂砂浆复合玻纤网；7—涂装材料

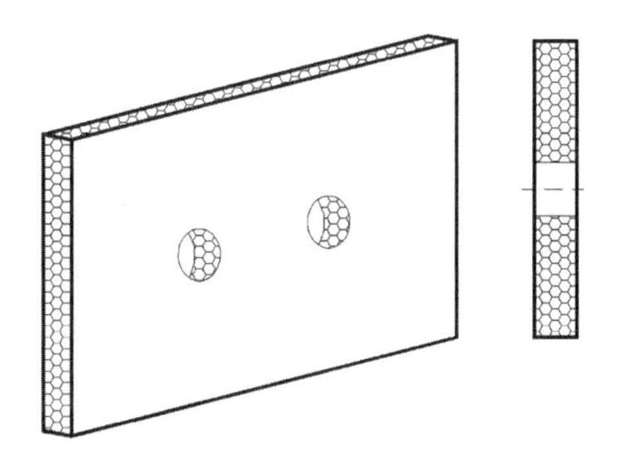

图7-15　双孔挤塑板

2.挤塑板“三明治”外墙保温系统构造板材尺寸要求

板材尺寸不宜过大，最好为450mm×600mm，由于挤塑板比较硬，板材尺寸过大容易产生虚贴。

3.挤塑板“三明治”外墙保温系统构造找平浆料要求

在挤塑板外侧用胶粉聚苯颗粒贴砌浆料进行找平过渡，厚度不宜小于20mm，主要作用有：

1）可满足挤塑板外保温系统耐候性需求。通过耐候性试验验证发现，随着保温板外侧胶粉聚苯颗粒贴砌浆料找平层厚度的增加，系统耐候能力有明显的提升。

2）挤塑板和抗裂防护层的聚合物砂浆无论是线膨胀系数，还是弹性模量都存在非常大的差距，当系统受温湿度影响时，相邻材料由于变形速度差过大，产生应力集中，当应力超过抗裂防护层聚合物砂浆的粘结强度时，系统就会出现开裂。而在挤塑板外侧用胶粉聚苯颗粒贴砌浆料进行找平处理，可起到过渡作用（胶粉聚苯颗粒贴砌浆料的弹性模量处在二者之间），避免了挤塑板与抗裂防护层的聚合物砂浆直接接触，降低相邻材料变形速度差，使各构造层的变形同步化，减小了由于变形速度差产生的剪应力，确保整个系统不会出现开裂、空鼓和脱落，保证了系统的安全性和耐久性。

3）胶粉聚苯颗粒贴砌浆料找平层相当于水分散构造层，它具有优异的吸湿、调湿、传湿性能，可以吸收因挤塑板透气性差或结露产生的冷凝水，避免了液态水聚集后产生的三相变化破坏，提高了系统粘结性能和呼吸功效，保证了外保温工程的长期安全性和稳定性。

7.3.2 模拟计算分析

根据行业标准《胶粉聚苯颗粒外墙外保温系统材料》JG/T 158—2013的相关规定，将挤塑板薄抹灰系统调整为胶粉聚苯颗粒浆料贴砌挤塑板三明治系统构造，在挤塑板外表面设置20mm厚的柔性胶粉聚苯颗粒浆料找平过渡层，为验证这种三明治构造设计的有效性和优越性，本节首先进行数学模拟计算，下一节进行大型耐候性试验验证。

1.传热原理

计算依据：建筑热工稳定传热和周期性非稳定传热原理。

1）稳定传热原理。

在稳定传热中，传热量的多少与作用温差、材料的导热系数和结构的传热阻密切相关。墙体热流密度Q见式（7-11）：

$$Q = K\Delta t = K(t_e - t_i) = \frac{t_e - t_i}{R_i + \sum R_j + R_e} \tag{7-11}$$

其中：$K = \frac{1}{R_0} = \frac{1}{R_i + \sum R_j + R_e}$ 。

任一层外界面的热流密度Q_m见式（7-12）：

$$Q_m = \frac{t_m - t_i}{R_i + \sum_{j=0}^{m-1} R_j} \tag{7-12}$$

根据任一层外界面上的热流密度相等的原理$Q=Q_m$。

$$t_m = t_i - \frac{R_i + \sum_{j=0}^{m-1} R_j}{R_0}(t_i - t_e) \quad (m = 1, 2, \cdots, n+1) \tag{7-13}$$

式中：R_0——外墙的总热阻，$m^2 \cdot K/W$；

R_i——外墙的内表面换热阻，$m^2 \cdot K/W$；

R_j——第j层材料的热阻，$m^2 \cdot K/W$；

$\sum_{j=0}^{m-1} R_j$——从室内算起，由第1层～第$m-1$层的热阻之和。

2）周期性非稳定传热原理。

外界热作用随时间周期性的变化见式（7-14）。

$$t_\tau = \bar{t} + A_t \cos\left(\frac{360\tau}{Z} - \phi\right) \tag{7-14}$$

式中：t_τ——在τ时刻的介质温度，℃；

$\bar{t}$——在一个周期内的平均温度，℃；

t——以某一指定时刻（例如昼夜时间内的零点）起算的计算时间，h；

ϕ——温度波的初相位，deg；若坐标原点取在温度出现最大值处，$\phi = 0$。

在谐波热作用下的周期性传热过程中，则与材料和材料层的蓄热系数及材料层的热惰性有关。

在建筑热工中，把室外温度振幅A_e与由外侧温度谐波热作用引起的平壁内表面温度振幅A_{if}之比称为温度波的穿透衰减度，今后简称为平壁的总衰减度，用v_0表示，即

$$v_0 = A_e / A_{if} \tag{7-15}$$

温度波的衰减与材料层的热惰性指标是呈指数函数关系，见式（7-16）。

$$V_x = A\theta / Ax = e^{\frac{D}{\sqrt{2}}} \tag{7-16}$$

衰减倍数是指室外空气温度谐波的振幅与平壁内表面温度谐波的振幅之比值，其值按式（7-17）计算：

$$v_0 = 0.9e^{\frac{\Sigma D}{\sqrt{2}}} \times \frac{S_1+\alpha_i}{S_1+Y_{1,e}} \times \frac{S_2+Y_{1,e}}{S_2+Y_{2,e}} \times \cdots \frac{S_n+Y_{n-1,e}}{S_n+Y_{n,e}} \times \frac{\alpha_e+Y_{n,e}}{\alpha_e} \quad (7\text{-}17)$$

式中：ΣD——平壁总的热惰性指标，等于各材料层的热惰性指标之和；

S_1、$S_2 \cdots S_n$——各层材料的蓄热系数，W/（m^2·K）；

$Y_{1,e}$、$Y_{2,e} \cdots Y_{n,e}$——各材料层外表面的蓄热系数，W/（m^2·K）；

α_i——平壁内表面的换热系数，W/（m^2·K）；

α_e——平壁外表面的换热系数，W/（m^2·K）；

e——自然对数的底，e=2.718。

习惯用延迟时间ξ_0来评价围护结构的热稳定性，根据时间与相位角的变换关系即可得延迟时间：

$$\xi_0 = \frac{1}{15}\left(40.5\Sigma D + \arctan\frac{Y_{ef}}{Y_{ef}+\alpha_e\sqrt{2}} - \arctan\frac{\alpha_i}{\alpha_i+Y_{if}\sqrt{2}}\right) \quad (7\text{-}18)$$

式中：Y_{ef}——平壁外表面的蓄热系数，W/（m^2·K）；

Y_{if}——平壁内表面的蓄热系数，W/（m^2·K）。

2.保温浆料找平挤塑板温度变化计算

按照北方夏季室内温度为t_i=20℃并保持稳定，深颜色饰面表面温度为t_e=70℃，内墙表面的平均温度按28℃计算。

以胶粉聚苯颗粒保温浆料找平挤塑板外表面的薄抹灰做法为例进行说明，其墙体构造和相关参数见表7-5。

胶粉聚苯颗粒找平挤塑板外表面做法　　表7-5

构造做法	厚度δ（mm）	导热系数λ [W/（m·K）]	热阻R [m^2·K/W]	蓄热系数S [W/（m^2·K）]	热惰性指标 D	外表面换热系数Y [W/（m^2·K）]
钢筋混凝土	200	1.740	0.115	17.20	1.98	17.20
挤塑板	60	0.030	1.739	0.34	0.68	0.57
保温浆料	20	0.060	0.267	0.95	0.32	0.82
抗裂砂浆	3	0.93	0.003	11.37	0.04	0.98
合计	283	—	2.124	—	3.01	—

经计算抹厚度20mm的胶粉聚苯颗粒保温浆料后挤塑聚苯板外表面的温度为：挤塑板表面温度振幅为34.7℃，挤塑板表面的平均温度为26.8℃。

则挤塑板表面的最高温度为61.5℃，与不抹胶粉聚苯颗粒保温浆料的挤塑板外表面温度70℃相比较降低8.5℃。

围护结构室外综合温度波延迟时间为7.28h，室外综合温度波至挤塑板外表面的延迟时间估算为1.15h。

挤塑板外表面伸长 $\Delta L=\alpha_{xps}(t_2-t_1)L=4.2mm$。

挤塑板外表面引起的应力为$\sigma_{xps}=E\varepsilon=32288Pa$，抹浆料比不抹浆料表面应力降低（32288−27300）/32288=15.45%。

因此，在挤塑板上抹聚苯颗粒保温浆料过渡层，当墙体外表面为70℃时，挤塑板外表面在1.15h以后达到最高温度61.5℃，可见当抹厚度20mm的聚苯颗粒保温浆料后，表面温度大幅下降，温度应力大幅下降，并将高温发生时间向后延迟了1.15h，较好地缓解了由于温度变化保温板应力的急剧变化，为外墙外保温提供了较好的耐候性能。

3.结论

1）通过对几种保温板材的性能比较分析，发现保温板性能指标差别较大，特别是保温板的热变形性能相距甚远，在建筑保温工程做法上一律沿用模塑聚苯板薄抹灰构造做法和配套材料，将会产生重大的技术风险。

2）保温板材在受温度和湿度的影响时，变形具有显著差别，不同保温板在干热条件下变形差别较大，同一种保温板也会体现出不同性能。保温板在湿热条件下，变形差别较大，聚氨酯复合板、挤塑板、酚醛板受湿度的影响显著。挤塑板在温度变化时体积会发生较大的变化，应选择适用的保温构造和配套材料。

3）不同保温板材与抹面胶浆之间产生的应力差别较大。在夏季和冬季，由于保温层的隔热和保温作用，使得保温层以外的部分温度过高或过低，这时不宜用线膨胀系数相差过大的材料作为相邻材料。

4）胶粉聚苯颗粒保温浆料作为找平过渡层时可有效降低保温板表面的温度，并将高温发生时间向后延迟了1.15h，从而降低保温板的变形，较好的缓解了由于温度改变带来的应力的变化，降低保温面层开裂的风险，为外墙外保温提供了较好的耐候性能。

7.3.3 大型耐候性试验验证

1.试验方案

1）试验目的。

试验同种保温材料（挤塑板）不同构造措施的外保温系统耐候性能的优劣

对比。

2）系统构造及材料选择。

系统构造及材料选择见表7-6。

挤塑板外保温系统构造及材料选择　　表7-6

系统	构造						
	基层	界面层	粘结层	保温层	找平层	抗裂层	饰面层
点框粘挤塑板薄抹灰涂料饰面系统（简称点框粘系统）	混凝土墙	无	5mm挤塑聚苯板粘结砂浆	50mm挤塑板	无	干拌抹面砂浆+耐碱网布	柔性耐水腻子+涂料
“LB型”胶粉聚苯颗粒贴砌挤塑板涂料饰面系统（简称“LB型”系统）	混凝土墙	干拌界面砂浆	15mm胶粉聚苯颗粒贴砌浆料	50mm挤塑板	无	干拌抗裂砂浆+耐碱网布+高弹底涂	柔性耐水腻子+涂料
“LBL型”胶粉聚苯颗粒贴砌挤塑板涂料饰面系统（简称“LBL型”系统1）	混凝土墙	干拌界面砂浆	15mm胶粉聚苯颗粒贴砌浆料	50mm挤塑板	10mm胶粉聚苯颗粒贴砌保温浆料	干拌抗裂砂浆+耐碱网布+高弹底涂	柔性耐水腻子+涂料
“LBL型”胶粉聚苯颗粒贴砌挤塑板涂料饰面系统（简称“LBL型”系统2）	混凝土墙	干拌界面砂浆	15mm胶粉聚苯颗粒贴砌浆料	50mm挤塑板	20mm胶粉聚苯颗粒贴砌保温浆料	干拌抗裂砂浆+耐碱网布+高弹底涂	柔性耐水腻子+涂料

注：“LBL型”系统和“LB型”系统中挤塑板规格尺寸为600mm×450mm，并且开双孔，双面刷挤塑板防火界面剂，板与板之间留10mm板缝，用胶粉聚苯颗粒贴砌浆料填充压实；点框粘挤塑板系统中，挤塑板规格尺寸为600mm×900mm，点框粘，不留板缝，双面刷挤塑板防火界面剂。

2.试验记录与分析

1）开裂空鼓记录。

本轮耐候性试验墙体在养护阶段并无出现开裂现象，试验过程中陆续出现开裂，但是开裂情况存在明显的差别，如表7-7所示。

挤塑板外保温系统耐候性试验开裂空鼓情况记录　　表7-7

类别	试验前	试验中	试验后
点框粘系统	无开裂，无空鼓	第4次热雨循环开始出现裂纹（窗口左下角），之后扩展变粗变多（集中在板缝处，局部形成贯通裂缝）。 裂缝总数：7条；无空鼓现象	裂缝无扩展
“LB型”系统	无开裂，无空鼓	第28次热雨循环开始出现裂纹（窗口右下角），之后局部板缝出现裂缝。 裂缝总数：2条；无空鼓现象	裂缝无扩展

续表

类别	试验前	试验中	试验后
“LBL”型系统1	无开裂，无空鼓	第36次热雨循环开始出现裂纹（窗口左下角），之后无扩展。裂缝总数：0；无空鼓现象	无扩展
“LBL”型系统2	无开裂，无空鼓	第64次热雨循环出现细微裂纹（窗口处），之后无扩展。裂缝总数：0；无空鼓现象	无扩展

2）温度曲线记录与分析。

图7-16是耐候性试验仪器自带软件记录的一个高温–淋水循环试验周期四个挤塑板系统墙体外表面温度曲线。

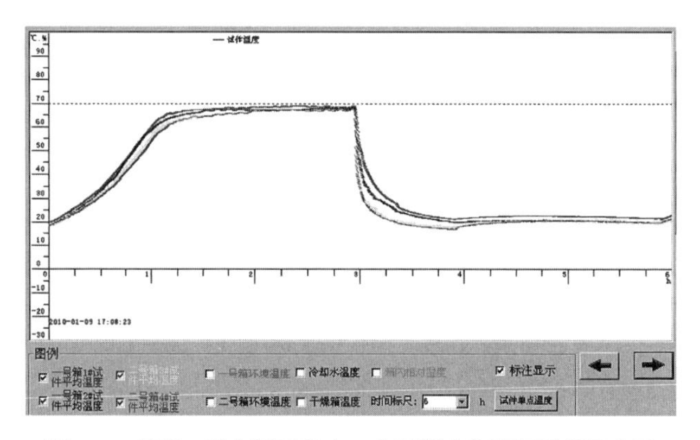

图7-16　高温–淋水循环稳定一个周期内仪器记录的温度图

图7-17为数值模拟四个不同的挤塑板系统同周期高温–淋水循环一个周期的箱体内空气温度和外饰面的外表面温度曲线。从图7-17中可以看出数值模拟的图像与试验记录结果的变化趋势基本一致。

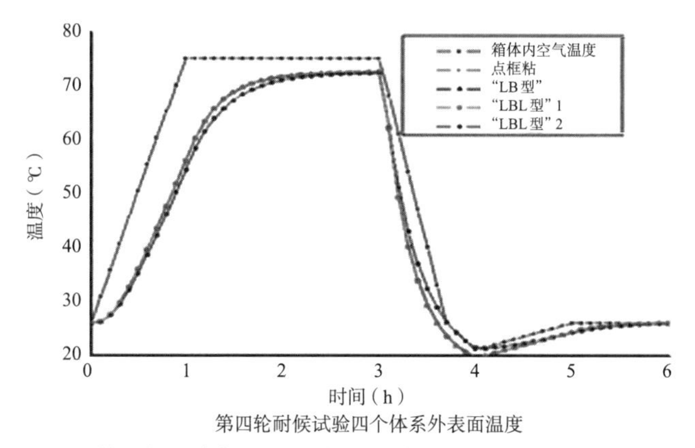

图7-17　挤塑板系统高温–淋水循环一个周期内各墙体外表面温度图

从图7-17中可以看出“LBL型”系统的外饰面温度比其他三个系统的外饰面温度上升（下降）得要慢。这是因为胶粉聚苯颗粒找平层的导热系数要小于挤塑板，介于挤塑板和面层砂浆之间（不同保温材料的导热系数见表7-8所示），很好地起到了温差变化过渡层的作用，有利于缓解抗裂层及外饰面的温度变化过快，可以降低温度裂缝（外保温的温度裂缝主要出现在抗裂层和饰面层）出现的可能性。

不同保温材料的导热系数　　表7-8

保温材料	导热系数[W/(m·K)]	相对于抗裂砂浆的倍数
抗裂砂浆	0.93	1
胶粉聚苯颗粒浆料	0.075	12.4
挤塑板	0.030	31.0

3.试验结果

1）点框粘挤塑板系统。

耐候性试验后墙体如图7-18所示。该系统试验后板缝处出现了贯穿墙体的裂缝。

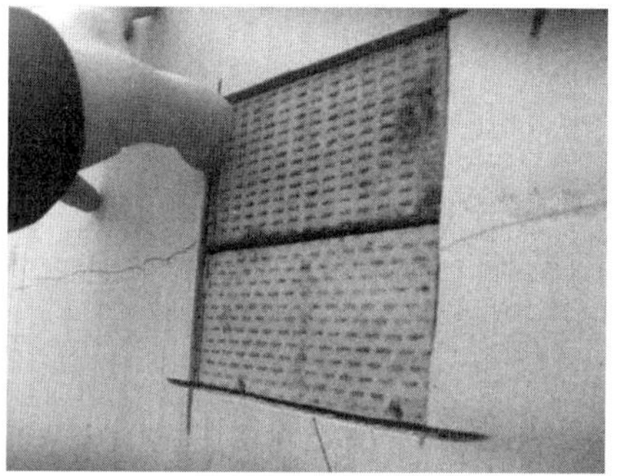

图7-18　点框粘挤塑板系统耐候性试验后

2）"LB型"系统。

耐候性试验后墙体如图7-19所示。该系统试验后在窗口处出现了微裂纹，之后局部板缝出现裂缝。

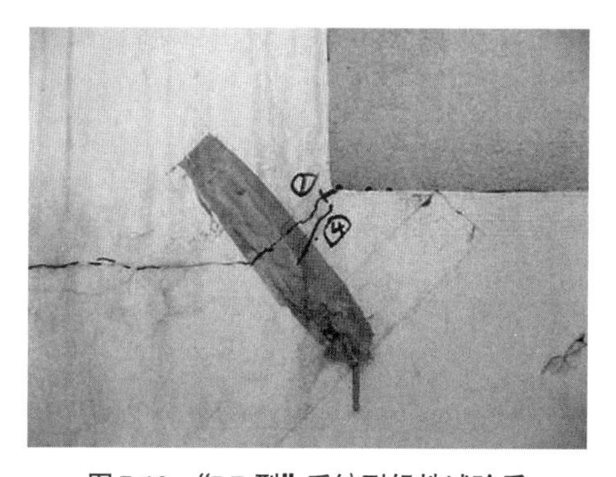

图7-19　"LB型"系统耐候性试验后

3)“LBL型”系统1。

耐候性试验后墙体如图7-20所示。该系统试验后只在窗口处出现了微裂纹，其他部位没有任何开裂空鼓现象。

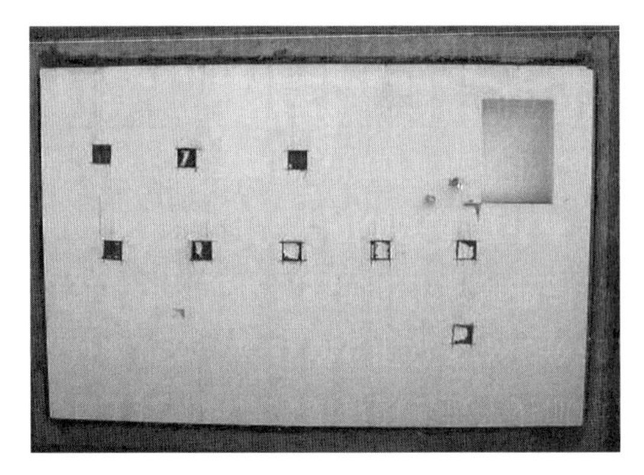

图7-20 “LBL型”系统1耐候性试验后

4)“LBL型”系统2。

耐候性试验后墙体如图7-21所示。该系统试验后只在窗口处出现了微裂纹，出现时间晚于“LBL型”系统1，其他部位没有任何开裂空鼓现象。

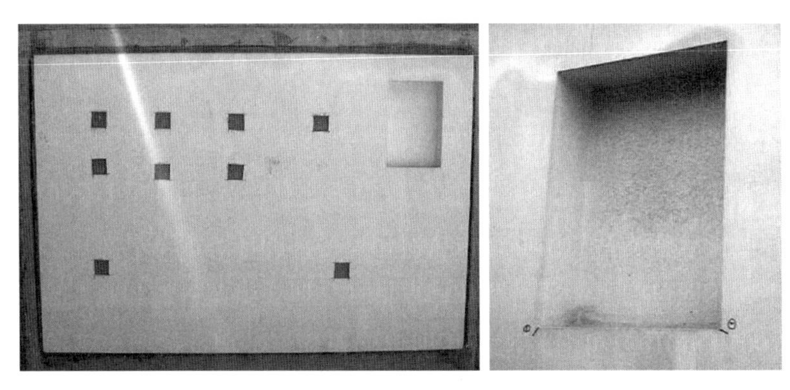

图7-21 “LBL型”系统2耐候性试验后

挤塑板外保温系统耐候性试验结果表明：在材料性能指标满足标准的前提下，挤塑板系统不同的构造措施其耐候性试验结果截然不同。点框粘系统在板缝处出现了贯穿墙面的长裂缝；“LB型”系统耐候性能要大大优于点框粘系统，但还是出现了两处裂缝，只是没有形成贯穿裂缝；“LBL型”系统2的耐候性能非常优异，除了在窗口处出现了细微的裂纹，没有任何裂缝产生。

4.试验结果分析

1)通过耐候性试验验证发现，随着保温板外侧胶粉聚苯颗粒抹灰厚度的增加，系统耐候能力有明显的提升。挤塑板和抹面砂浆不管是线膨胀系数还是弹性模量都存在非常大的差距，当系统受温湿应力的时候，相邻材料由于变形速度差过大，产生应力集中，当应力超过抹面砂浆的强度时，系统就出现开裂。因此，挤塑板外侧进行保温浆料抹灰20mm，形成复合保温层，然后进行薄抹灰施工，可避免挤塑板和抹面砂浆直接接触，在两个构造层之间设置过渡层，降低相邻材料变形速度差，使各构造层的变形同步化，减小由于变形速度差产生的剪应力。

2）挤塑板应该进行板缝处理。通过对比点框粘薄抹灰系统和“LB型”系统，在保温板之间留有板缝，可减少面层开裂和贯通裂缝的产生。

5.结论

1）挤塑板拥有比模塑聚苯板更好的保温性能，但是其特性与模塑聚苯板差别较大，在构造设计中应该尽量避免其缺陷，弥补其不足。

2）在挤塑板外侧进行保温浆料抹灰20mm，避免挤塑板和抹面砂浆直接接触，在两个构造层之间设置过渡层，降低相邻材料变形速度差，使各构造层的变形同步化，减小由于变形速度差产生的剪应力。

3）在挤塑板之间设置10mm板缝，并采用胶粉聚苯颗粒填充，可以通过板缝释放应力，可降低面层开裂的可能性。

7.4 近零能耗技术应用

7.4.1 构造风险分析

对于近零能耗建筑，外保温层厚度须增加很多，五种自然力，风、水、火、地震、热应力破坏性对外保温系统的潜在风险点，以火的潜在破坏性最为突出。

同属于B级材料，常见的几种有机保温材料热值差异明显。目前，常见的几种B级有机保温材料没有标准统一规定的热值指标，杨光辉[3]等人根据《建筑材料及制品的燃烧性能–燃烧热值的测定》GB/T 14402—2007规定的方法，使用氧弹量热仪对几类典型外墙保温材料燃烧热值探析，并对这些保温材料热值进行实际测定。结果如图7-22～图7-24所示。

图7-22、图7-23、图7-24纵坐标为热值，单位为MJ/kg，图7-22、图7-23横坐标为样品编号序数。从图中可见，无机保温材料及保温系统配套材料热值均很低，除网格布热值在4MJ/kg左右，其余材料均低于3MJ/kg。聚苯乙烯、聚氨酯、酚醛类有机材料的燃烧热值均达到了20MJ/kg以上，聚氨酯、酚醛类保

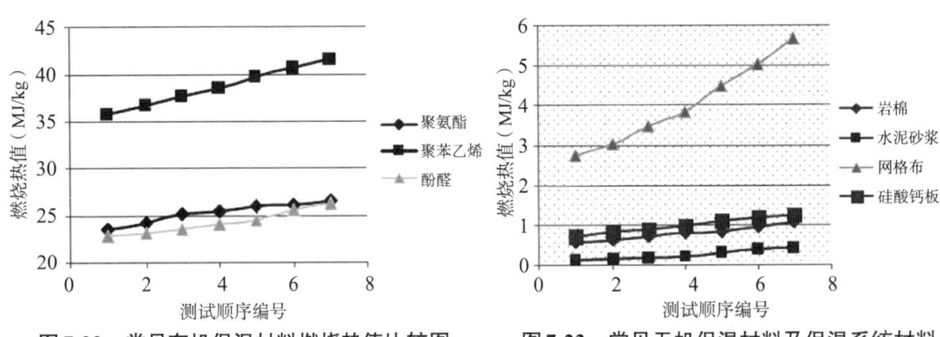

图7-22　常见有机保温材料燃烧热值比较图

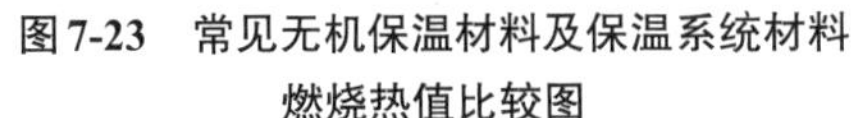

图7-23　常见无机保温材料及保温系统材料燃烧热值比较图

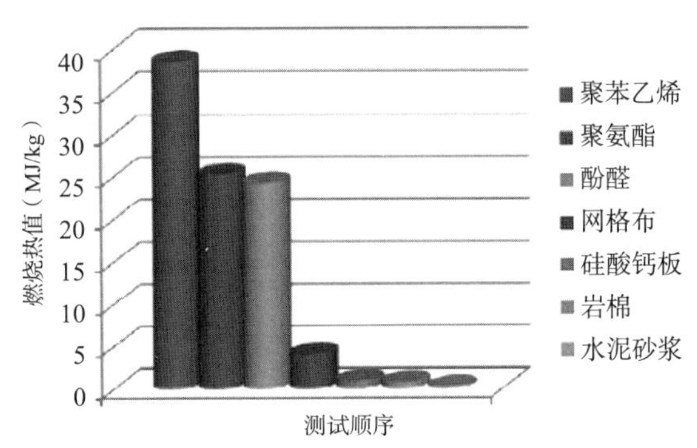

图7-24　各种材料燃烧热值比较图

温材料燃烧热值一般在25MJ/kg左右，挤塑聚苯板、模塑聚苯板等聚苯乙烯类保温材料热值是最高的，高达40MJ/kg左右。近零能耗建筑一般采用双层模塑聚苯板或挤塑聚苯板为保温材料，以挤塑聚苯板薄抹灰外保温为例，单层厚度一般110mm，双层厚度达到220mm才能满足墙体节能要求，见图7-25。双层挤塑聚苯板叠加，一旦发生火灾，燃烧释放的热能加倍，而其热值又是最高的，其潜在火灾危险性以及火灾危害也是最大的，因此在实际工程使用过程中应引起高度重视。

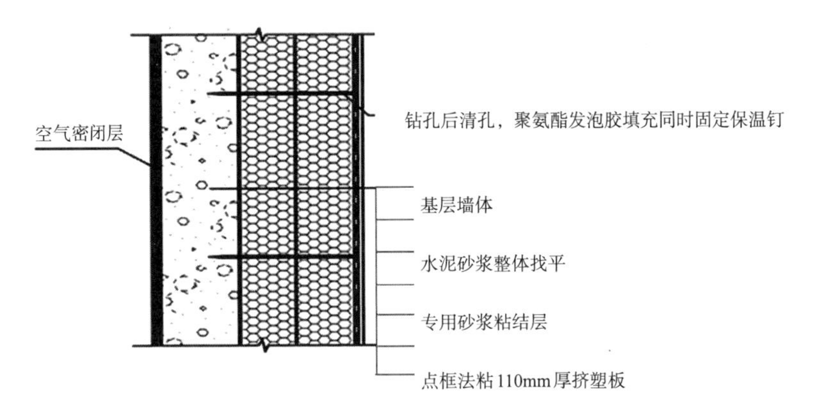

图7-25　近零能耗挤塑板薄抹灰外保温系统构造

7.4.2 胶粉聚苯颗粒贴砌双层挤塑聚苯板构造技术方案

1）所谓贴砌双层挤塑聚苯板构造，即采用三层胶粉聚苯颗粒贴砌浆料中间复合两层挤塑聚苯板的构造做法。挤塑聚苯板规格宜为600mm×450mm，两层板厚度宜相同，上下层挤塑聚苯板之间不能有贯通缝，应按＞150mm的要求，错层、错缝排布。第一层和第二层均采用贴砌浆料满粘，贴砌浆料厚度宜为15～20mm。同一层中挤塑聚苯板板缝内贴砌浆料填充宽度宜为15～20mm。外层挤塑聚苯板表面胶粉聚苯颗粒贴砌浆料找平过渡层厚度宜为20～30mm。锚栓数量不应少于6个/m^2。基本构造见图7-26和图7-27。

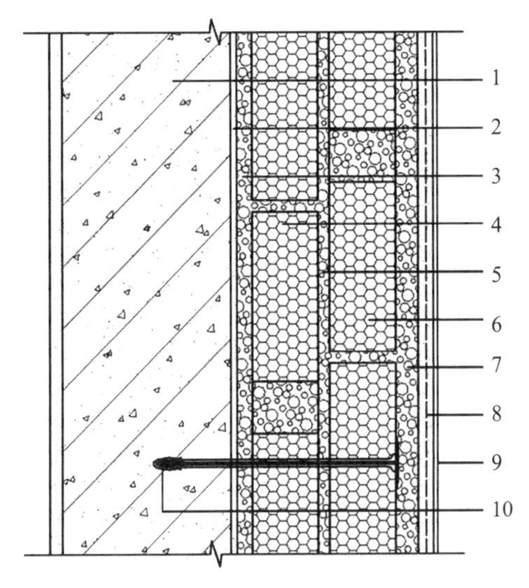

图7-26 贴砌挤塑聚苯板系统近零能耗构造

1—基层墙体；2—界面砂浆；3—胶粉聚苯颗粒贴砌浆料；4—XPS板（双面刷界面剂）；5—胶粉聚苯颗粒贴砌浆料；6—XPS板（双面刷界面剂）；7—胶粉聚苯颗粒贴砌浆料；8—抗裂砂浆复合玻纤网；9—涂装材料；10—锚栓

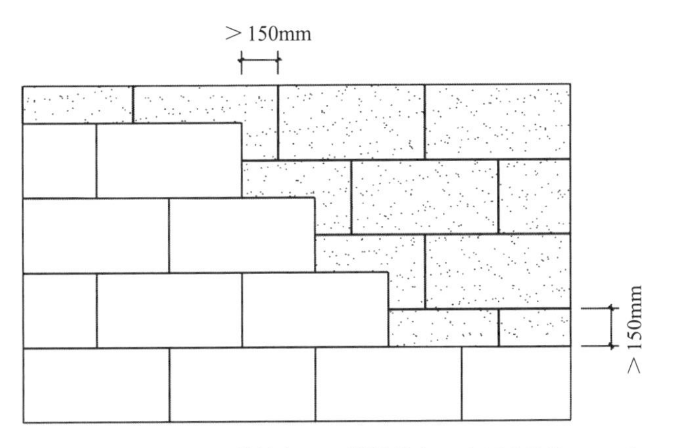

图7-27 挤塑聚苯板薄抹灰双层错缝排布示意图（单位：mm）

2）挤塑聚苯板规格为600mm×600mm或600mm×450mm，每块挤塑聚苯板的内外两面及四个侧面均由胶粉聚苯颗粒贴砌浆料完全包覆，形成若干连续闭合的防火分仓构造。

3）外层挤塑聚苯板面层设置不少于20mm厚的轻质柔性找平过渡层，找平过渡层材料宜选用柔性的胶粉聚苯颗粒贴砌浆料，而不应选用硬质类无机保温砂浆。

4）设计要求设置防火隔离带时，应按《建筑外墙外保温防火隔离带技术规程》JGJ 289—2012规定的方法进行操作，且A级防火隔离带材料应与每层挤塑板厚度相同，分层、错层、错缝设置。

7.4.3 胶粉聚苯颗粒贴砌双层挤塑聚苯板构造防火要求

根据国家标准《近零能耗建筑技术标准》GB/T 51350—2019的规定，居住建筑和公共建筑的非透光外墙平均传热系数应满足表7-9的要求。

近零能耗建筑非透光外墙的平均传热系数　　表7-9

类型	传热系数K[W/(m^2·K)]				
	严寒地区	寒冷地区	夏热冬冷地区	夏热冬暖地区	温和地区
居住建筑非透光外墙	0.10～0.15	0.15～0.20	0.15～0.40	0.30～0.80	0.20～0.80
公共建筑非透光外墙	0.10～0.25	0.10～0.30	0.15～0.40	0.30～0.80	0.20～0.80

表7-9所列数据表明，建筑达到近零能耗，对各气候区非透光外墙的平均传热系数要求限值均很低，所需保温层厚度须相应增加。对于高热值的挤塑聚苯板而言，厚度增加一倍，其燃烧释放的总热量也相应增加一倍。一旦发生火灾，其破坏性比各种非聚苯乙烯类有机保温材料要高许多。

为了降低近零能耗建筑非透光外墙的火灾风险，在进行窗口火试验后其对火反应性能应满足表7-10的要求。

近零能耗建筑外墙对火反应性能　　表7-10

锥形量热计试验		燃烧竖炉试验	窗口火试验	
现象	热释放速率峰值（kW/m^2）	试件燃烧后剩余长度（mm）	水平准位线2上保温层测点的最高温度（℃）	燃烧面积（m^2）
不应被点燃，试件厚度变化不应超过10%	≤5	≥800	≤200	≤3

要达到表7-10的对火反应要求，则不能采用存在空腔的点框粘构造做法，空腔的存在极易形成引火通道而加速火灾蔓延，最安全的做法就是采用贴砌双

层保温板做法，用胶粉聚苯颗粒贴砌浆料六面包覆挤塑聚苯板，形成若干连续闭合的防火分仓构造，结合标准规定的防火隔离带的设置，可有效地阻止火焰攻击和蔓延，起到极佳的防火保护作用。

7.5 保险风险系数分析

依据中国建筑节能协会团体标准《建筑外墙外保温工程质量保险规程》T/CABEE 001—2019，可对技术优化前后的挤塑板外墙外保温系统构造进行评价，由于优化前后的主要差异点在构造设计，而在组成材料和施工管理上均可控制一致而不存在差异，因此这里仅对构造设计的评分项进行对比。

1）系统材料中保温主材的选择，挤塑聚苯板综合性能处于各种保温材料中等水平，优化前后得分值均为20分，没有变化。本条总平分值25分，详见该标准第4.2.1条。

2）技术调整后保温层材料与基层墙体的结合方式基本上是采用全面积粘贴，其风险评价得分值可由16分提高到25分，本条总评分值25分，详见该标准第4.2.2条。

3）技术调整后设置有厚度不低于20mm的胶粉聚苯颗粒浆料找平过渡层，其风险评价得分值可由0分提高到25分，本条总评分值25分，详见该标准第4.2.3条。

4）技术调整后增加找平过渡层可提高系统的热工性能，其风险评价得分值可由10分提高到25分，本条总评分值25分，详见该标准第4.2.4条。

5）技术调整后外墙外保温工程防脱落和抗风荷载设计风险评价得分值可由32分提高到40分，本条总评分值40分，详见该标准第4.2.5条。

6）技术调整后外墙外保温工程的防潮透气设计风险评价得分值可由12分提高到20分，本条总评分值20分，详见该标准第4.2.6条。

7）挤塑聚苯板为热塑型B_1级材料，优化前后的得分都是10分，没有变化，本条总评分值20分，详见该标准第4.2.7条。

8）技术调整后防火隔离带材料选择风险评价得分值可由12分提高到20分，本条总评分值20分，详见该标准第4.2.8条。

上述项目总评分值200分，系统优化前总得分值118分，占比百分率为59%；优化后得分值185分，占比百分率为92.5%。

由此可以看出，优化前的挤塑板外墙外保温系统构造评分值仅能达到118

分，占比59%，未能达到及格分数，而采用优化后的挤塑板外墙外保温系统构造评分值则可达到185分，占比达到92.5%。这说明采用优化前的挤塑板外墙外保温系统构造时存在质量问题的风险还是相当大的，而采用优化后的挤塑板外墙外保温系统构造时，评分值显著增加，这说明进行技术优化后大幅度降低了质量风险，可在以后的标准修订中广泛推广采用。

全面实现挤塑板外墙外保温系统的提升，则需要对现有的国家标准、行业标准进行调整，改变薄抹灰的思路，优化挤塑板外保温的构造。现行标准中，粘贴挤塑板外墙外保温的构造存在不合理现象，应明确在构造中增加找平过渡层，并明确最低厚度为20mm，粘贴做法推荐使用满粘贴法，消除粘结层空腔，增加粘结效果，并降低火灾风险（空腔的存在对降低火灾是不利的）。同时，现有标准中的一些技术指标也有必要进行调整和优化。因此，很有必要对现有的国家标准、行业标准进行修订，确保挤塑板外墙外保温工程的质量、耐久性和低风险性，确保挤塑板外墙外保温工程使用者的利益，降低质量风险，提高使用挤塑板外墙外保温系统的工程使用寿命。

第8章

硬泡聚氨酯薄抹灰外保温技术与标准解析

硬泡聚氨酯是指采用异氰酸酯、多元醇及发泡剂等添加剂，经反应形成的硬质泡沫体。硬泡聚氨酯为热固性保温材料，闭孔率在92%以上，具有导热系数低、抗压强度高、吸水率低等优点，因而被广泛应用于新建居住建筑、公共建筑和既有建筑节能改造的外墙外保温工程中。用于保温工程的硬泡聚氨酯根据成型工艺主要有喷涂硬泡聚氨酯和硬泡聚氨酯板等。喷涂硬泡聚氨酯主要是指现场使用专用设备在外墙基层上连续多遍喷涂发泡聚氨酯后形成的无接缝硬质泡沫体。硬泡聚氨酯板主要是指以硬泡聚氨酯为芯材，用一定厚度的水泥基聚合物砂浆包覆处理至少两个大面，在工厂预制成型的保温板。

目前，涉及的硬泡聚氨酯薄抹灰外保温的国家标准和行业标准主要有：《硬泡聚氨酯保温防水工程技术规范》GB 50404—2017、《外墙外保温工程技术标准》JGJ 144—2019、《硬泡聚氨酯板薄抹灰外墙外保温系统材料》JG/T 420—2013等。

8.1 现行标准关键技术要求

8.1.1 材料

1.国家标准《硬泡聚氨酯保温防水工程技术规范》GB 50404—2017

1）喷涂硬泡聚氨酯。

（1）保温性能优异，该标准第5.2.1条中明确规定其导热系数（平均温度25℃）不大于0.024W/（m·K）。

（2）防水性能优异，该标准第4.2.1条中规定了其不透水性（无结皮，0.2MPa，30min）为不透水，而闭孔率不小于92%，体积吸水率小于等于3%。

（3）具有良好的粘结性能，该标准第5.2.1条中规定其与水泥砂浆的拉伸粘结强度大于等于0.10MPa并且破坏部位不得位于粘结界面。

（4）规定了比较高的密度，该标准第5.2.1条中规定其表观密度不小于35kg/m³，能满足外墙外保温工程对保温材料密度的要求，同时也可控制喷涂的密实度。

2）硬泡聚氨酯板。

（1）保温性能优异，该标准第5.2.2条中明确规定其导热系数不大于0.024W/（m·K）。

（2）防水性能优异，该标准第4.2.1条中规定了其不透水性（无结皮，0.2MPa，30min）为不透水，而闭孔率不小于92%，体积吸水率小于等于3%。

（3）具有一定的强度，该标准第5.2.2条中规定其垂直板面方向的抗拉强度大于等于0.10MPa并且破坏部位不得位于粘结界面。

（4）规定了比较高的密度，该标准第5.2.2条中规定其表观密度不小于35kg/m³，能确保芯材的均匀性和密实度。

（5）对产品外观进行了必要的规定（见该标准第5.2.3条）：产品外观不得有裂纹、扭曲，不得有明显的压痕和凹凸等痕迹，不得有妨碍使用的缺棱、缺角，边部应整齐无毛刺、裂边。硬泡聚氨酯板的翘曲度不应大于1.0%。

3）胶粘剂。

（1）规定了比较合适的与水泥砂浆的拉伸粘结强度，该标准第5.2.5条中，规定原强度不小于0.60MPa，耐水强度（浸水48h，干燥7d）不小于0.40MPa。

（2）规定了比较合适的与硬泡聚氨酯的拉伸粘结强度，在该标准第5.2.5条中，规定原强度和耐水强度（浸水48h，干燥7d）均不小于0.10MPa，且破坏发生在聚氨酯板中。

4）抹面胶浆。

（1）规定了比较合适的与硬泡聚氨酯的拉伸粘结强度，在该标准第5.2.6条中，规定原强度和耐水强度（浸水48h，干燥7d）、耐冻融强度均不小于0.10MPa，且破坏发生在聚氨酯板中。

（2）规定了材料柔韧性，在该标准第5.2.6条中规定水泥基材料压折比不大于3.0，非水泥基材料开裂应变不小于1.5%。

（3）有抗冲击性要求，在该标准第5.2.6条中规定抗冲击性为3J级。

5）界面砂浆。

规定了比较合适的与硬泡聚氨酯的拉伸粘结强度，在该标准第5.2.7条中，规定原强度和耐水强度（浸水48h，干燥7d）、耐冻融强度均不小于0.10MPa，且破坏发生在聚氨酯板中。

6）找平浆料。

（1）该标准第5.2.8条中规定了干表观密度在300～400kg/m^3。

（2）该标准第5.2.8条中规定了抗压强度不小于0.30MPa。

（3）该标准第5.2.8条中规定了线性收缩率不大于0.30%。

（4）该标准第5.2.8条中规定了与现喷硬泡聚氨酯拉伸粘结强度标准状态或浸水处理均为不小于0.10MPa，且不得破坏在界面层。

7）玻纤网。

该标准第5.2.9条中规定了玻纤网的断裂伸长率经向、纬向均不大于5%。

2.行业标准《外墙外保温工程技术标准》JGJ 144—2019

1）喷涂硬泡聚氨酯。

该标准中没有单独列出喷涂硬泡聚氨酯的性能指标，主要指标参考硬泡聚氨酯板的性能指标，具有以下一些优势：

（1）保温性能优异，该标准第4.0.10条中规定其导热系数不大于0.024W/（m·K）。

（2）防水性能优异，该标准第4.0.10条中规定其体积吸水率小于等于3%。

（3）规定了比较高的密度，该标准第4.0.10条中规定其表观密度不小于35kg/m^3，能满足外墙外保温工程对保温材料密度的要求，同时也可控制喷涂的密实度。

2）硬泡聚氨酯板。

（1）保温性能优异，该标准第4.0.10条中规定其导热系数不大于0.024W/（m·K）。

（2）防水性能优异，该标准第4.0.10条中规定其体积吸水率小于等于3%。

（3）具有一定的强度，该标准第4.0.10条中规定其垂直板面方向的抗拉强度大于等于0.10MPa。

（4）规定了比较高的密度，该标准第4.0.10条中规定其表观密度不小于35kg/m^3，能确保芯材的均匀性和密实度。

3）胶粘剂。

（1）规定了比较合适的与水泥砂浆的拉伸粘结强度，在该标准第4.0.5条中，规定原强度和耐水强度（浸水48h，干燥7d）均不小于0.60MPa。

（2）规定了比较合适的与硬泡聚氨酯的拉伸粘结强度，在该标准第4.0.5条中，规定原强度和耐水强度（浸水48h，干燥7d）均不小于0.10MPa，且破坏发生在聚氨酯板中。

4）抹面胶浆。

规定了比较合适的与硬泡聚氨酯的拉伸粘结强度，在该标准第4.0.7条中，规定原强度和耐水强度（浸水48h，干燥7d）、耐冻融强度均不小于0.10MPa，且破坏发生在聚氨酯板中。

5）找平浆料（胶粉聚苯颗粒保温浆料或胶粉聚苯颗粒贴砌浆料）。

该标准第4.0.10条中规定了胶粉聚苯颗粒保温浆料或胶粉聚苯颗粒贴砌浆料的相关性能指标，所有指标与《胶粉聚苯颗粒外墙外保温系统材料》JG/T 158—2013保持一致。

6）玻纤网。

（1）该标准第4.0.9条中规定了玻纤网单位面积质量不小于160g/m^2。

（2）该标准第4.0.9条中规定了玻纤网的断裂伸长率经向、纬向均不大于5%。

3.行业标准《硬泡聚氨酯板薄抹灰外墙外保温系统材料》JG/T 420—2013

1）硬泡聚氨酯板。

（1）保温性能优异，该标准第5.3.2条中规定其导热系数不大于0.024W/（m·K）。

（2）防水性能优异，该标准第5.3.2条中规定了其体积吸水率小于等于3%。

（3）具有一定的强度，该标准第5.3.2条中规定其垂直板面方向的抗拉强度大于等于0.10MPa并且破坏发生在硬泡聚氨酯芯材中。

2）胶粘剂。

（1）规定了比较合适的与水泥砂浆的拉伸粘结强度，在该标准第5.2条中，规定原强度和耐水强度（浸水48h，干燥7d）均不小于0.6MPa。

（2）规定了比较合适的与硬泡聚氨酯的拉伸粘结强度，在该标准第5.2条中，规定原强度和耐水强度（浸水48h，干燥7d）均不小于0.10MPa。

3）抹面胶浆。

（1）规定了比较合适的与硬泡聚氨酯的拉伸粘结强度，在该标准第5.4条中，规定原强度和耐水强度（浸水48h，干燥7d）、耐冻融强度均不小于0.10MP。

（2）规定了材料柔韧性，在该标准第5.4条中规定压折比不大于3.0。

（3）有抗冲击性要求，在该标准第5.4条中规定抗冲击性为3J级。

4）玻纤网。

（1）该标准第5.5条中规定了玻纤网单位面积质量不小于160g/m^2。

（2）该标准第5.5条中规定了玻纤网的断裂伸长率经向、纬向均不大于5%。

8.1.2 构造

1.国家标准《硬泡聚氨酯保温防水工程技术规范》GB 50404—2017

1）喷涂构造。

（1）基层墙面设计有水泥砂浆找平层（见该标准第5.3.3条）；

（2）喷涂硬泡聚氨酯面层设计有界面砂浆层（见该标准第5.3.3条）；

（3）喷涂硬泡聚氨酯与抗裂抹面层之间设计有浆料找平层（见该标准第5.3.3条）；

（4）外墙的热桥部位应进行保温处理（见该标准第5.3.2条）；

（5）有密封和防水构造要求（见该标准第5.3.5条）；

（6）门窗外侧洞口四周墙体有保温要求（见该标准第5.4.1条）；

（7）对勒脚部位提出了构造要求（见该标准第5.4.2条）；

（8）檐口、女儿墙部位应采用保温层全包覆做法（见该标准第5.4.3条）。

2）粘贴构造。

（1）基层墙面设计有水泥砂浆找平层（见该标准第5.3.3条）；

（2）外墙的热桥部位应进行保温处理（见该标准第5.3.2条）；

（3）有密封和防水构造要求（见该标准第5.3.5条）；

（4）门窗外侧洞口四周墙体有保温要求（见该标准第5.4.1条）；

（5）门窗洞口四角处的硬泡聚氨酯板采用整块板切割成型，不得拼接，板与板接缝距洞口四角的距离不应小于200mm（见该标准第5.4.1条）；

（6）对勒脚部位提出了构造要求（见该标准第5.4.2条）；

（7）檐口、女儿墙部位应采用保温层全包覆做法（见该标准第5.4.3条）。

2.行业标准《外墙外保温工程技术标准》JGJ 144—2019

1）喷涂构造。

（1）基层墙面设计有界面层（见该标准第6.6.1条）；

（2）喷涂硬泡聚氨酯面层设计有界面砂浆层（见该标准第6.6.1条）；

（3）喷涂硬泡聚氨酯与抗裂抹面层之间设计有浆料找平层（见该标准第6.6.1条）；

（4）有密封和防水构造要求（见该标准第5.1.3条）。

2）粘贴构造。

（1）基层墙面可设计有水泥砂浆找平层（见该标准第6.1.2条）；

（2）有密封和防水构造要求（见该标准第5.1.3条）。

3.行业标准《硬泡聚氨酯板薄抹灰外墙外保温系统材料》JG/T 420—2013

该标准中仅规定了粘贴构造，与聚苯板薄抹灰系统的构造基本一致，并采用锚栓辅助固定，没有提到特别的优势。

8.2 潜在风险分析

8.2.1 材料

1.国家标准《硬泡聚氨酯保温防水工程技术规范》GB 50404—2017

1）喷涂硬泡聚氨酯和硬泡聚氨酯板。

（1）尺寸稳定性差，该标准中规定的尺寸稳定性上限为1.5%（见该标准第5.2.1条）或1.0%（见该标准第5.2.2条），易引起保温面层空鼓和开裂，并引起粘结不牢；

（2）材料防水性优异，但透气性差，不利保温层的水气排出而引起质量问题；

（3）材料燃烧性等级低，仅为B_2级（见该标准第5.2.1条和该标准第5.2.2条）；

（4）硬泡聚氨酯板的尺寸偏大，该标准中规定有1200mm×600mm的尺寸规格（见该标准第5.2.3条）。

2）玻纤网。

（1）该标准规定的玻纤网单位面积质量比较小，下限仅为130g/m^2（见该标准第5.2.9条）；

（2）该标准规定的玻纤网耐碱断裂强力（经向、纬向）为750N/50mm（见该标准第5.2.9条）。

2.行业标准《外墙外保温工程技术标准》JGJ 144—2019

1）硬泡聚氨酯板尺寸稳定性差，该标准中规定的尺寸稳定性上限为1.0%（见该标准第4.0.10条），易引起保温面层空鼓和开裂，并引起粘结不牢；

2）硬泡聚氨酯板防水性优异，但透气性差，不利保温层的水气排出而引起质量问题；

3）硬泡聚氨酯板燃烧性等级低，仅为B_2级（见该标准第4.0.10条）；

4）没有明确抹面胶浆的柔性（见该标准第4.0.6条和第4.0.7条）；

5）硬泡聚氨酯板的尺寸偏大，该标准中规定有1200mm×600mm的尺寸规格（见该标准第6.1.5条）。

3.行业标准《硬泡聚氨酯板薄抹灰外墙外保温系统材料》JG/T 420—2013

1）硬泡聚氨酯板尺寸稳定性差，该标准中规定的尺寸稳定性上限为1.0%（见该标准第5.3.2条），易引起保温面层空鼓和开裂，并引起粘结不牢；

2）硬泡聚氨酯板防水性优异，但透气性差，不利保温层的水气排出而引起质量问题；

3）硬泡聚氨酯板燃烧性等级低，仅为B_2级（见该标准第5.3.2条）；

4）硬泡聚氨酯板的尺寸偏大，该标准中规定有1200mm×600mm的尺寸规格（见该标准第5.3.1条）。

8.2.2 构造

1.国家标准《硬泡聚氨酯保温防水工程技术规范》GB 50404—2017

1）喷涂构造。

该标准中对浆料找平层厚度的规定值有点低，仅为15mm（见该标准第5.3.4条）。

2）粘贴构造。

（1）采用的是点框粘构造，易形成连通空腔（见该标准第5.3.3条）；

（2）缺少找平过渡层（见该标准第5.3.3条）。

2.行业标准《外墙外保温工程技术标准》JGJ 144—2019

1）喷涂构造。

没有明确找平过渡层的厚度要求（见该标准第6.6.8条），不利于质量控制。

2）粘贴构造。

（1）采用的是点框粘构造，易形成连通空腔（见该标准第6.1.1条）；

（2）缺少找平过渡层（见该标准第6.1.1条）。

3.行业标准《硬泡聚氨酯板薄抹灰外墙外保温系统材料》JG/T 420—2013

1）采用的是点框粘构造，易形成连通空腔（见该标准第4.1条）；

2）缺少找平过渡层（见该标准第4.1条）。

8.3 技术调整对防控风险的作用

8.3.1 技术调整方案

1）优化材料性能指标，各标准的材料性能指标应统一，不应随意调低材料性能指标。

2）不论是喷涂硬泡聚氨酯做法还是粘贴硬泡聚氨酯复合板做法，保温层面层均应有不少于20mm厚的轻质柔性找平过渡层，找平过渡层材料宜选用柔性的胶粉聚苯颗粒浆料，而不应选用硬质类保温砂浆。

3）粘贴硬泡聚氨酯复合板时宜选用满粘贴做法或贴砌做法，无法采用满粘贴做法或贴砌做法时，也应采用闭合小空腔做法，不建议采用点框粘做法。

4）采用小尺寸的硬泡聚氨酯板进行粘贴，单块硬泡聚氨酯板面积不宜超过0.4m^2，推荐硬泡聚氨酯板规格为600mm × 600mm或600mm × 450mm。

8.3.2 优化材料性能的作用

优化材料性能指标，可提高单一材料的质量，同时也有利于系统的质量，可提高系统的耐候性和耐久性，减少因材料问题出现的风险。

提高硬泡聚氨酯的尺寸稳定性，可降低因热应力或水相变引起的风险。

提高硬泡聚氨酯的燃烧性能等级，可降低火灾风险。

提高玻纤网的单位面积质量和耐碱强力，可提高系统对抗热应力的能力，延长系统寿命。

减小硬泡聚氨酯板的尺寸规格，可降低单块板的重量，利于施工人员操作，提高粘结质量。虽然采用大尺寸的硬泡聚氨酯板，施工速度可以大幅度提升，但劳动强度大，易引起偷工减料减少粘结面积的问题，在粘贴时难以达到100%的饱满度。而采用小尺寸的硬泡聚氨酯板，不但便于工人施工操作，而且可以保证有效粘结面积，防止连通空腔存在，从而增加系统的抗风荷载和地震荷载的能力，而整个系统的柔性构造也有利于提升抵抗地震荷载的能力。

8.3.3 设置轻质柔性找平过渡层的作用

1.提高系统抵抗热应力的能力

在硬泡聚氨酯面层设置不小于20mm厚的轻质柔性找平过渡层，相当于在尺寸稳定性比较差的硬泡聚氨酯面层设置了一个热应力分散层。

硬泡聚氨酯封闭在孔中的气体压力随环境温度的变化而变化，如果泡壁的结构强度较小，其宏观尺寸会因孔中气体压力变化而产生低温收缩或高温膨胀，体积稳定性比较差。硬泡聚氨酯保温材料受使用环境温度变化的影响，其尺寸会发生一定的变化，尺寸变化率的大小与原料的类型、泡体的结构、芯材密度、成型工艺及发泡剂的种类等诸多因素有关。参照《硬质泡沫塑料 尺寸稳定性试验方法》GB/T 8811—2008，选取4种有代表性的硬泡聚氨酯板样品，经过在不同温度条件下分别进行芯材和复合板的尺寸稳定性测定，得到了表8-1～表8-4的测试结果。

常温（23℃）条件下尺寸稳定性测试结果　　表8-1

样品编号	长度尺寸变化率（%）		宽度尺寸变化率（%）		厚度尺寸变化率（%）	
	芯材	硬泡聚氨酯板	芯材	硬泡聚氨酯板	芯材	硬泡聚氨酯板
A	0.1	0.1	0	0.2	0.9	0.4
B	0.03	0.03	0	0.1	0.1	0
C	0.1	0.1	0.1	0.1	0.1	0
D	0.1	0.03	0.1	0.1	0.1	0.2

70℃条件下尺寸稳定性测试结果　　表8-2

样品编号	长度尺寸变化率（%）		宽度尺寸变化率（%）		厚度尺寸变化率（%）	
	芯材	硬泡聚氨酯板	芯材	硬泡聚氨酯板	芯材	硬泡聚氨酯板
A	0.2	0.1	0.2	0.2	12.8	7.3
B	0.3	0.2	0.5	0.1	2.1	1.0
C	0.4	0.4	0.4	0.2	0.3	0.2
D	0.3	0.2	0.3	0.2	0.4	0.5

80℃条件下尺寸稳定性测试结果　　表8-3

样品编号	长度尺寸变化率（%）		宽度尺寸变化率（%）		厚度尺寸变化率（%）	
	芯材	硬泡聚氨酯板	芯材	硬泡聚氨酯板	芯材	硬泡聚氨酯板
A	0.4	0.4	0.6	0.3	8.0	11.1
B	0.5	0.4	0.2	0.2	2.5	1.2
C	0.5	0.3	0.3	0.2	0.3	0.2
D	0.3	0.2	0.3	0.2	0.4	1.0

-18℃条件下尺寸稳定性测试结果　　表8-4

样品编号	长度尺寸变化率（%）		宽度尺寸变化率（%）		厚度尺寸变化率（%）	
	芯材	硬泡聚氨酯板	芯材	硬泡聚氨酯板	芯材	硬泡聚氨酯板
A	0.1	0.03	0.1	0.03	1.4	0.8
B	0.1	0.1	0.1	0.2	0.3	0.1
C	0.2	0	0.03	0.1	0.1	0.3
D	0.03	0.03	0.1	0.1	2.7	0.1

从表8-1～表8-4可以看出，无论是常温、高温还是低温状态下，硬泡聚氨酯板的尺寸稳定性都比较差，不仅其芯材的尺寸变化比较大，就是增加了

保护层的硬泡聚氨酯板虽然尺寸稳定性比芯材要好一些，但尺寸变化也比较大，特别是在厚度方向上更加不稳定。在常温状态下，硬泡聚氨酯板在各个方向上的尺寸变化率一般在0.1%左右；但在70～80℃，硬泡聚氨酯板在各个方向上的尺寸变化率就达到0.2%～0.5%，极端情况下还超过了10%；在低温（-18℃）时，硬泡聚氨酯板在各个方向上的尺寸变化率也在0.1%左右，极端情况下可达到1%。由此可见，硬泡聚氨酯板的尺寸受温度变化影响较大，在有水泥基聚合物砂浆包裹处理后，其尺寸变化略微受到一些限制，但仍然变化比较大。

在寒冷地区的外保温系统中，保温板外侧若仅有薄抹面层进行保护，那么保温板外表面的温度夏季可达到50℃左右，冬季可降到-10℃左右，温差在60℃左右。保温板随着温度的升高或降低，就会产生比较大的膨胀或收缩。保温板受热膨胀时将产生压应力（图8-1），板缝会受到挤压，若保温板如硬泡聚氨酯板的尺寸稳定性比较差而变形量比较大时，则最终将导致板缝处起鼓，并可能引起粘结层受损脱落。保温板遇冷收缩时将产生拉应力（图8-2），板缝会被越拉越宽，若保温板如硬泡聚氨酯板的尺寸稳定性比较差而变形量比较大时，则最终会将板缝处拉裂，这样也会使水和风进入粘结层而使粘结受到影响，在一定程度上引起板材脱落。

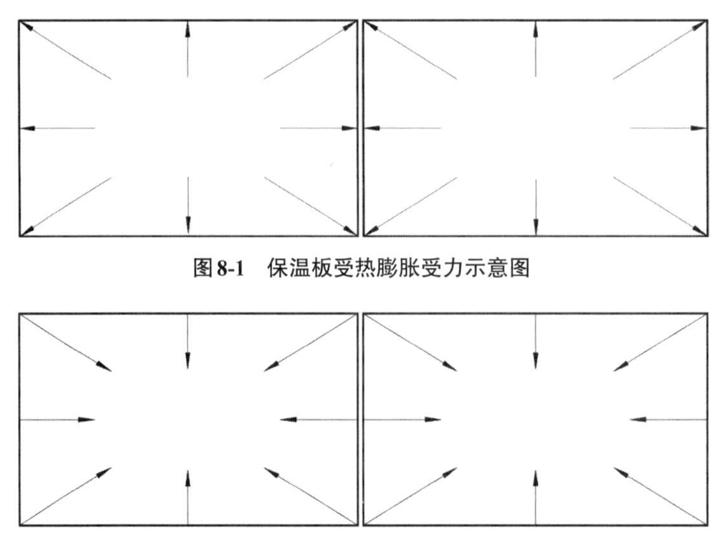

图8-1　保温板受热膨胀受力示意图

图8-2　保温板遇冷收缩受力示意图

硬泡聚氨酯板导热系数很低。一般来说，保温板导热系数越低，热量就越难传递分散到其内部，这就造成保温板外表面的热量过于集中，使得保温板内外表面温差加大。保温板两侧温差越大，保温板的变形也就越大，对其外表面防护层材料的性能要求也就会越高，若在保温板与其防护层之间增加找平过渡层，找平过渡层材料导热系数界于保温板与防护层之间，形成热应力分散构造，可减少相邻材料导热系数差，降低保温板外表面温度，减小保温板的变形量，缓解保温板对防护层的影响，延长防护层的寿命。

1）针对硬泡聚氨酯板的以下4种典型做法，同时在同一墙面上做样板墙对比，测试各构造层的温度时，得到了表8-5所示的结果：

（1）粘贴硬泡聚氨酯板薄抹灰做法（简称薄抹灰做法）。

（2）粘贴硬泡聚氨酯板双层玻纤网做法（简称挂双网做法）。

（3）粘贴硬泡聚氨酯板胶粉聚苯颗粒浆料抹灰做法（简称胶粉聚苯颗粒浆料找平过渡层做法）。

（4）粘贴硬泡聚氨酯板玻化微珠保温砂浆抹灰做法（简称玻化微珠保温砂浆找平过渡层做法）。

硬泡聚氨酯板外保温构造做法各构造层温度测试值　　表8-5

构造做法	外保温墙外表面温度（℃）	抗裂防护层外表面温度（℃）	硬泡聚氨酯板外表面温度（℃）	硬泡聚氨酯板内表面温度（℃）
薄抹灰做法	67.25	70.00	70.70	29.95
挂双网做法	70.10	72.30	71.35	28.15
胶粉聚苯颗粒浆料找平过渡层做法（找平过渡层厚度10mm）	69.35	69.15	64.60	29.40
玻化微珠保温砂浆找平过渡层做法（找平过渡层厚度10mm）	68.85	69.80	66.60	28.30

2）从表8-5可以看出：

（1）不同构造做法中各构造层的最高温度均出现在抗裂防护层外表面。

（2）薄抹灰做法和挂双网做法的硬泡聚氨酯板外表面温度与抗裂防护层外表面温度差不多，相差约1℃，而在硬泡聚氨酯板外表面增加10mm厚轻质保温砂浆找平过渡层后，硬泡聚氨酯板外表面温度可比抗裂防护层外表面温度降低3℃以上（胶粉聚苯颗粒浆料的导热系数低于玻化微珠保温砂浆，硬泡聚氨酯板外表面降低的温度更多一些），若再加厚轻质保温砂浆找平过渡层，则硬泡聚氨酯板外表面温度降低幅度会更大，这样就可有效缓解硬泡聚氨酯板因温度变化而产生的变形，从而确保整个构造做法的稳定性。

（3）硬泡聚氨酯板内表面温度比较稳定，昼夜温差仅4℃左右，这样主体结构墙体就能处于一个比较稳定的温度环境内，确保了主体结构稳定性。

观察4种做法的样板墙外观发现，在短期内，采用薄抹灰做法时，墙面都可见明显的板缝变形现象，而挂双网做法次之，也能见到较明显的板缝（图8-3）。增加有轻质保温砂浆找平过渡层的做法均未观察到板缝（图8-4），墙面平整度比较好，墙面也未出现裂缝。可见，在硬泡聚氨酯板面层增加一定厚度的轻质保温砂浆找平过渡层作为热应力分散层可有效防止板缝开裂，轻质保温砂浆找平过渡层作为热应力分散层是硬泡聚氨酯板应用于外保温工程不可缺少的构造层。但经过长期观察后发现，采用胶粉聚苯颗粒浆料找平过渡层时的效果明显优于玻化微珠保温砂浆找平过渡层，原因是玻化微珠保温砂浆是非柔性的，其自身的抗裂性能比较差。因此，热应力分散构造层材料自身的性能也会影响到该构造层的功能。

（a）挂双网做法

（b）薄抹灰做法

图8-3　薄抹灰做法和挂双网做法试验墙外观

（a）玻化微珠保温砂浆找平过渡层做法

（b）胶粉聚苯颗粒浆料找平过渡层做法

图8-4　增加轻质保温砂浆找平过渡层的试验墙外观

2.提高系统抵抗水相变的能力

在硬泡聚氨酯面层设置不小于20mm厚的轻质柔性找平过渡层，并结合抗裂防护层中的高分子弹性防水涂层，可构成水分散构造层，可阻止液态水进入，并有利于系统中的气态水分排出，使外保温系统具有良好的排湿防水功能。

由于硬泡聚氨酯的防水性能很好，但透气性差，不利于水分的迁移和排除。在硬泡聚氨酯保温层表面增设水分散构造层（即胶粉聚苯颗粒浆料找平层），使其具有优异的传湿和调湿双重功效，能自动调节系统内部水分迁移，增强系统的呼吸性。胶粉聚苯颗粒浆料具有优异的吸湿、调湿、传湿性能，使硬泡聚氨酯系统水蒸气渗透能力有了进一步的提升，不会在硬泡聚氨酯表面出现冷凝现象，特别是在严寒和寒冷地区可避免冻胀破坏。

在硬泡聚氨酯表面抹一层胶粉聚苯颗粒浆料，形成水分散透气构造，这一构造能够吸收保温板因透气性差在露点位置产生的冷凝水，确保系统内不存在流动的液态水。系统内部水蒸气向外排放遇到外界较低温度而在抗裂层内侧产生的冷凝水，可被胶粉聚苯颗粒浆料层及时吸收并在内部分散，然后通过胶粉聚苯颗粒浆料良好的透气性，适时将分散的冷凝水以气态形式散发出去，实现含水量自平衡，避免液态水聚集后产生的三相变化破坏力，提高系统粘结性能和呼吸功效，从而保证外墙外保温工程的稳定性和安全性。

3.提高系统抵抗火灾攻击的能力

氧指数是反映材料燃烧性能的一项指标，在对4种有代表性的硬泡聚氨酯板样品进行氧指数测试时，得到表8-6所示的结果。

硬泡聚氨酯板氧指数测试结果 **表8-6**

样品编号	氧指数（%）	是否达到B_1级要求
a	21.5	否
b	28.3	否
c	29.7	否
d	30.3	是

从表8-6可以看出，硬泡聚氨酯板的氧指数要想达到燃烧性能等级B_1级的要求还是比较困难的，4种样品中仅d样品刚好满足要求，而a样品的氧指数连燃烧性能等级B_2级26%的要求也未达到。由于聚氨酯是有机材料，即使其燃烧性能等级达到了B_1级的要求，在大火作用下也极易被点燃，在其面层加上一薄层水泥基聚合物砂浆保护层后，同样也易被大火攻击。

燃烧竖炉试验表明，在硬泡聚氨酯面层增加不小于20mm厚的不燃胶粉聚苯颗粒浆料找平过渡层，可显著提高系统的抗火能力。燃烧竖炉试验按照《建筑材料难燃性试验方法》GB/T 8625—2005的规定进行，其中甲烷气的燃烧功率约为21kW，火焰温度约为900℃，火焰加载时间为20min。沿试件高度中心线每隔200mm应设置1个接触防火保护层的保温层温度测点，如图8-5所示。试验过程中，施加的火焰功率恒定，热电偶5号、6号的区域为试件的受火区域。

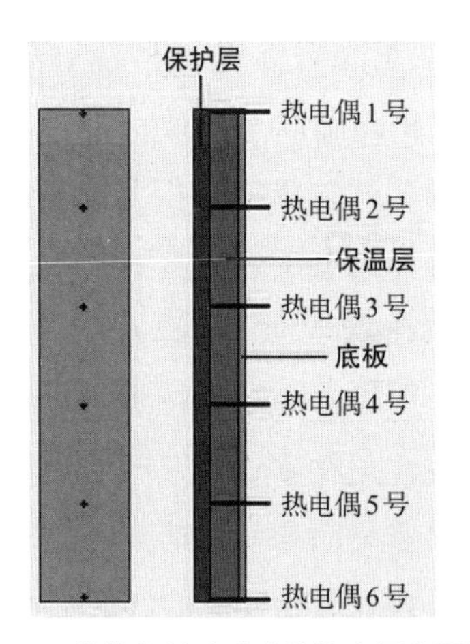

图8-5　燃烧竖炉试验试件热电偶布置图

采用A级胶粉聚苯颗粒浆料作为硬泡聚氨酯板外表面的找平过渡层，按照表8-7的构造要求制作试件，进行燃烧竖炉试验后，得到了表8-8所示的测试结果，试件剖开后的状态见图8-6。

硬泡聚氨酯板燃烧竖炉试验试件构造要求　　表8-7

试件编号	胶粉聚苯颗粒浆料找平过渡层厚度（mm）	抗裂层+饰面层厚度（mm）	硬泡聚氨酯板厚度（mm）	底板厚度（mm）
PU-1	0	5	30	20
PU-2	10	5	30	20
PU-3	20	5	30	20
PU-4	30	5	30	20

硬泡聚氨酯板各试件燃烧竖炉试验测试结果　　表8-8

编号	热电偶测点最高温度（℃）						燃烧剩余长度（mm）
	热电偶6号	热电偶5号	热电偶4号	热电偶3号	热电偶2号	热电偶1号	
PU-1	453.0	566.9	428.8	216.4	121.8	81.3	350
PU-2	92.2	386.5	330.1	95.4	91.3	74.4	500
PU-3	102.5	192.2	91.1	94.7	94.0	71.8	750
PU-4	96.3	95.0	45.1	95.9	34.5	31.2	1000

从燃烧竖炉试验结果可以看出：随着找平过渡层厚度的增加，保温层测点的温度呈降低趋势，而保温层的烧损长度也随之减小。在没有专设的找平过渡层时，硬泡聚氨酯板的燃烧剩余长度仅为350mm；增加10mm厚的胶粉聚苯颗粒浆料找平过渡层后，硬泡聚氨酯板的燃烧剩余长度为500mm，刚好达到原长度的一半；而胶粉聚苯颗粒浆料找平过渡层厚度增加到20mm时，硬泡聚

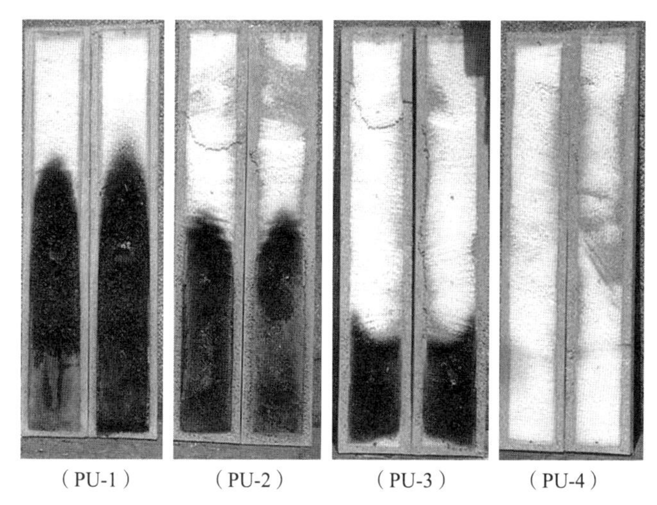

图8-6　燃烧竖炉试验后各试件剖开状态

氨酯板的燃烧剩余长度超过750mm；胶粉聚苯颗粒浆料找平过渡层厚度增加到30mm时，硬泡聚氨酯板的燃烧剩余长度为1000mm，即基本上无烧损。综合考虑经济、施工及其他因素，硬泡聚氨酯板面层的找平过渡层厚度不宜低于20mm。该找平过渡层在防火方面体现的就是防火保护层的功能。

8.4 近零能耗建筑技术应用

8.4.1 双层硬泡聚氨酯板贴砌构造

根据国家标准《近零能耗建筑技术标准》GB/T 51350—2019的规定，居住建筑和公共建筑的非透光外墙平均传热系数应满足表8-9的要求。

近零能耗建筑非透光外墙的平均传热系数　　表8-9

类型	传热系数 K [W/（m^2·K）]				
	严寒地区	寒冷地区	夏热冬冷地区	夏热冬暖地区	温和地区
居住建筑非透光外墙	0.10～0.15	0.15～0.20	0.15～0.40	0.30～0.80	0.20～0.80
公共建筑非透光外墙	0.10～0.25	0.10～0.30	0.15～0.40	0.30～0.80	0.20～0.80

从表8-9可以看出，要达到近零能耗的设计要求，各气候区对非透光外墙的平均传热系数限值要求都是比较低的，因此所需要的保温层厚度是比较大的。因此，从安全角度考虑，应用于近零能耗建筑外墙保温工程时，宜采用满粘贴的双层保温板贴砌构造做法，且硬泡聚氨酯板规格宜为600mm×450mm，上下两层保温板应错缝，两粘结层的厚度宜为15～20mm，板缝宽度宜为15～20mm，找平过渡层厚度宜为20～30mm，锚栓数量不应少于6个/m^2，第

二层硬泡聚氨酯板之间宜每层楼设置一道同厚度的增强竖丝岩棉复合板的防火隔离带，防火隔离带宽度宜为450mm。基本构造见图8-7。

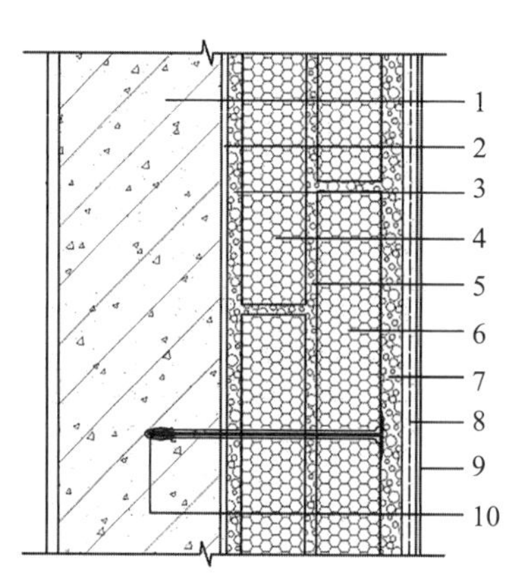

图8-7 贴砌硬泡聚氨酯板系统近零能耗构造

1—基层墙体；2—界面砂浆；3—胶粉聚苯颗粒贴砌浆料；4—硬泡聚氨酯板；5—胶粉聚苯颗粒贴砌浆料；6—硬泡聚氨酯板；7—胶粉聚苯颗粒贴砌浆料；8—抗裂砂浆复合玻纤网；9—涂装材料；10—锚栓

8.4.2 技术优势

1.可提高系统抵抗火灾攻击的能力

采用硬泡聚氨酯作为保温层时，随着厚度的增加，其燃烧总释放热量也同时增加，这样，一旦发生火灾，其释放的热量也比普通保温要高上许多，因而其火灾风险也比普通保温要高很多。

要达到近零能耗建筑对火反应要求，不能采用存在空腔的点框粘构造做法，空腔的存在极易形成引火通道而加速火灾蔓延，最安全的做法就是采用双层保温板贴砌做法，这种做法将每一块可燃的有机保温板的六面都用15～20mm厚的不燃胶粉聚苯颗粒浆料保护着，形成防火分仓构造，有效地阻止了火焰的攻击和蔓延。同时，有机保温板面层应采用20～30mm厚的找平过渡层，以起到了很好的防火保护作用，降低有机保温层过厚而存在的火灾风险。

2.可提高系统的抵抗风荷载和地震荷载的能力

近零能耗外墙的保温层厚度比普通外墙保温的保温层厚度增加了一倍有余，因而在垂直方向上的荷载也有一定的增加，同时受力中心点距离外墙基层墙面的距离（保温层的力臂）也增加不少，这对其抵抗风荷载和地震荷载是很不利的。采用双层保温板贴砌做法，将保温板一层一层地叠加粘贴起来，改变了整体受力的方式，贴砌做法实现了保温板与基层墙体以及保温板与保温板之间的无空腔满粘贴，不存在空腔，阻断了负风压产生的条件，减小了负风压的影响。同时，保温板叠加粘贴，减小了保温层的力臂，不存在悬挑构造，形成了柔性的软连接构造，可减缓地震力的影响。

8.5 保险风险系数分析

依据中国建筑节能协会团体标准《建筑外墙外保温工程质量保险规程》T/CABEE 001—2019，可对技术优化前后的硬泡聚氨酯板外墙外保温系统构造进行评价，由于优化前后的主要差异点在构造设计上，而在组成材料和施工管理上均可控制一致而不存在差异，因此这里仅对构造设计的评分项进行对比。

1）技术调整后保温层材料与基层墙体的结合方式基本上是采用全面积粘贴，其风险评价得分值可由16分提高到25分（见该标准第4.2.2条）。

2）技术调整后设置有厚度不低于20mm的胶粉聚苯颗粒浆料找平过渡层，其风险评价得分值可由0分或16分提高到20分（见该标准第4.2.3条）。

3）技术调整后增加找平过渡层可提高系统的热工性能，其风险评价得分值可由16分提高到25分（见该标准第4.2.4条）。

4）技术调整后外墙外保温工程防脱落和抗风荷载设计风险评价得分值可由32分提高到40分（见该标准第4.2.5条）。

5）技术调整后外墙外保温工程的防潮透气设计风险评价得分值可由12分提高到20分（见该标准第4.2.6条）。

6）技术调整后防火隔离带材料选择风险评价得分值可由0分提高到20分（见该标准第4.2.8条）。

从以上分析可以看出，优化后评价得分显著提升，有效地降低了质量风险。要全面采用优化后的技术方案，在硬泡聚氨酯板面层增加一层找平过渡层，并采用闭合小空腔粘贴、满粘贴或贴砌做法，则需要对现有的国家标准、行业标准进行调整，改变薄抹灰的思路，优化硬泡聚氨酯外保温的构造，并统一材料技术指标。若要实施近零能耗技术标准，更不能采用薄抹灰构造，由于保温层厚度的增加，其抗风荷载、抗地震力、抗火能力都会显著减弱，风险很高。因此，很有必要对现有的国家标准、行业标准进行修订，向零能耗标准推进，确保硬泡聚氨酯外墙外保温工程的质量、耐久性和低风险性，确保硬泡聚氨酯外墙外保温工程使用者的利益，降低质量风险，使硬泡聚氨酯外墙外保温系统的工程使用寿命提高至50年以上，为我国2030年前实现碳达峰、2060年前实现碳中和的战略目标作出一份贡献。

第9章

现浇混凝土聚苯板外保温技术与标准解析

现浇混凝土聚苯板外墙外保温系统是指将聚苯板或钢丝网架聚苯板置于外模板内侧与混凝土现浇成型后，在聚苯板或钢丝网架聚苯板外侧做抹面层、饰面层形成的外墙外保温系统，也称外模内置聚苯板现浇混凝土外墙外保温系统，按照聚苯板的构造形式可分为现浇混凝土无网聚苯板外墙外保温系统和现浇混凝土网架聚苯板外墙外保温系统两种。聚苯板按生产工艺分为模塑聚苯板（简称EPS板）和挤塑聚苯板（简称XPS板），但在实际工程应用中主要是用EPS板，XPS板很少使用，还属于探讨阶段。

目前，有关现浇混凝土聚苯板外墙外保温系统没有相应的国家标准，而行业标准主要有《外墙外保温工程技术标准》JGJ 144—2019和《建筑用混凝土复合聚苯板外墙外保温材料》JG/T 228—2015。

9.1 现行标准关键技术要求

9.1.1 材料

1.行业标准《外墙外保温工程技术标准》JGJ 144—2019

1）EPS板。

（1）保温性能优异，该标准第4.0.10条中规定其导热系数分类两档：033级不大于0.033W/（m·K），039级不大于0.039W/（m·K）；

（2）轻质，该标准第4.0.10条中规定其表观密度为18～22kg/m^3；

（3）具有一定的强度，该标准第4.0.10条中规定其垂直于板面方向抗拉强度大于等于0.10MPa；

（4）尺寸稳定性好，该标准第4.0.10条中规定其尺寸稳定性小于等于0.3%；

（5）燃烧性能等级比较高，该标准第4.0.10条中规定033级的燃烧性能等级达到B_1级；

（6）明确了EPS钢丝网架板的质量要求，包括外观、焊点质量、钢丝挑头、EPS板对接，明确了斜插腹丝的数量为100根/m^2，钢丝均应采用低碳热镀锌钢丝（见该标准第6.4.2条）。

2）抹面胶浆。

规定了比较合适的与EPS板的拉伸粘结强度，该标准第4.0.7条中，规定原强度和耐水强度（浸水48h，干燥7d）、耐冻融强度均不小于0.10MPa，且破坏发生在EPS板中。

3）玻纤网。

（1）该标准第4.0.9条中规定了玻纤网单位面积质量不小于160g/m^2；

（2）该标准第4.0.9条中规定了玻纤网的断裂伸长率经向、纬向均不大于5%。

2.行业标准《建筑用混凝土复合聚苯板外墙外保温材料》JG/T 228—2015

1）EPS板。

（1）保温性能优异，该标准第6.2.1条中规定其导热系数分类两档：033级不大于0.033W/（m·K），039级不大于0.039W/（m·K）；

（2）轻质，该标准第6.2.1条中规定其表观密度为不小于20kg/m^3；

（3）具有一定的强度，该标准第6.2.1条中规定其垂直于板面方向抗拉强度大于等于0.10MPa；

（4）尺寸稳定性好，该标准第6.2.1条中规定其尺寸稳定性小于等于0.3%；

（5）燃烧性能等级比较高，该标准第6.2.1条中规定033级的燃烧性能等级达到B_1级；

（6）明确了EPS钢丝网架板的质量要求，包括外观、焊点质量、钢丝挑头、EPS板对接、镀锌钢丝要求等（见该标准第6.2.3条）。

2）XPS板。

（1）保温性能优异，该标准第6.2.1条中规定其导热系数不带表皮的毛面板不大于0.032W/（m·K），带表皮的开槽板不大于0.030W/（m·K）；

（2）具有一定的强度，该标准第6.2.1条中规定其垂直于板面方向抗拉强度大于等于0.20MPa，压缩强度大于等于0.20MPa；

（3）吸水率低，该标准第6.2.1条中规定其体积吸水率小于等于1.5%；

（4）明确了XPS钢丝网架板的质量要求，包括外观、焊点质量、钢丝挑头、XPS板对接、镀锌钢丝要求等（见该标准第6.2.3条）。

3）轻质防火保温浆料。

（1）比较低的密度，该标准第6.3条中规定其干表观密度为250～350kg/m^3；

（2）变形性小，该标准第6.3条中规定其线性收缩率不大于0.3%；

（3）防火性能优异，该标准第6.3条中规定其燃烧性能等级为A级。

4）聚苯板界面砂浆。

分别规定了其与EPS板或XPS板的拉伸粘结强度。

5）抗裂砂浆。

（1）规定了比较合适的与轻质防火保温浆料的拉伸粘结强度，该标准第6.6条中，规定标准状态强度和浸水处理强度均不小于0.1MPa；

（2）规定了材料柔韧性，该标准第6.6条中规定压折比不大于3.0。

6）玻纤网。

（1）该标准第6.7条中规定了玻纤网单位面积质量不小于160g/m^2；

（2）该标准第6.7条中规定了玻纤网的断裂伸长率经向、纬向均不大于5%；

（3）该标准第6.7条中规定了玻纤网的耐碱断裂强力经向、纬向均不小于1000N/50mm。

9.1.2 构造

1.行业标准《外墙外保温工程技术标准》JGJ 144—2019

1）现浇混凝土无网聚苯板外墙外保温系统构造。

（1）EPS板内外表面均应满涂界面砂浆（见该标准第6.3.1条）；

（2）EPS板缺损或表面不平整处宜使用胶粉聚苯颗粒保温浆料修补和找平（见该标准第6.3.9条）；

（3）有密封和防水构造要求（见该标准第5.1.3条）。

2）现浇混凝土网架聚苯板外墙外保温系统构造。

（1）EPS钢丝网架板内外表面及钢丝网架上均应喷刷界面砂浆（见该标准第6.4.5条）；

（2）阳角及门窗洞口等处应附加钢丝角网（见该标准第6.4.8条）；

（3）EPS钢丝网架板缺损或表面不平整处宜使用胶粉聚苯颗粒保温浆料修补和找平（见该标准第6.4.11条）；

（4）有密封和防水构造要求（见该标准第5.1.3条）。

2.行业标准《建筑用混凝土复合聚苯板外墙外保温材料》JG/T 228—2015

1）设置有找平层构造（见该标准第5.1条）；

2）聚苯板内外表面均应满涂界面砂浆（见该标准第5.5条）；

3）规定了找平层的厚度要求（该标准第5.7条）。

9.2 潜在风险分析

9.2.1 材料

1.行业标准《外墙外保温工程技术标准》JGJ 144—2019

1）现浇混凝土无网聚苯板外墙外保温系统中EPS板内表面开横向凹槽，不利于浇筑的砂浆填满整个凹槽内，使EPS板与现浇混凝土的结合强度降低（见该标准第6.3.1条）；

2）039级EPS板燃烧性等级低，仅为B_2级（见该标准第4.0.10条）；

3）没有明确抹面胶浆的柔性（见该标准第4.0.6条和第4.0.7条）。

2.行业标准《建筑用混凝土复合聚苯板外墙外保温材料》JG/T 228—2015

该标准中各种材料的技术指标设计都比较合理，仅用于防火隔离带的增强竖丝岩棉复合板的技术指标设置有所欠缺：

1）增强竖丝岩棉复合板芯材的导热系数规定得过低，不符合实际情况（见该标准第6.13条）；

2）增强竖丝岩棉复合板芯材的酸度系数规定得有些低（见该标准第6.13条）；

3）增强竖丝岩棉复合板没有规定吸水率、不透水性、增强防护层水蒸气透过量、抗冲击性、拉伸粘结强度等性能指标。

9.2.2 构造

1.行业标准《外墙外保温工程技术标准》JGJ 144—2019

1）现浇混凝土无网聚苯板外墙外保温系统构造。

（1）缺少找平过渡层，仅对EPS板缺损或表面不平整处宜使用胶粉聚苯颗粒保温浆料修补和找平（见该标准第6.3.9条）；

（2）设置了水平分隔缝（见该标准第6.3.5条），变成了应力集中发生区。

2）现浇混凝土网架聚苯板外墙外保温系统构造。

（1）EPS钢丝网架板表面涂抹掺外加剂的水泥砂浆抹面（见该标准第6.4.1条），极易引起开裂；

（2）设置了水平分隔缝（见该标准第6.4.9条），变成了应力集中发生区；

（3）钢丝网架斜插腹丝形成的热桥未能很好地解决，致使整个系统的效果得不到保障，达不到节能设计要求；

（4）缺少因单面钢丝网架构造设计不合理的构造措施。正负风压、热胀冷缩、湿胀干缩、地震力等均产生两个方向的作用力，单面钢丝网架在砂浆中的位置见图9-1。该种方式的配筋对抵抗和分散a方向的应力具有良好的效果，但对抵抗和分散b、c、d三个方向的应力作用十分有限，易产生裂缝。由于抹面层砂浆的收缩以及钢丝网架在抹面层砂浆中位置不一致等原因，造成抹面层开裂的现象十分普遍。由于抹面层产生裂缝处的变形应力较大，粘贴面砖时易引起此处面砖勾缝胶产生裂缝，甚至面砖也被拉裂。如果水从裂缝处渗入还会直接对钢丝网产生锈蚀，破坏将更加严重。

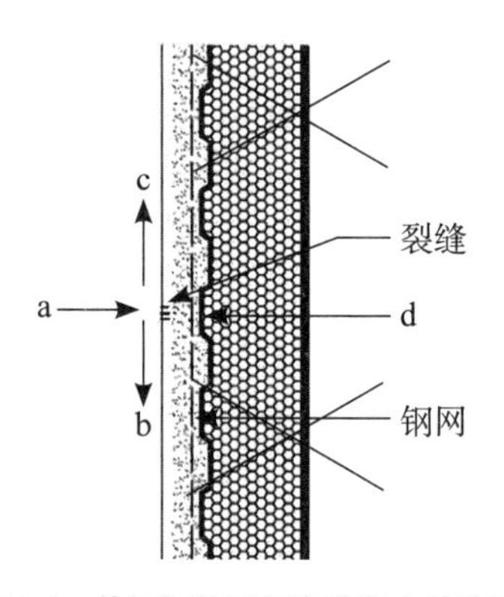

图9-1　单面钢丝网架在砂浆中的位置

2.行业标准《建筑用混凝土复合聚苯板外墙外保温材料》JG/T 228—2015

构造比较合理，不存在潜在的风险点，仅需注意个别细节即可，比如保温板材采用XPS板时应更加小心。

9.3 技术调整对防控风险的作用

9.3.1 技术调整方案

1）优化材料性能指标，各标准的材料性能指标应统一，不应随意调低材料性能指标。

2）现浇混凝土无网聚苯板外墙外保温系统中聚苯板内表面应开设竖向燕尾槽。

3）无论是现浇混凝土无网聚苯板外墙外保温系统还是现浇混凝土网架聚苯板外墙外保温系统，无论保温板选择EPS板还是XPS板，保温层面层均应有轻质柔性找平过渡层。保温板厚度小于100mm时，找平过渡层厚度不应小于20mm；保温板厚度超过100mm时，找平过渡层厚度不宜小于30mm。找平过渡层材料宜选用柔性的胶粉聚苯颗粒浆料，而不应选用硬质类保温砂浆。

4）设计有防火隔离带时，防火隔离带材料宜选用至少四面包裹的增强竖丝岩棉复合板。防火隔离带材料与相邻的聚苯板应采用辅助固定件连接固定好。

9.3.2 优化材料性能的作用

优化材料性能指标，可提高单一材料的质量，同时也有利于系统的质量，可提高系统的耐候性和耐久性，减少因材料问题出现的风险。

提高聚苯板的燃烧性能等级，可降低火灾风险。

现浇混凝土无网聚苯板外墙外保温系统中聚苯板内表面开设竖向燕尾槽有利于现浇混凝土充满整个凹槽，提高聚苯板与现浇混凝土的结合力，降低风荷载和地震风险。

明确抹面胶浆的柔性，可有效防止开裂，降低热应力影响风险。

完善防火隔离带材料的技术指标，可降低防火隔离带因热应力等影响造成的风险，也可避免不合格的材料用于防火隔离带。

9.3.3 设置轻质柔性找平过渡层的作用

1. 现浇混凝土无网聚苯板外墙外保温系统

1）可提高系统抵抗热应力的能力。

该系统做法中墙面的平整度和垂直度是较难控制的。由于现浇混凝土时是分层施工，现浇时混凝土下部的侧压力比上部大，因此每层聚苯板的下部受到的挤压力及压缩变形都比上部大，拆卸外侧模板后，聚苯板回弹时下部回弹比上部大，因此在各层聚苯板相接处均会出现上层聚苯板高出下层聚苯板的台阶，造成表面平整度差。施工时通常在绑扎聚苯板时采用上松下紧及调整模板倾角的办法来控制平整度，但其效果有限，个体差异较大，难以彻底解决问题。另外由于现浇施工表面平整度控制困难，工程通高垂直偏差较大，局部达到40～60mm。为了保证最终的平整度和垂直度，施工单位通常会对聚苯板进行打磨，这将造成聚苯板厚度不均，整个墙面的热工性能存在差异，进而造成防护面层的温度不一致，也就会造成防护面层变形不一致而引起开裂；而且，打磨还会破坏聚苯乙烯颗粒的粘结性，并产生大量粉末，从而无法保障抹面砂浆与聚苯板的粘结力。另外，还存在着利用防护面层来进行找平的问题，使得防护面层厚度不均而引起开裂。这些情况均会引起保温面层的热应力不一致，从而引起墙面开裂；墙面开裂后会引起水分进入保温层，从而影响到保温效果。

图9-2是青岛某现浇混凝土无网EPS板外墙外保温工程面层开裂的照片。从照片上可以看出面层裂缝十分明显，各个方向的裂缝都有，也存在明显的起鼓现象。

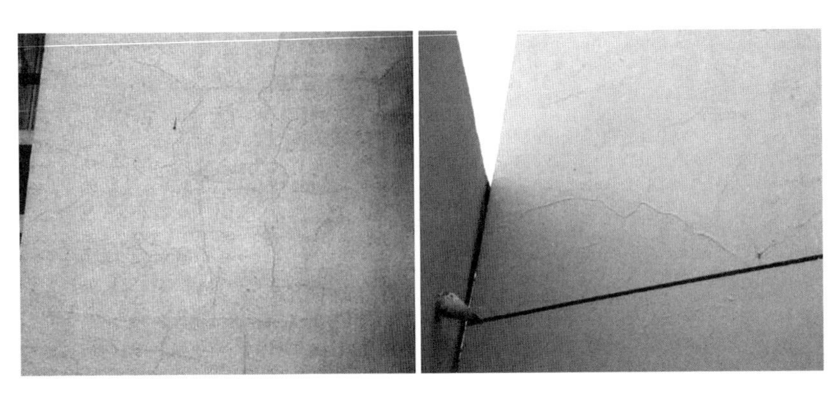

图9-2 现浇混凝土无网EPS板外墙外保温系统面层开裂

同时，由于聚苯板表面强度低，在支模和拆卸外模板时，聚苯板表面不可避免受到损坏，如阳角和外侧板的下支撑架处及穿墙螺孔等部位，混凝土在浇筑时难以避免出现漏浆而形成热桥，热桥的存在不仅会影响到墙体的热工性能，同样可能引起局部开裂。

在现浇混凝土无网聚苯板外墙外保温系统中，根据平整度及垂直度差异可采用不低于20mm厚的胶粉聚苯颗粒浆料对聚苯板外表面进行整体找平处理。该方法解决了上下层聚苯板台阶、整体平整度及垂直度问题，可以方便地对门窗洞口、施工时留下的穿墙孔、聚苯板局部破损处进行保温和修补，同时对难以避免的“热桥”可以灵活地采用胶粉聚苯颗粒浆料进行断桥处理，减小了热应力的影响，及时增加找平过渡层也可有效防止火灾发生。

板缝处是应力集中释放区，当板缝处出现台阶时由于抹面砂浆在此处存在厚度差异，易产生裂缝，当设置有防火隔离带时风险更大。采用胶粉聚苯颗粒浆料整体找平后，起到了均质化作用，消除了热应力的影响，避免了板缝易开裂的问题，具有良好的抗裂性能。

图9-3是青岛某工程同一工地、同一施工队、同一建筑构造外保温工程对比。其中图9-3（a）是浇筑EPS板后将EPS板不平整处打磨，然后在EPS板上直接抹抗裂砂浆复合玻纤网格布。该工程出现了较为严重的裂缝。图9-3（b）是浇筑EPS板后采用胶粉聚苯颗粒浆料找平，然后抹抗裂砂浆复合玻纤网格布，该工程未出现裂缝。

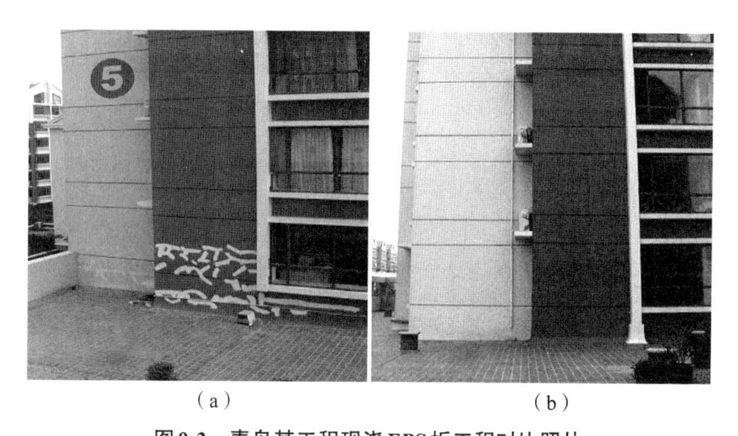
（a）　　　　　　　　　　　　（b）

图9-3　青岛某工程现浇EPS板工程对比照片

（a）未用胶粉聚苯颗粒浆料找平（开裂）；（b）采用胶粉聚苯颗粒浆料找平（未开裂）

2）可提高系统抵抗火灾攻击的能力。

采用《外墙外保温工程技术标准》JGJ 144—2019标准中规定的构造时，由于聚苯板面层的防护层厚度不足20mm，在受到外部火源攻击时，聚苯板被点燃的概率非常大（图9-4），即使设置了相应的防火隔离带，也难以完全阻止火势的蔓延。而设置了不低于20mm厚的胶粉聚苯颗粒浆料找平过渡层，则可很好地抵抗火灾攻击，起到防火保护层的作用。

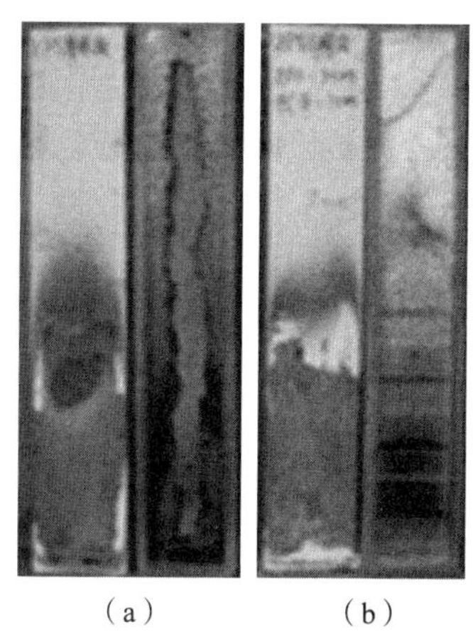
（a）　　　　（b）

图9-4　EPS板试件遭受火焰攻击后表面及其剖开面照片

（a）EPS板表面有5mm厚保护层；（b）EPS板表面有15mm厚保护层

3）可提高系统抵抗水相变的能力。

在聚苯板面层设置不小于20mm厚的轻质柔性找平过渡层，并结合抗裂防护层的高分子弹性防水涂层，可构成水分散构造层，可阻止液态水进入，并有利于系统中的气态水分排出，使外保温系统具有良好的排湿防水功能。

若聚苯板采用XPS板时，由于XPS板的防水性能很好，但透气性差，不利于水分的迁移和排出。在XPS板保温层表面增设水分散构造层（即胶粉聚苯颗粒浆料找平层），使其具有优异的传湿和调湿双重功效，能自动调节系统内部水分迁移，增强系统的呼吸性。胶粉聚苯颗粒浆料具有优异的吸湿、调湿、传湿性能，使保温系统水蒸气渗透能力有了进一步的提升，不会在XPS板表面出现冷凝现象，特别是在严寒和寒冷地区可避免冻胀破坏。

在XPS板表面抹一层胶粉聚苯颗粒浆料，形成水分散透气构造，这一构造能够吸收保温板因透气性差在露点位置产生的冷凝水，确保系统内不存在流动的液态水。系统内部水蒸气向外排放遇到外界较低温度而在抗裂层内侧产生的冷凝水，可被胶粉聚苯颗粒浆料层及时吸收并在内部分散，然后通过胶粉聚苯颗粒浆料良好的透气性，适时将分散的冷凝水以气态形式散发出去，实现含水量自平衡，避免液态水聚集后产生的三相变化破坏力，提高系统粘结性能和呼吸功效，从而保证外墙外保温工程的稳定性和安全性。

2.现浇混凝土网架聚苯板外墙外保温系统

1）可提高系统抵抗热应力的能力。

（1）降低热桥影响。

表9-1是用聚合物水泥砂浆找平EPS钢丝网架板和用胶粉聚苯颗粒浆料找平EPS钢丝网架板时的热阻对比试验结果。EPS钢丝网架板的斜插腹丝与EPS板面层的钢丝网焊接在一起，并与基层墙体生根，因此，在EPS板表面找平层与墙体之间不可避免地会产生很大的热桥，使EPS钢丝网架板的实际保温效果下降，同时也增大了热应力。中国建筑科学研究院根据三维传热理论研究证实，每根ϕ2mm的钢丝将造成30～50mm区域内的局部热桥，EPS钢丝网架板的保温效果将下降50%左右，在中国建筑科学研究院进行的热阻测试结果也证实了上述计算结果。

EPS钢丝网架板复合不同找平材料时的热工性能　　表9-1

找平材料	聚合物水泥砂浆	胶粉聚苯颗粒浆料
基本构造	30mm水泥砂浆作为墙体+50mmEPS钢丝网架板（嵌有50mm×50mm规格的钢丝网）+20mm聚合物水泥砂浆找平层+3mm抗裂砂浆压耐碱网布	30mm水泥砂浆作为墙体+50mmEPS钢丝网架板（嵌有50mm×50mm规格的钢丝网）+20mm胶粉聚苯颗粒浆料+3mm抗裂砂浆压耐碱网布
热阻	0.65m^2·K/W	0.94m^2·K/W
传热系数	1.25W/（m^2·K）	0.92W/（m^2·K）

从表9-1可以看出，采用不保温的聚合物水泥砂浆找平EPS钢丝网架板时，表面热量可通过斜插钢丝传递，降低了保温材料的保温效果。而采用胶粉

聚苯颗粒浆料找平时，可有效地阻断斜插钢丝造成的热桥影响，提高墙体的保温效果，也降低了系统的热应力，起到了抵抗热应力的效果。

（2）避免采用水泥砂浆找平而引起的开裂问题。

钢丝网架聚苯板表面涂抹掺外加剂的水泥砂浆抹面，抹灰层厚度将至少在20mm。水泥砂浆自身易产生各种收缩变形而开裂，增加厚度时，更容易开裂。掺入聚合物时，可以改变水泥砂浆的柔性，起到相应的防裂效果，但若掺入量太少，砂浆柔性不够，也易开裂；但若加大掺入量，则会显著提高成本，经济效益极差，不具有可操作性。钢丝网架聚苯板中钢丝网片的网格比较大，钢丝的刚度也比较大，对应力的分散作用不大，因此是无法消除抹面层开裂现象的。

在现浇混凝土网架聚苯板外墙外保温系统中，采用普通水泥砂浆或聚合物水泥砂浆抹面时，其厚度将达到20～60mm，较大的厚度将降低该构造层的柔性，对热应力的释放不利而引起开裂。另外，由于钢丝网架聚苯板在浇筑过程中整个墙面的平整度和垂直度难以准确控制，这就会使抹面层厚度不均，造成抹面层局部收缩和温差应力不一致，从而因热应力作用引起开裂。由于普通水泥砂浆或聚合物水泥砂浆构造层处于钢丝网架聚苯板保温层外侧，将受到室外环境温度变化的影响而产生较大变形，在这种室外环境温度长期影响的作用下，会使普通水泥砂浆或聚合物水泥砂浆产生疲劳变形而开裂。

采用至少20mm厚的普通水泥砂浆或聚合物水泥砂浆对钢丝网架聚苯板进行找平抹面后，抹面层与钢筋混凝土基层墙体将聚苯板夹在中间形成了类似夹芯保温的构造，而夹芯保温易开裂在中国建筑工业出版社出版的《外保温技术理论与应用》第2章中已有论述，这种构造会造成外叶砂浆层长期处于不稳定的温度环境中，从而不可避免地出现开裂。

北京广安门地区某工程采用的是现浇混凝土网架EPS板外墙外保温做法，工程经过几年的风吹雨打后，因热应力影响面层出现了大量裂缝和爆皮现象，如图9-5所示。

北京望京地区某高层建筑同样采用了现浇混凝土网架EPS板外墙外保温做法，饰面层既有涂料，也有面砖，但没过几年，因为热应力的影响，涂料饰面做法整个墙面均存在各种类型的裂缝，而面砖饰做法也存在将饰面砖拉裂的裂缝，如图9-6所示。

采用普通水泥砂浆或聚合物水泥砂浆对钢丝网架聚苯板进行找平抹面后，若想以采用粘贴面砖的方法来掩饰裂缝也很难做到，由于保温层外表面年温差最高可达80℃以上，保温层两侧的变形又不一致，钢丝网架外侧的抹面层砂

图9-5 现浇混凝土网架EPS板外墙外保温工程面层开裂爆皮

图9-6 现浇混凝土网架EPS板外墙外保温工程涂料饰面开裂、面砖拉裂案例

浆强度过高，不可避免地会造成开裂现象，而且巨大的变形应力还会将饰面层粘贴的面砖拉裂，甚至造成面砖脱落。

图9-7为内蒙古呼和浩特某工程的照片，该工程采用了现浇混凝土网架EPS板外墙外保温做法，采用水泥砂浆找平钢丝网架，饰面层粘贴面砖，形成了典型的夹芯保温构造。该工程刚投入使用就出现了饰面砖被拉裂、饰面砖脱落现象。

图9-7 现浇混凝土网架EPS板外墙外保温工程面砖拉裂、脱落案例

用具有很好的柔韧性的胶粉聚苯颗粒浆料作为钢丝网架聚苯板外表面的找平过渡层材料，避免形成不合理的夹芯保温构造，使这个系统真正成为完全柔性的外保温构造，可以消纳热应力的影响，可在一定程度上提高系统的抗裂性能；同时，在胶粉聚苯颗粒浆料外表面还有抗裂砂浆复合玻纤网或热镀锌电焊网构造进行防裂，玻纤网或热镀锌电焊网与聚苯板上的钢丝网片形成的双网构造，完全能够消除和抵抗住各个方向存在的热应力破坏，使整个系统具有很好的抗裂性能，可有效防止裂缝的产生，可确保饰面层不出现开裂现象，并可放心地粘贴面砖。

2）可提高系统消减地震等荷载的破坏力。

采用胶粉聚苯颗粒浆料代替聚合物水泥砂浆可降低钢丝网架聚苯板面层荷载。聚合物水泥砂浆与胶粉聚苯颗粒浆料的干密度相差很大，而其粘结强度差值相对较小，由表9-2可以看出胶粉聚苯颗粒浆料具有更好的抗剪切力，这种轻质柔性构造有利于消减地震荷载的破坏力。

胶粉聚苯颗粒浆料及聚合物水泥砂浆的干密度与粘结强度比　　　表9-2

材料 \ 性能	干密度（kg/m^3）	粘结强度（MPa）	粘结强度/干密度
胶粉聚苯颗粒浆料	300	0.12	4.0×10^{-4}
聚合物水泥砂浆	1800	0.4	2.2×10^{-4}
胶粉聚苯颗粒浆料与聚合物水泥砂浆的粘结强度/干密度的比值			1.82

从力矩的角度来分析，对于北京地区，按实现节能65%的要求，采用20mm厚聚合物水泥砂浆找平与用20mm厚胶粉聚苯颗粒浆料找平时所需钢丝网架聚苯板的厚度及找平层通过斜插丝相对基层墙体的力矩见表9-3。

钢丝网架聚苯板找平层力矩计算　　　表9-3

项目	胶粉聚苯颗粒浆料找平	聚合物水泥砂浆找平
聚苯板厚度（mm）	75	90
干密度（kg/m^3）	300	1800
20mm找平层质量（kg/m^2）	6	36
力矩（N·m）	4.5	32.4

从表9-3可以看出，若采用聚合物水泥砂浆找平，所需钢丝网架聚苯板厚度会比采用胶粉聚苯颗粒浆料找平时大，因而力矩增加更加明显，这给整个保温系统的稳定性带来不良影响，若再贴面砖，荷载将更大，所产生的力矩也更大，稳定性将更差，抵抗地震力的影响能力也越差。

采用胶粉聚苯颗粒浆料找平，每平方米荷载将降低30kg，力矩降低也很明显，可显著提高系统的稳定性，即使粘贴面砖也可确保完全，对抵抗地震力十分有利。由于聚苯板上的钢丝网片对于外部的单向冲击力有一定的抵抗能力，而对于由热胀冷缩、正负风压、干湿循环、地震力等因素所产生的多方向破坏力的作用比较小，若再加一层钢丝网或玻纤网采取双向配筋的做法则能比较显著地消除和抵抗住这种多向存在的破坏力，因此粘贴面砖时必须在找平层外面再加一层热镀锌电焊网或耐碱玻纤网，并用塑料锚栓锚固将面层荷载传递到基层墙体上。

同时设置轻质柔性找平过渡层可解决系统因荷载过大而产生的挤压开裂。在现浇混凝土网架聚苯板外墙外保温工程中，由于平整度较差，抹面层很厚，采用聚合物水泥砂浆找平钢丝网架聚苯板外侧时每平方米荷载可高达80kg甚至100kg以上，在这样的荷载长期作用下钢丝网架聚苯板会产生徐变，使整个硬质面层产生重力挤压造成裂缝。而采用胶粉聚苯颗粒浆料进行找平时，每平方米荷载仅为聚合物水泥砂浆的1/6，只有15kg左右，挤压变形也将得到缓解。

9.4 近零能耗建筑技术应用

根据国家标准《近零能耗建筑技术标准》GB/T 51350—2019的规定，要达到近零能耗的设计要求，各气候区对非透光外墙的平均传热系数限值要求都是比较低的，因此所需要的保温层厚度是比较大的。采用聚苯板作为保温层时，随着厚度的增加，其燃烧热值也同时增加，这样，一旦发生火灾，其释放的热量也比普通保温要高上许多，因而其火灾风险也比普通保温要高很多。除了按规定设置防火隔离带外，聚苯板面层的找平过渡层厚度不应小于30mm，见图9-8；若聚苯板现浇后还需再进行补充保温，则宜选用贴砌聚苯板构造，聚苯板面层的找平过渡层厚度也不应小于30mm，见图9-9。只有通过找平过渡层的增强，才能起到很好的防火保护作用，从而降低因聚苯板过厚而存在的火灾风险。

9.5 保险风险系数分析

依据中国建筑节能协会团体标准《建筑外墙外保温工程质量保险规程》T/CABEE 001—2019，可对技术优化前后的现浇混凝土聚苯板外墙外保温系统

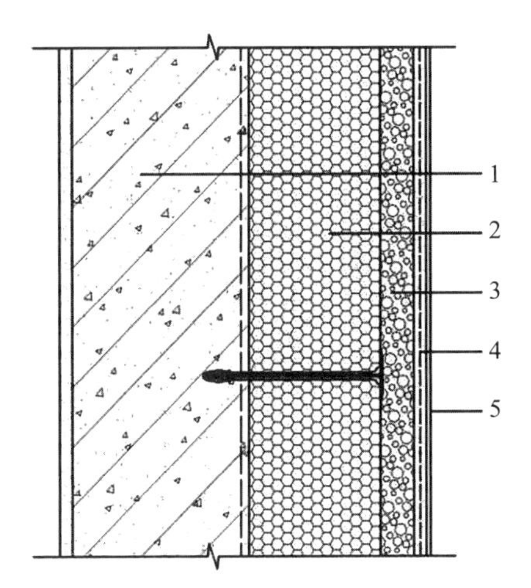

图9-8　现浇混凝土聚苯板近零能耗构造一

1—现浇混凝土墙；2—聚苯板；3—≥30mm厚胶粉聚苯颗粒贴砌浆料；4—抗裂砂浆复合玻纤网；5—涂装材料

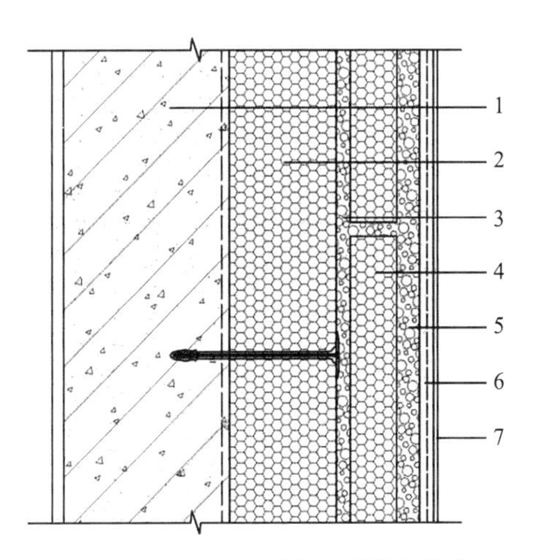

图9-9　现浇混凝土聚苯板近零能耗构造二（复合贴砌聚苯板构造）

1—现浇混凝土墙；2—聚苯板；3—胶粉聚苯颗粒贴砌浆料；4—聚苯板；5—≥30mm厚胶粉聚苯颗粒贴砌浆料；6—抗裂砂浆复合玻纤网；7—涂装材料

构造进行评价，由于优化前后的主要差异点在构造设计上，而在组成材料和施工管理上均可控制一致而不存在差异，因此这里仅对构造设计的评分项进行对比。

1）技术调整后设置有厚度不低于20mm的胶粉聚苯颗粒浆料找平过渡层，其风险评价得分值可由0分或16分提高到20分（见该标准第4.2.3条）。

2）技术调整后增加找平过渡层可提高系统的热工性能，其风险评价得分值可由16分提高到25分（见该标准第4.2.4条）。

3）技术调整后外墙外保温工程的防潮透气设计风险评价得分值可由12分提高到20分（见该标准第4.2.6条）。

4）技术调整后防火隔离带材料选择风险评价得分值可由0分提高到20分（见该标准第4.2.8条）。

从以上分析可以看出，优化后评价得分显著提升，有效地降低了质量风险，可在以后的标准修订中广泛推广采用。

锦州宝地曼哈顿项目外墙外保温工程（图9-10）于2010年开工，2011年开始陆续竣工。该工程采用的是现浇混凝土无网EPS板外墙外保温系统，保温总面积约400多万m^2，在保温层和抗裂防护层之间有20mm厚的胶粉聚苯颗粒浆料进行找平过渡层，符合优化后的保温构造。该项目的保温墙体已正常使用近十年，未发现开裂、空鼓、渗漏、饰面脱落等现象。

图9-10 锦州宝地曼哈顿现浇混凝土无网EPS板工程

青岛鲁信长春花园共计99栋楼，建筑面积大约99万m^2，外墙外保温工程（图9-11）采用的是现浇混凝土网架EPS板外墙外保温系统。该工程采用EPS钢丝网架板与混凝土现浇一次成型，并用胶粉聚苯颗粒浆料对钢丝网架进行找平过渡，提高了系统的防火透气及抗裂功能，有效解决了抹聚合物水泥砂浆易开裂、损坏等问题，并且减轻了面层荷载，阻断了由斜插丝产生的热桥。抗裂防护层采用抗裂砂浆复合热镀锌电焊网，由塑料锚栓锚固于基层墙体，抗震性能好；饰面层采用的专用面砖粘结砂浆及面砖勾缝料均具有粘结力强、柔韧性好、抗裂防水效果好的特点。该工程经过多年的使用，质量稳定，未出现开裂及脱落现象。

图9-11 青岛鲁信长春花园现浇混凝土网架EPS板贴面砖工程

从实际工程应用中可以看出，采用优化的保温构造做法比较科学，相应的技术指标也比较合理，工程质量很稳定，出现工程质量问题的风险很低。因此，对不合理的标准进行修订是必要的，这样虽然有可能增加成本，但从长远来看，实际上是降低成本的，而工程质量却得到了保障，外保温工程使用寿命也可延长至50年以上，而外保温工程的节能水平也可达到近零能耗甚至零能耗标准的要求，从而有利于我国2030年前实现碳达峰、2060年前实现碳中和的政策目标。

第10章

酚醛板薄抹灰外保温技术与标准解析

酚醛泡沫塑料保温板简称酚醛板（为保持标准的严谨性，在引用标准原文时仍使用各标准原名词称谓，本文中统一称为酚醛板），具有绝热性能突出，阻燃性能优异的优势，同时存在老化、粉化、脆裂、粘结强度低等缺点。我国现行酚醛板标准主要有《酚醛泡沫板薄抹灰外墙外保温系统材料》JG/T 515—2017。

10.1 现行标准关键技术要求

10.1.1 材料

1.现行国家标准行业标准材料性能指标规定

《酚醛泡沫板薄抹灰外墙外保温系统材料》JG/T 515—2017中酚醛板主要指标如下：

5.2.3 主要性能指标

酚醛泡沫板主要性能指标应符合表5的规定。

酚醛泡沫板主要性能指标　　表5

项目	性能指标	
	024级	032级
导热系数（25℃）[W/(m·K)]	≤0.024	≤0.032
垂直于板面方向的抗拉强度（MPa）	≥0.10	
表观密度（kg/m^2）	≥35	
尺寸稳定性（%）	≤1.0	
体积吸水率（%）	≤6.0	
压缩强度（压缩变形10%）（kPa）	≥120	
弯曲强度（kPa）	≥1200	

续表

项目	性能指标	
	024级	032级
透湿系数[ng/(m·s·Pa)]	≤6.5	
燃烧性能等级	B_1级	
氧指数(%)	≥38	

5.5 界面剂

用于酚醛泡沫板表面处理的界面剂主要性能指标应符合表7的规定。

界面剂主要性能指标 表7

项目		性能指标
胶粘剂与酚醛泡沫板	拉伸粘结强度(MPa)	≥0.10
	拉伸粘结强度比	≥1.05
抹面胶浆与酚醛泡沫板	拉伸粘结强度(MPa)	≥0.10
	拉伸粘结强度比	≥1.05

2.酚醛板材料性能优势

1)导热系数低、保温绝热性能突出。

国内、国际提高酚醛板保温性能的研发工作一直在持续不断地进行中，新研发出的酚醛板保温绝热性能突出,《酚醛泡沫板薄抹灰外墙外保温系统材料》JG/T 515—2017中酚醛板导热系数规定为≤0.024W/(m·K)和≤0.032W/(m·K)两种级别。

2)防火阻燃性能优异、氧指数高、低烟、低毒。

《酚醛泡沫板薄抹灰外墙外保温系统材料》JG/T 515—2017规定：燃烧性能等级满足《建筑材料及制品燃烧性能分级》GB 8624—2012中B_1级的要求，且氧指数不小于38%。

常用的有机保温材料中，聚氨酯板、酚醛板是公认的热固性有机保温材料，燃烧时产生炭化结焦，不熔不滴，燃烧性能等级均能达到《建筑材料及制品燃烧性能分级》GB 8624—2012中B_1(B)级，但聚氨酯板的氧指数通常只能达到30%，且烟密度等级也远高于酚醛板，所以酚醛板的防火阻燃性能比聚氨酯板更好。对于热塑性有机保温材料——模塑聚苯板和挤塑聚苯板而言，燃烧时主要生成二氧化碳和水，并不断产生熔滴，燃烧性能等级一般为《建筑材料及制品燃烧性能分级》GB 8624—2012中B_1(C)级，氧指数通常只能达到

30%，烟密度等级也同样高于酚醛板。由此可见，热塑性有机保温材料的防火阻燃性能整体上要略弱于热固性有机保温材料。需要特别强调的是，无论是热固性的聚氨酯板还是热塑性的模塑聚苯板及挤塑聚苯板，其防火阻燃性能都是通过外加阻燃剂实现的，而酚醛板的主体材料——酚醛树脂本身就具备很好的阻燃性，通过树脂改性及组合料配方优化，与外加阻燃剂、抑烟剂等产生协同效应可以满足更高的防火阻燃要求，所以说，酚醛板是目前常见有机保温材料中氧指数最高、防火阻燃性能最好，且低烟、低毒、安全性最好的保温材料。

用简单直观的试验，就可以反映出酚醛板优异的防火阻燃性能和极高的绝热性能。殷宜初[4]做了一项试验，用仅25mm厚酚醛板裸板经受1700℃火焰喷射10min，酚醛板表面仅略有炭化却烧不穿，既不会着火也不会散发浓烟和毒气。如图10-1所示，在板的另一面温度不超过50℃，即使举板人的脸部紧贴板面也不会受到伤害。

图10-1 酚醛泡沫板经受1700℃火焰喷射10min

酚醛板具有如此优异的防火阻燃性能和极高的绝热性能是与其分子中元素组成及其特殊的结构排布密不可分的。图10-2是热固性酚醛树脂分子结构图。

可以发现，热固性酚醛树脂分子中只含有碳、氢、氧原子，分子结构中密集排布着苯环，每个苯环上又排列6个碳原子，当受到火焰攻击时，材料外层分子中密集分布的碳原子，会不断由外向内结炭而形成炭化层，相当于火焰燃烧后表面形成一层“石墨泡沫”层，有效地保护了层内的泡沫结构，抗火焰穿透时间可达1h。

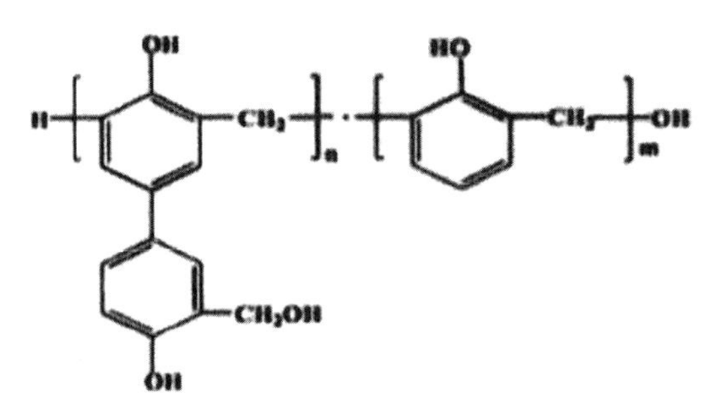

图10-2　热固性酚醛树脂分子结构图

10.1.2 构造

《酚醛泡沫板薄抹灰外墙外保温系统材料》JG/T 515—2017规定：

4.1 酚醛泡沫板外保温系统由胶粘剂、酚醛泡沫板、界面剂、抹面胶浆、玻纤网、锚栓及涂装材料等组成，系统还包括必要时采用的护角、托架等配件以及防火构造措施，酚醛泡沫板外保温系统的基本构造见表1。

酚醛泡沫板外保温系统基本构造　　表1

基层墙体①	系统基本构造					构造示意图
	粘结层②	保温层③	固定件④	防护层		
				抹面层⑤	饰面层⑥	
混凝土墙体、各种砌体墙体	胶粘剂	酚醛泡沫板+界面剂	锚栓	抹面胶浆+玻纤网	涂装材料	① ②③④ ⑤⑥

4.2 系统组成材料应由酚醛泡沫板外保温系统及其组成材料检验合格的供应商配套提供。

4.4 酚醛泡沫板出厂前应在室温条件下陈化，陈化时间应不少于14d。

4.5 当酚醛泡沫板未在工厂进行界面处理时，施工前应使用界面剂进行界面处理。

4.6 锚栓圆盘直径应不小于6mm；锚栓塑料膨胀件和塑料膨胀套管应采用聚酰胺、聚乙烯或聚丙烯制造，不应采用再生料；锚栓金属件应采用不锈钢或经过表面防腐处理的碳钢制造。

酚醛板界面剂对于保证系统粘结强度，防止阳光照射引起酚醛板老化、粉化、掉渣，防止内部弱酸性质影响水泥基聚合物改性砂浆的粘结强度起至关重要作用。酚醛板生产采用酸性固化剂而使其板材本身呈酸性，而常用外墙保温系统的胶粘剂及抹面胶浆等水泥基材料均为碱性材料，当二者共同应用时，因发生中和反应而影响其粘结性能，降低了保温系统的安全性和可靠度。为解决这一问题，工程中采用pH值在6.5～7.5之间的偏中性专用界面剂对酚醛板进行界面处理，凸显了标准中酚醛板界面剂构造设计重要性和突出优势。

10.2 潜在风险分析

10.2.1 材料

1.老化、粉化、脆裂、粘结强度低

相比模塑聚苯板、石墨模塑聚苯板、聚氨酯板等几种常见有机保温材料，酚醛板的抗拉强度低而且不稳定。酚醛板给人的通常印象是易老化、粉化，刚生产出来的酚醛板呈新鲜的粉色，放置一段时间就会逐渐变成铁锈色，表面容易脱粉；质脆、易掉渣，手指轻抠即掉渣、掉粉，手指轻捏即成碎渣、粉末；不需很用力，板材就可以被掰断，工程施工时，一旦锚固件打在板材上，酚醛板很容易脆裂。这些都反映出酚醛板与其他几种韧性良好的有机保温材料有显著不同，它的泡沫韧性差、延伸率低、硬度大、不耐弯曲。可以说，酚醛板的优点和缺点都非常的鲜明突出。而这些缺陷严重地制约着它在工程实际中的应用。

辽宁省建筑科学研究院2015年对国内北方严寒地区已经出现问题的使用酚醛板保温的某住宅楼进行外墙外保温系统安全性检测鉴定，并给出分析结论，其中关于酚醛板粘结强度问题得出以下现场实测数据（表10-1）。

某住宅楼酚醛保温板与基层墙体粘结强度、酚醛保温板与面层粘结强度现场检测结果　　表10-1

序号	取样点位置	标准要求（MPa）	粘结强度（MPa）	破坏状态	单项评定
1	东向1层9A-B轴涂料外墙	≥ 0.08MPa	0.016	保温板与胶粘剂接触部位破坏	不合格
2	东向1层9A-B轴涂料外墙		0.011	保温板与胶粘剂接触部位破坏	不合格
3	东向2层9A-B轴涂料外墙		0.008	保温板与胶粘剂接触部位破坏	不合格
4	东向2层9A-B轴涂料外墙		0.006	保温板与胶粘剂接触部位破坏	不合格
5	南向1层B9-11轴饰面砖外墙		0.006	保温板与胶粘剂接触部位破坏	不合格
6	南向3层B9-11轴饰面砖外墙		0.001	面层与保温板接触部位破坏	不合格

续表

序号	取样点位置	标准要求（MPa）	粘结强度（MPa）	破坏状态	单项评定
7	东向1层27B-C轴饰面砖外墙	≥0.08MPa	0.014	保温板中间破坏	不合格
8	东向1层27B-C轴饰面砖外墙		0.014	保温板与胶粘剂接触部位破坏	不合格
9	东向2层27B-C轴饰面砖外墙		0.004	保温板与胶粘剂接触部位破坏	不合格
10	东向2层27B-C轴饰面砖外墙		0.016	保温板与胶粘剂接触部位破坏	不合格
11	东向3层27B-C轴饰面砖外墙		0.006	面层与保温板接触部位破坏	不合格
12	东向3层27B-C轴饰面砖外墙		未检出	面层与保温板接触部位破坏	不合格
13	西向1层19轴信报箱后涂料外墙		未检出	面层与保温板接触部位破坏	不合格
14	西向1层19轴信报箱后涂料外墙		0.002	面层与保温板接触部位破坏	不合格
15	北向2层1J21-22轴涂料外墙		0.009	保温板中间破坏	不合格
16	北向2层1J21-22轴涂料外墙		0.008	面层与保温板接触部位破坏	不合格
17	东向2层19J-1J轴涂料外墙		0.013	保温板中间破坏	不合格
18	东向2层19J-1J轴涂料外墙		0.010	保温板中间破坏	不合格
19	西向1层8轴信报箱后涂料外墙		未检出	面层与保温板接触部位破坏	不合格
20	西向1层8轴信报箱后涂料外墙		0.004	保温板与胶粘剂接触部位破坏	不合格
21	西向1层8轴信报箱后涂料外墙		0.005	保温板中间破坏	不合格
22	北向2层1J7-8轴涂料外墙		未检出	无胶粘剂	—
23	东向2层8J-1J轴涂料外墙		未检出	面层与保温板接触部位破坏	不合格
24	东向2层8J-1J轴涂料外墙		0.012	保温板中间破坏	不合格

该楼始建于2011年7月，2013年6月竣工，建筑面积3968m^2，主体为7层砖混结构，高度21m，1～4层外饰面为面砖，其余为涂料。该工程投入使用两年后，东山墙出现保温系统脱落（图10-3）。

图10-3　某住宅楼东山墙出现保温系统脱落照片

从检测结果中可以看出，24组数据中最大值是0.016MPa，仅相当于标准规定值0.08MPa的五分之一；有5组数据未检出，可以理解为五分之一多的粘结强度数据接近于0。两个“五分之一”充分反映出该工程的问题严重性。当然，仅凭某些个案出现问题，就妄下结论，认为酚醛板保温不可行，甚至应该淘汰，未免有些偏激和片面，即便是再成熟可靠的外保温系统技术也可能因为选材不妥、施工不当或是构造设计不合理而出现问题，甚至是严重的质量事故。

陈一全[5]所做的关于酚醛板粘结强度测试结果颇具代表性（表10-2），对于认识“酚醛板粘结强度低”这个问题的特殊性和复杂性很有意义。

不同试验条件下的拉拔强度（单位：MPa）　　表10-2

室内试验机拉拔数据	工程现场系统拉拔数据	单独改性酚醛泡沫板样块拉拔数据
0.167	0.044	0.092
0.128	0.049	0.100
0.157	0.035	0.070

同样的酚醛板，不同的试验条件下，拉拔强度检测结果存在巨大差异，这并非是偶然的个别案例，而是行业内普遍存在的基本情况。

目前，国内主流厂家采用的是连续式浇注生产线，板材经过双履带层压机，在稳定的温度和压力条件下连续成型，技术工艺和产品质量是比较可靠的。在室内条件下，酚醛板垂直于板面抗拉强度检测是合格的，特别是流水线上新近生产出来的产品，拉拔强度值甚至比标准规定高出许多。基于此，现行行业标准规定酚醛板垂直于板面抗拉强度为80kPa是合理的，《酚醛泡沫板薄抹灰外墙外保温系统材料》JG/T 515—2017规定为0.10MPa也是合理的。但多年的工程应用实践表明，原本是拉拔强度出厂检测合格的产品，到了工地粘贴上墙，工程现场的拉拔检测结果竟不足0.05MPa，远低于0.10MPa。有时，即使是同批次的相同板材采用不同的试验方法检测出的拉拔强度差异也很大。这表明，酚醛板垂直于板面抗拉强度在室内条件下检测结果和工地上墙条件现场拉拔检测结果之间存在“强度衰减”。这固然存在具体工程施工质量、环境条件、检测方法、试验设备等影响因素造成的测试结果误差，但根本原因还是酚醛板自身的特性导致的，酚醛泡沫塑料主体材料是酚醛树脂，酚醛树脂结构上的薄弱环节是酚羟基和亚甲基，这些官能团在户外自然光条件极易被氧化。外观表现为板材变色，表面粉化掉渣，容易脆裂，拉拔强度下降。现有技术条件下，为避免出现这种“坏结果”，可采取的有效措施有以下几个方面：

1）新生产的产品，经必要时间养护后，及时使用；

2）产品应避光存贮，严禁暴晒；

3）产品表面应涂刷专用界面剂；

4）产品上墙后，应及时抹防护层，避免长时间裸露；

5）酚醛板表面宜设置不少于20mm厚度胶粉聚苯颗粒浆料防护构造层，避免外墙长时间阳光照射后，对内部酚醛板的损伤。

那些认为酚醛板"先天性"粉化掉渣、脆裂、拉拔强度低，根本达不到行业标准要求，而且不可救药，应该淘汰的观点其实是一种误解。酚醛板外墙保温系统，特别是前几年，材料技术不成熟，加之当时国家强制规定外墙保温材料必须达到A级防火标准，匆忙上墙的酚醛板现在陆续出现问题，也由于目前市场竞争激烈，不良商家无序竞争，劣质材料混入市场，加之施工应用过程中不规范，加剧了酚醛板工程质量问题，也加剧对真相的误解。这种材料目前市场上越来越少，甚至一些行业内颇具影响力的大企业也逐渐淡出这个产品，但依然可以说，酚醛板材料以及保温系统技术仍然是有希望的，有发展前景的。

从长远看，因为酚醛树脂结构上的薄弱环节—酚羟基和亚甲基极易被氧化，这大大限制了酚醛泡沫的应用，所以对酚醛泡沫的增韧改性是十分必要的。单成敏综合总结国内外各种研究成果，提出6条技术路线：

1）体系中加入外增韧剂，通过共混的方式增韧；

2）通过甲阶酚醛树脂与增韧剂的化学反应；

3）用部分带有韧性链的改性苯酚代替苯酚合成树脂；

4）纳米材料增韧酚醛树脂；

5）生物基环保材料增韧酚醛树脂；

6）其他无机材料增韧。

研发保温性能突出，防火阻燃性能优异，并克服了自身性能缺陷的酚醛板值得这个行业期待。

2.吸水率高、尺寸稳定性差

酚醛板另一个大的性能欠缺就是吸水率高、尺寸稳定性差。这是由于材料技术水平，生产工艺条件限制而导致的结果。改性酚醛泡沫保温板的生产工艺有两种，第一种是传统的间歇法模发工艺，利用酚醛树脂原材料自由发泡的形式，自发成大块的泡沫材料，然后根据需要二次切割。此种工艺在2009年之前没有用在建筑外墙保温系统中，绝大多数用于管道保温与罐体保温。采用间歇式工艺生产的酚醛板材类产品，属于自由发泡，产品多为开孔结构，吸水率高，导热系数高，尺寸稳定性差。第二种是新型连续式流水线工艺，采用连续化生产设备经过高温高压一次成型，将酚醛树脂等原材料发泡层压制成所需要厚度的泡沫板材。此种工艺因生产过程中采用高温加热固化，加压保证了材料密实度与闭孔率，不但大大提高了材料的产品性能，且保留了发泡表面效应所形成的致密表层，其产品的导热系数、吸水率、强度、掉粉性均与间歇法模发工艺的产品有巨大差别。将两种方式生产的酚醛板直观比较，连续法流水线生产的酚醛板有如下特点：一是上下表面有较为致密的结皮；二是内部泡孔细腻均匀；三是强度高不易掉粉。采用连续法生产工艺的改性酚醛泡沫保温板，能够安全地在建筑外墙保温系统中使用。

现行行业标准对酚醛板的体积吸水率规定在6%～7%，尺寸稳定在≤1.5%以内。《绝热用硬质酚醛泡沫制品（PF）》GB/T 20974—2014因为涵盖所有酚醛泡沫保温材料，所以尺寸稳定性要求偏低。这些指标规定对酚醛类保温材料特性而言，是严格要求，但几种常见有机保温材料同类指标横向比较而言，酚醛板的吸水率高，尺寸稳定性差。

10.2.2 构造

现行关于酚醛板的国家标准和行业标准多为材料性能标准，只有行业标准《酚醛泡沫板薄抹灰外墙外保温系统料》JG/T 515—2017对酚醛板薄抹灰外墙外保温系统构造做了规定。同其他几种常见有机保温材料薄抹灰外墙外保温系统经常出现的典型问题一样，酚醛板薄抹灰外墙外保温系统也存在风压对连通空腔构造破坏造成的系统脱落问题；饰面防护层材料与酚醛板导热系数差值过大加之保温材料热应力变形导致的饰面防护层开裂、空鼓、剥离等问题；板材吸水率偏高助长了体系内部水的相变作用对系统的破坏问题。另外，因为酚醛板自身粉化掉渣、质脆易裂、粘结强度低等特殊原因，导致其工程质量问题更加突出，薄抹灰构造方面潜在的风险更加严重。

1.酚醛板薄抹灰外墙外保温工程质量问题案例分析

北方某住宅项目，酚醛板表面粉化、粘结强度低、粘结面积不足，山墙位置负风压破坏力集中，导致酚醛板外保温系统整体脱落，见图10-4。

北方某公建项目，见图10-5，酚醛板外保温系统被风刮落。标准规定，酚醛板应采用点框法与基层粘贴固定，且粘结面积不小于50%。从墙上残留的痕迹看，施工过程没有严格按照规范操作，粘结层只有点没有框，不仅粘结面积不足，也更加扩大了系统的连通空腔，由此产生了双重叠加的负面效果，客观上大大削弱了系统抵抗风压破坏作用的安全保证力量。再有，从墙上残留

图 10-4　北方某住宅山墙部位酚醛板外保温系统被大风整体刮落

的粘结点上已经变色的酚醛板残渣可以看出，破坏点位于粘结砂浆与酚醛板接触面，系统内最薄弱的环节是酚醛板，酚醛板垂直于板面的抗拉强度低于负风压作用力，造成系统脱落。

图 10-5　北方某公建项目酚醛板外保温系统被风刮落

从图 10-6、图 10-7 可以看到，酚醛板外侧的抗裂砂浆复合玻纤网格布与板材表面大面积整体脱落。图片中呈现出酚醛板表面粉化严重，抗裂砂浆并没有与板材产生有效粘结。

图 10-8 饰面防护层显示空鼓、剥离，仔细观察可以发现涂料仿砖饰面层外侧存在后加锚栓固定痕迹。饰面防护层已经同酚醛板间发生空鼓和剥离，仅仅在饰面防护层外层加设锚固件是不符合规范要求的，酚醛板薄抹灰系统与基层安全连接是粘结锚固相结合的，以粘结为主，锚固为辅，系统内部也主要是

图 10-6 酚醛板外侧的抗裂砂浆复合玻纤网格布与板材表面大面积整体脱落（一）

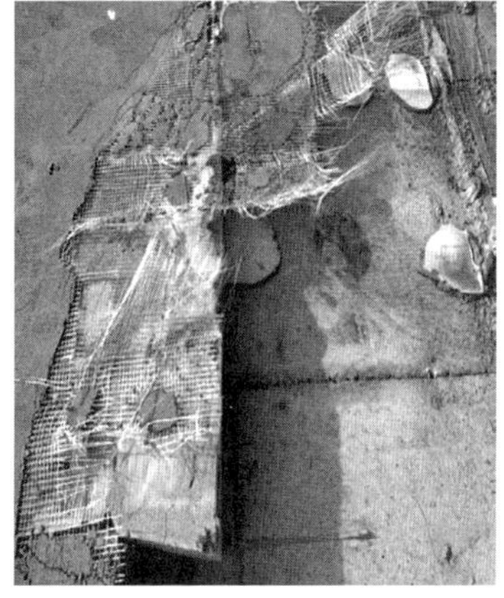

图 10-7 酚醛板外侧的抗裂砂浆复合玻纤网格布与板材表面大面积整体脱落（二）

图 10-8 酚醛板外保温系统饰面防护层空鼓、剥离

靠聚合物砂浆的粘结作用相结合的，锚固件的抗拉承载力是有限的，只通过加设锚固件锚固进行补救难以有效抵御风压对系统的破坏。

导致工程出现质量问题的因素可能是多方面的，但主要还是下面的原因造成的。图10-6～图10-8所呈现的问题部位处于抗裂防护层与酚醛板之间的界面，抗裂防护层与酚醛板保温层之间，导热系数、线膨胀系数均差异过大，环境温度变化时，两者温差形变不一致，接触面处会形成剪切应力，温差变形越大，剪切应力也越大，当剪切应力超过抗裂砂浆与酚醛板的压剪粘结强度时，抗裂防护层就会出现剥离、空鼓等问题。当然，这里还同时存在着负风压对这个接触面拉应力的破坏，主要是这两个破坏因素综合作用的结果。加之，酚醛板表面容易老化、粉化，粘结强度低，使得问题更加突出。这也是为什么酚醛板薄抹灰保温工程出现问题更多的原因。

2.酚醛板薄抹灰系统构造方面潜在风险点分析

1）酚醛板温差变形应力大引起薄抹灰系统开裂、剥离、脱落。

酚醛板与模塑聚苯板的常规物理性能比较见表10-3。

酚醛板与模塑聚苯板常规物理性能比较　　表10-3

项目	单位	模塑聚苯板	酚醛板	酚醛板性能相对于模塑聚苯板性能的倍数
泊松比	—	0.1	0.24	2.4
表观密度	kg/m^3	≥18	≥45	2.5
导热系数	W/（m·K）	0.039	0.032	0.82
垂直于板面抗拉强度	MPa	≥0.10	≥0.08	0.8
压缩强度	kPa	≥100	≥100	1
弯曲变形	mm	≥20	≥4.0	0.2
尺寸稳定性（70℃，2d）	%	≤0.3	≤1.0	3.33
线膨胀系数	mm/（m·K）	0.06	0.08	1.33
蓄热系数	W/（m^2·K）	0.36	0.36	1
吸水率	%	≤3	≤7.5	2.5
水蒸气渗透系数	ng/（Pa·m·s）	4.5	8.5	1.9
弹性模量	MPa	9.1	16.4	1.8

表10-3所列数据表明，酚醛板相比模塑聚苯板，多项指标存在较大差异，特别是：

（1）表观密度。

各种保温板表观密度差距较大，酚醛板是模塑聚苯板的2.5倍。表观密度是导热系数、压缩强度、弯曲变形等指标的重要影响因素。

（2）弯曲变形。

酚醛板弯曲变形值仅为模塑聚苯板的20%，酚醛板弯曲变形值远低于模塑聚苯板的弯曲变形值，说明前者脆硬性高而柔韧性较差，则其吸收内应力和释放变形的能力，也就远低于模塑聚苯板。

（3）尺寸稳定性。

在70℃温度48h条件下，模塑聚苯板的尺寸变化率为0.3%，酚醛板的尺寸变化率为模塑聚苯板的3.3倍，即在实验室条件下，当模塑聚苯板变形量为3mm时，酚醛板的变形量会达到10mm，模塑聚苯板在受热时体积更加稳定。热变形大的板材在急冷急热的条件下面层更易于出现开裂现象。

（4）弹性模量。

弹性模量可视为衡量材料产生弹性变形难易程度的指标，其值越大，材料发生一定弹性变形的应力也越大，即材料刚度越大，亦即在一定应力作用下，发生弹性变形越小。酚醛板弹性模量是模塑聚苯板的1.8倍。

（5）吸水率。

材料吸水性能差异主要取决于自身的化学组成及内部结构。聚苯乙烯泡沫塑料本身并不吸湿，将它浸泡在水中，也仅能吸收少量的水分。模塑聚苯板颗粒的蜂窝壁不透水，水仅能从熔融的蜂窝之间的微小通道透过泡沫塑料。因此，模塑聚苯板吸水率取决于原材料在加工时的熔结性能，珠粒间的熔结越好，水蒸气的扩散阻力也就越大，吸水率也就越低。酚醛泡沫塑料的化学组成和孔隙率决定了酚醛板具有较高的吸水率。酚醛板吸水率为模塑聚苯板的2.5倍，吸水后的酚醛泡沫干燥后质量降低，对酚醛板的压缩强度影响较大。

吸水率对导热系数的影响表现在随着水分的吸入导热系数逐渐增加，吸水越多则保温性能会降低得越多。

（6）泊松比

反应材料横向变形的弹性常数，在材料的比例极限内，由均匀分布的纵向应力所引起的横向应变与相应的纵向应变之比的绝对值。泊松比大的材料，说明在该材料受力之后未发生塑性变形前，横向变形量较纵向变形量要大，反之则横向变形量比纵向变形量小。酚醛板的泊松比为模塑聚苯板的2.4倍。

2）风压对酚醛板薄抹灰系统联通空腔的破坏性影响。

建筑物的风荷载是指空气流动形成的风遇到建筑物时，在建筑物表面产生的推力由基层向外保温系统或由外保温系统向基层的推力。风荷载与风的性质

（风速、风向），与建筑物所在地的地貌及周围环境，与建筑物本身的高度、形状等有关。风荷载作用于建筑物的压力分布是不均匀的，侧风面和背风面受到由基层向外保温系统的推力，为负风压力；迎风面受到由外保温系统向基层的推力，为正风压力。

带空腔的外保温系统，在负风压区，空腔内空气压强大于外界空气压强，从而对外保温系统产生由空腔向外保温系统的推力即负风压力（图10-9）；在正风压区，空腔内空气压强小于外界空气压强，从而对外保温系统产生向由外保温系统向空腔的推力，即正风压力（图10-10）。无空腔的外保温系统，正负风压力一般只对基层墙体有作用效果，对外保温系统没有破坏作用。因此在外墙外保温系统抗风压设计时只需考虑有空腔的系统即可。

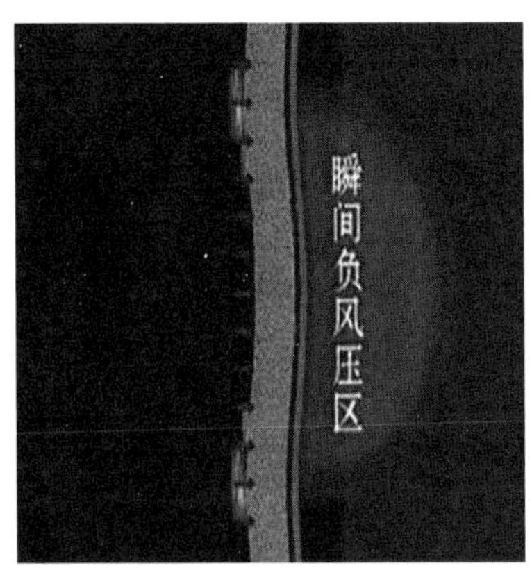

图10-9　负风压示意图

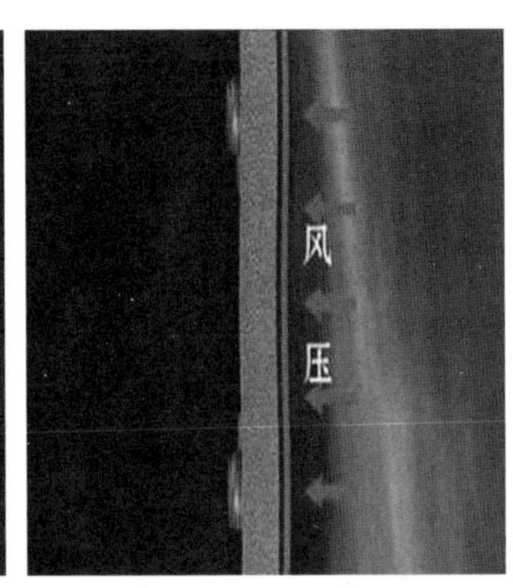

图10-10　正风压示意图

酚醛板薄抹灰外墙外保温系统施工规程规定，板材之间缝隙不大于1.5mm，如图10-11所示，板材缝隙处是负风压作用集中部位，容易出现鼓起甚至开裂，进而造成保温板的脱落。

在负风压易发生区位置，如果采用有联通空腔的保温层做法，负风压产生

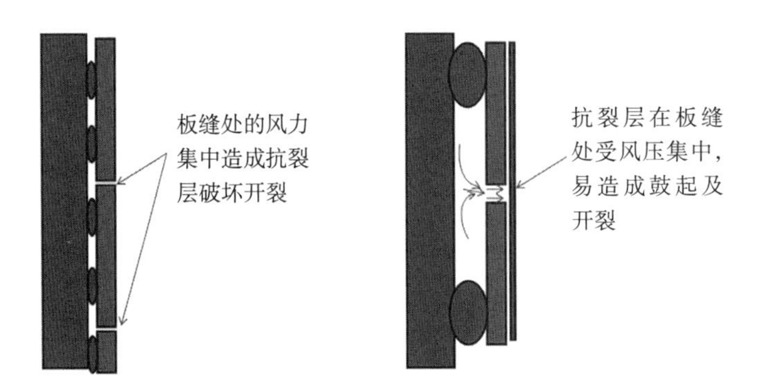

图10-11　风压对外墙薄抹灰系统开裂影响示意图

的推力会集中在负压最大的位置，当负风压推力大于粘结砂浆与基层、粘结砂浆与保温板的粘结强度时，外保温系统会出现脱落。负风压力在瞬间或者一次大风期间（即短时间内）将外保温系统破坏，通常见到的外保温系统被风吹掉的工程案例都是负风压力作用的结果。

3）水汽对酚醛板薄抹灰系统联通空腔的破坏性影响。

保温板薄抹灰系统的外墙外保温露点位置在外墙外保温的外立面，随着温差的变化，气态水极易在保温层与抗裂层之间产生结露现象，液态水进入保温系统各构造层后，由于各构造层的吸湿性能不同、湿胀干缩性能差异，导致各层材料界面处产生变形不一致的情况，进而在构造层的界面处产生湿应力，影响系统稳定性。

酚醛板薄抹灰外保温系统构造和材料选用不合理而造成水蒸气扩散受阻，引发墙体内侧在冬季发生冷凝，导致保温层吸湿受潮，甚至冷凝成流水，使室内装饰材料、家具受潮、变形，外墙内表面出现较大面积的黑斑、长毛、发霉等现象，由于这些霉菌长期在潮湿环境下形成污染物，从而对室内空气质量造成不良影响。

当室内外空气中的含湿量不等，也就是建筑墙体两侧存在着水蒸气分压力差时，水蒸气分子就会从压力高的一侧通过建筑墙体向分压力低的一侧渗透扩散，这种传湿现象叫水蒸气渗透。如果在水蒸气渗透过程遇阻，水蒸气便会产生聚集，当湿度和温度达到结露条件，便会导致水蒸气聚集处发生冷凝，产生液态水，破坏系统稳定性。

因此，系统构造设计过程中，各层材料均应有一定的水蒸气渗透性，允许气态水排出建筑，保持建筑墙体的含水率，避免墙体结露问题。但是国内常用的部分保温板材，例如XPS板等，其水蒸气渗透性能极差，则只能通过构造设计，人为设置水蒸气渗透构造，使水蒸气能够通过专门的渗透构造排出建筑，解决排潮问题。

10.3 技术调整对防控风险的作用

10.3.1 单项增强

为克服酚醛板老化、粉化、掉渣、粘结强度低等不足，也因为自身容易脆裂而尽量不用锚固件或尽可能少用锚固件，更为减小负风压对系统的破坏。酚醛板薄抹灰外墙保温系统可以采取满粘或闭合小空腔构造做法作为单项增强措施。

1）满粘构造，无空腔，无负风压风险，可避免保温层脱落风险。胶粉聚苯颗粒贴砌酚醛板外保温系统为满粘构造。

2）闭合小空腔构造，缩小负风压产生的单位面积，单位面积粘结力高于负风压产生的破坏力，亦可以避免负风压导致的保温层脱落。闭合小空腔做法中，保温板选用600mm×450mm的小型板材。当采用点框粘做法时，四周满打灰，形成闭合空腔，中间留透气孔；当采用条粘法时，采用齿形抹子沿一个方向批抹胶粘剂，粘结后形成闭合空腔。

目前酚醛板薄抹灰外墙外保温系统点框粘法大多采用的尺寸是1200mm×600mm或900mm×600mm，虽然这种尺寸可以提高施工速度，但是粘贴酚醛板施工过程易引起板面虚贴、空鼓，也容易引起酚醛板脆裂。若采用600mm×450mm的酚醛板，并采用闭合小空腔做法，不但便于工人施工操作，而且可以确保有效的粘结面积，同时也可以防止连通空腔存在。

小尺寸的板材更容易控制板材与墙体的有效粘结面积，所以板材的尺寸不宜过大。

另外，板材的宽度也影响工人操作。实践证明，人的手掌长度大于板材宽度的1/3时，对板材的按压和控制最有效，粘贴板材时最容易将板材压实。人的手掌长度约为200mm，所以板材的宽度应小于600mm为宜，因此选用450mm宽的板材是比较合理的。

10.3.2 合项增强

1.胶粉聚苯颗粒贴砌酚醛板构造增强做法

1）胶粉聚苯颗粒贴砌酚醛板构造设计。

见图10-12。

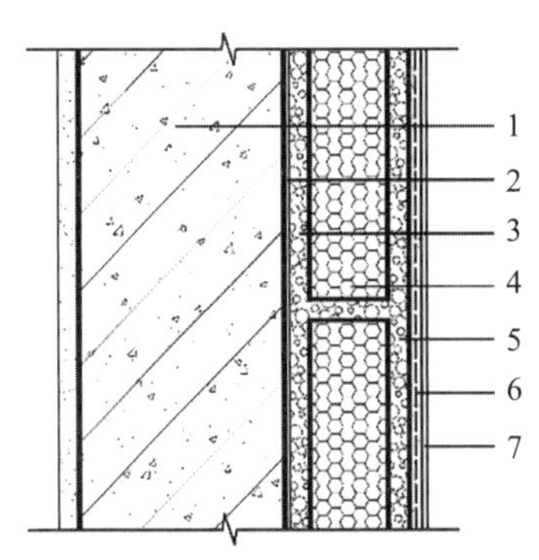

图10-12　胶粉聚苯颗粒贴砌酚醛板构造

1—基层墙体；2—界面砂浆；3—胶粉聚苯颗粒贴砌浆料；4—酚醛板；5—胶粉聚苯颗粒贴砌浆料；6—抗裂砂浆复合玻纤网；7—涂装材料

2）满粘+分仓贴砌酚醛板。

传统的薄抹灰构造主要采用“点框粘”辅助锚栓固定的方式将保温板固定于墙面，因为酚醛板自身存在的各种性能缺陷，简单套用薄抹灰粘锚结合固定保温板的做法对酚醛板来说是不合适的。通过实验室的研究以及试点工程的实际验证，采用胶粉聚苯颗粒贴砌浆料以“满粘+分仓贴砌”的方式固定酚醛板更加合理（图10-13）。“分仓贴砌”是指在酚醛板的四个侧面采用胶粉聚苯颗粒贴砌浆料填充，并采用胶粉聚苯颗粒贴砌浆料粘贴和找平酚醛板，胶粉聚苯颗粒贴砌浆料将对酚醛板六个面形成包裹保护。“满粘”不仅避免了系统的空腔构造，增加了粘结面积，保证系统与基层连接更加安全可靠，对于酚醛板的特殊性而言，可以有效克服酚醛易老化、粉化、掉渣，粘结强度低等不足，还可以避免自身容易脆裂而不用锚固件这一难点。

图10-13　胶粉聚苯颗粒贴砌浆料满粘酚醛板

“分仓贴砌”的优点在于可消纳因酚醛板的形变对保温系统的影响；将原有大面积的保温系统，划分成仅有酚醛板单位大小的面积（通常尺寸为600mm×450mm），降低了外保温系统整体垮塌的风险；纵向分仓贴砌可防止每一块酚醛板对相邻酚醛板的挤压破坏，并且在火灾发生时，可防止火焰的横向蔓延；横向分仓砌筑相当于在每一层酚醛板之间设置“托架”构造，对酚醛板起到支撑作用，胶粉聚苯颗粒贴砌浆料的剪切强度在50kPa以上，在胶粉聚苯颗粒贴砌EPS板系统中，10mm的“分仓贴砌”构造完全满足性能要求，但在酚醛板贴砌系统中，考虑到酚醛板的自重是模塑聚苯板的2倍多；所以，在该保温系统中，“分仓贴砌”的板缝宽度宜在20mm以上较为安全（图10-14、图10-15）。

图10-14　胶粉聚苯颗粒贴砌浆料分仓贴砌酚醛板

图10-15　胶粉聚苯颗粒贴砌浆料分仓贴砌酚醛板效果

3）酚醛板与抗裂防护层之间设置热应力阻断层。

酚醛板薄抹灰外墙保温构造设计规定，抗裂砂浆复合玻纤网格布作为抗裂防护层直接附着在保温板外表面，这直接产生了两个“风险”。一种风险，酚醛板的导热系数比较小，而抗裂防护层材料的导热系数比较大，二者之间相差很大，加之两者的线膨胀系数不同，所产生的热应力差会在两者接触的界面上形成强大的剪切力，只有抗裂防护层材料能够完全克服这种剪切应力时，保温系统才不会出现空鼓、开裂、脱落等问题。这对抗裂防护层材料的性能提出了相当高的要求，在实际外保温工程应用中，往往很难达到。另一种风险，当夏季阳光直射在抗裂砂浆表面时，抗裂砂浆通常只有3～5mm厚，且热阻很低，热量很快传递到保温层，当保温层材料导热系数越低时，其阻隔热量的能力就越强，热量不易被传导扩散，大量积聚在抗裂防护层中，使抗裂防护层的温度急剧升高，表面温度可高达50～70℃，如遇突然降雨以及夜间温度下降时，温度可以降至15℃左右，温差可达40～65℃，这样急剧变化的温差以及受昼夜和季节室外气温的影响的叠加，对系统的抗裂防护层形成了严峻的考验。

在酚醛板和抗裂防护层之间增设一道胶粉聚苯颗粒浆料作为过渡层是十分必要的，可以有效避免出现上述两个“风险”。为此，行业标准《胶粉聚苯颗粒外墙外保温系统材料》JG/T 158—2013及酚醛板相似材料-硬泡聚氨酯板的北京市地方标准《硬泡聚氨酯复合板现抹轻质砂浆外墙外保温工程施工技术规程》DB11/T 1080—2014中均提出了过渡层做法，目的就是为了降低相邻材料层之间的热应力差。

设置在酚醛板与抗裂防护层之间的胶粉聚苯颗粒浆料具有一定的蓄热性能，在外界温度急剧变化时，抗裂防护层的温度能够保持较为缓和的变化，降低相邻材料的导热系数相差大导致的变形速度差，减小两材料界面处热应力，使抗裂防护层更加稳定。

还有一点需要特别强调，酚醛泡沫塑料分子结构上酚羟基和亚甲基极易被氧化，导致酚醛板易老化、粉化、掉渣，使其粘结强度下降，板材更加容易脆裂。酚醛板表面设置胶粉聚苯颗粒保温浆料过渡层，对于阻止阳光对酚醛板的侵害也起到了十分关键的作用（图10-16）。

图10-16　酚醛板表面抹20mm厚胶粉聚苯颗粒浆料效果图

逐层渐变的柔性构造降低开裂风险。每种材料的弹性模量是不同的，当两种弹性模量不同的材料之间紧密连接时会因为变形量不同在结合层之间或者较柔的一面产生应力，当材料的变形量不足以抵消该应力时就会产生破坏。

多层材料结合时，选用弹性模量相近的材料有助于释放内部集中的应力，防止面层产生开裂等破坏。因此，为了避免开裂，可使外保温系统各层材料具有一定的柔性，吸纳产生应力变形的能力。

基层混凝土墙体的变形量为0.2‰（温差20℃）；

酚醛保温层的变形量为1%；

胶粉聚苯颗粒浆料的变形量为3‰；

抗裂防护层的变形量为5%～7%；

柔性腻子层的变形量为10%～15%；

涂料装饰层的变形量为≥150%。

外保温系统从内到外，变形量逐层渐变，可以降低外保温系统内部应力的集中，释放系统应力，降低开裂风险。

2.设置水分散构造层

系统构造设计过程中，各层材料均应有一定的水蒸气渗透性，允许气态水排出建筑，平衡建筑墙体的含水率。在外保温系统中设置一层水分散构造层，能够吸收保温板透气性差产生的少量水蒸气冷凝水，系统内不存在流动的液态水。例如，在酚醛板容易结露侧设置胶粉聚苯颗粒贴砌浆料作为水分散层，系统内部水蒸气向外排放，遇到外界温度较低，而在抗裂防护层内侧冷凝时，具有吸湿、调湿、传湿性能的胶粉聚苯颗粒贴砌浆料层可以吸收产生的少量冷凝水，分散在构造层，避免液态水聚集后产生的三相变化破坏力，提高了系统粘结性能和呼吸功效，从而保证了外墙外保温工程的长期安全可靠性和表观质量长期稳定性。

3.设置防水透气层

在外墙外保温系统构造中设置一道高分子弹性底涂层，置于抗裂防护面层之上，在保持水蒸气渗透系数基本不变的前提下，大幅度地将面层材料的表面吸水系数降低，避免了当水渗入建筑物外表面后，冬季结冰时产生的冻胀力对建筑物外表面的损坏；同时保证了面层材料的透气性，避免了墙面被不透气的材料封闭，从而妨碍墙体排湿，导致水蒸气扩散受阻产生膨胀应力对外保温系统造成破坏。通过合理的外保温构造及材料选择，实现系统具有防水透气功能，从而提高外保温系统的耐冻融、耐候及抗裂能力，延长建筑物保温层使用寿命。

4.结论

胶粉聚苯颗粒复合酚醛板三明治构造增强做法，采用胶粉聚苯颗粒贴砌浆料粘贴砌筑酚醛板，选择20mm厚的胶粉聚苯颗粒贴砌浆料作为酚醛板的热应力阻断层、水分散构造层，可以更好地克服酚醛板材料自身存在的缺陷，充分发挥酚醛板导热系数低、绝热性能好、防火性能优异的综合性能优势，有效解决酚醛板在外保温工程应用中由于构造设计不合理造成的空鼓、开裂、脱落等质量事故，使酚醛板可以广泛、安全地应用到外墙外保温工程当中去，这是一种非常有意义，也是一种非常科学合理的工程做法。目前，胶粉聚苯颗粒贴砌酚醛板系统已经在工程中得到应用，并且已经取得了很好的实际应用效果。胶粉聚苯颗粒贴砌酚醛板构造做法，对于克服现阶段国内酚醛板制造技术水平限制所产生的材料自身特殊缺陷，保证酚醛板保温系统粘结可靠性至关重要，不失为最佳的构造改进方案之一。

10.4 保险风险系数分析

依据中国建筑节能协会团体标准《建筑外墙外保温工程质量保险规程》T/CABEE 001—2019，可对技术优化前后的酚醛板外墙外保温系统构造进行评价，由于优化前后的主要差异点在构造设计，而在组成材料和施工管理上均可控制一致而不存在差异，因此这里仅对构造设计的评分项进行对比。

（1）系统材料中保温主材的选择，酚醛板综合性能处于各种保温材料中下等水平，优化前后得分值均为15分，没有变化。本条总平分值25分，详见该标准第4.2.1条；

（2）技术调整后保温层材料与基层墙体的结合方式基本上是采用全面积粘贴，其风险评价得分值可由16分提高到25分，本条总评分值25分，详见该标准第4.2.2条；

（3）技术调整后设置有厚度不低于20mm的胶粉聚苯颗粒浆料找平过渡层，其风险评价得分值可由0分提高到25分，本条总评分值25分，详见该标准第4.2.3条；

（4）技术调整后增加找平过渡层可提高系统的热工性能，其风险评价得分值可由10分提高到25分，本条总评分值25分，详见该标准第4.2.4条；

（5）技术调整后外墙外保温工程防脱落和抗风荷载设计风险评价得分值可由32分提高到40分，本条总评分值40分，详见该标准第4.2.5条；

（6）技术调整后外墙外保温工程的防潮透气设计风险评价得分值可由12分提高到20分，本条总评分值20分，详见该标准第4.2.6条；

（7）酚醛板为热固型B_1级材料，优化前后的得分都是15分，没有变化，本条总评分值20分，详见该标准第4.2.7条；

（8）技术调整后防火隔离带材料选择风险评价得分值可由12分提高到20分，本条总评分值20分，详见该标准第4.2.8条。

上述项目总评分值200分，系统优化前总得分值112分，占比百分率为56%；优化后得分值185分，占比百分率为92.5%。

由此可以看出，优化前的酚醛板外墙外保温系统构造时评分值仅能达到112分，占比56%，未能达到及格分数，而采用优化后的酚醛板外墙外保温系统构造评分值则可达到185分，占比达到92.5%。这说明采用优化前的酚醛板外墙外保温系统构造时存在质量问题的风险还是相当大的，而采用优化后的酚醛板外墙外保温系统构造时，评分值显著增加，这说明进行技术优化后大幅度降低了质量风险，可在以后的标准修订中广泛推广采用。

全面实现酚醛板外保温系统的提升，则需要对现有的国家标准、行业标准进行调整，改变薄抹灰的思路，优化酚醛板外保温的构造。现行标准中，粘贴酚醛板外墙外保温的构造存在不合理现象，应明确在构造中增加找平过渡层，并明确最低厚度为20mm，粘贴做法推荐使用满粘法，消除粘结层空腔，增加粘结效果，并降低火灾风险（空腔的存在对降低火灾是不利的）。同时，现有标准中的一些技术指标也有必要进行调整和优化。因此，很有必要对现有的国家标准、行业标准进行修订，确保酚醛板外墙外保温工程的质量、耐久性和低风险性，确保酚醛板外墙外保温工程使用者的利益，降低质量风险，提高使用酚醛板外墙外保温系统的工程使用寿命。

第11章

岩棉板薄抹灰外保温技术与标准解析

近年来，随着建筑外墙外保温工程防火要求的提高和相关政策的出台，岩棉作为一种性能优良的A级不燃保温材料备受关注。岩棉板因其保温效果优异、不燃、透气性能好，能满足对保温材料防火性能的更高要求，在外墙外保温领域得到大面积推广与应用。

目前，国家现行岩棉外保温技术相关标准主要有《岩棉薄抹灰外墙外保温工程技术标准》JGJ/T 480—2019、《岩棉薄抹灰外墙外保温系统材料》JG/T 483—2015、《建筑用岩棉绝热制品》GB/T 19686—2015、《建筑外墙外保温用岩棉制品》GB/T 25975—2018、《建筑防火隔离带用岩棉制品》JC/T 2292—2014、《岩棉外墙外保温系统用粘结、抹面砂浆》JC/T 2559—2020等。本文将从岩棉材料特性、国家现行标准优势、潜在风险分析、技术调整对防控风险的作用、近零能耗和装配式技术应用、保险风险系数分析等角度，全面解析岩棉外墙外保温系统的构造做法及防控潜在风险的应对措施。

11.1 岩棉材料的特性分析

岩棉是一种优质高效的保温材料，具有良好的保温隔热、隔声及吸音性能，同时具有导热系数小、不燃烧、防火无毒、化学性能稳定、使用周期长等突出优点。同时，由于岩棉具有吸水性大、易剥离等与有机保温材料特性不同的特点，在设计和施工时不能完全套用有机保温材料做法。

11.1.1 岩棉板生产工艺特性

岩棉是以天然岩石如玄武岩、辉长岩、白云石、铁矿石以及部分矿渣为主要原料，经高温熔化、纤维化而制成的蓬松状短细无机质纤维。岩棉生产工艺主要有两种，即沉降法和摆锤法。目前国内的生产工艺主要为摆锤法。不同的熔制法、成纤法、固化技术所生产出来的岩棉板在物理性质上有较大差别。

早期的岩棉生产工艺比较落后，有火焰池窑熔制方法、单独的吹制或离心成纤法、沉降法等，其生产能耗高、设备寿命短，生产出来的岩棉制品的某些性能无法达到墙体保温系统的要求，例如沉降法岩棉的纤维为平面分布（图11-1），层状结构使得岩棉板在密度较低的条件下，其抗压性能和垂直于板面的抗拉强度都比较低。

中后期的岩棉生产工艺得到很大改进和提高，冲天炉熔制工艺、多辊离心吹制法等对生产工艺和流程进行了较大的完善，生产出来的岩棉制品性能有了较大的提升，特别是建筑外墙外保温用岩棉制品。目前生产中基本上都采用较为先进的摆锤法，通过集棉方法，先由捕集带收集较薄的岩棉层，经摆锤的逐层叠铺，达到一定的层数和厚度，由加压辊进行压制，进入固化炉固化，再经冷却、切割、包装等工序制成成品。这种方法改变了岩棉纤维结构，使其由原先的层状结构转变为三维结构（图11-2），因而抗压强度和垂直于板面的抗拉强度都得到了较大的提高。

图11-1　沉降法岩棉纤维分布图

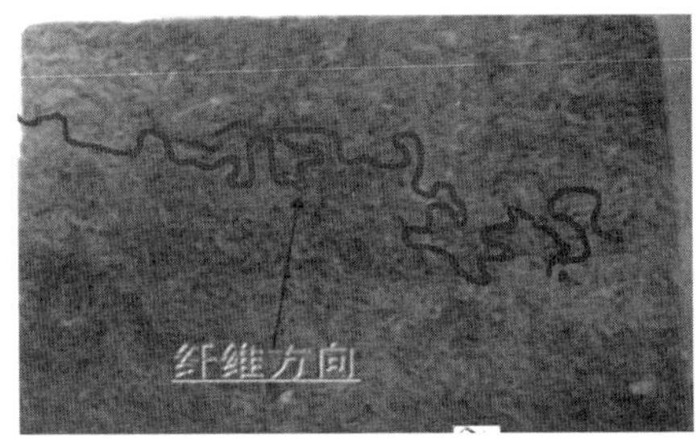

图11-2　摆锤法岩棉纤维分布图

建筑外墙外保温系统中的岩棉应用可分为岩棉板和岩棉条，将岩棉板按照需要的尺寸切割后，再翻转90°，形成的岩棉制品称为岩棉条。在外墙外保温领域，当使用岩棉条时，由于其纤维方向基本上垂直于墙面，因此，岩棉条作为外墙外保温系统的保温材料时抗拉强度较高。

在建筑外墙外保温工程中，原则上宜选用导热系数比较小、抗拉强度比较大和憎水率比较高的岩棉制品。

11.1.2 岩棉板物理特性

岩棉板的抗拉强度、尺寸稳定性两项物理性能影响了岩棉板外保温系统的安全。

1.抗拉强度

垂直于板面的抗拉强度表示材料松软程度，岩棉板抗拉强度0.01MPa，模塑聚苯板是其10倍。因此，单纯的通过岩棉板粘贴无法获得足够拉伸强度，无法满足受力问题。粘结力难以承受自重和风压的破坏，故而岩棉板无法满足粘贴为主的外保温体系的系统安全要求。

2.尺寸稳定性

沉降法制作的岩棉板在自然环境特别是湿热条件下尺寸很不稳定。

1）当岩棉板由平行的非憎水纤维丝构成，横向分布的纤维遇水后吸水分层，变形严重（图11-3）。

图11-3　岩棉板吸水后膨胀变形

2）低密度岩棉板纤维与纤维之间空隙会充满空气，岩棉板本身连通空气构造在热胀冷缩和风压作用下极易不断扩大，进而表现为岩棉蓬松、鼓胀，这样在外墙保温应用时面层难以抵御鼓胀的应力变形，见图11-4（a）。上墙后势必造成外饰面效果不佳，会出现鼓包、板缝明显等现象，见图11-4（b）。

（a）

（b）

图11-4　岩棉板鼓胀变形

（a）岩棉板蓬松鼓胀；（b）岩棉板上墙后板缝明显

11.2 岩棉外墙外保温系统工程应用的历史演变

11.2.1 国内早期的岩棉外墙外保温体系做法——北新岩棉板做法

北新建材集团股份有限公司，简称北新建材。1985年引进的瑞典外挂岩棉板锚固系统就是选用了一种钢钩型的锚固件配合钢丝网来固定岩棉板的。该做法基本解决了岩棉的上墙固定问题，称为北新岩棉板做法。在十几年的应用中其稳定性可靠，但施工难度比较大，同时由于未能解决好岩棉板面层开裂问题及岩棉板面层的防水问题，因此无法得到推广应用。

该做法首先将钢钩型锚固件按设计好的位置固定在墙体上，并使插销垂直墙面向外，再将岩棉板按设计的位置安装在墙面上，使插销穿透岩棉板，然后铺上钢丝网，抽出插销，并用插销上的钩子勾出锚固件的连接杆，最后将插销穿过连接杆上钩子固定住钢丝网，这样岩棉板就通过钢钩型锚固件和钢丝网的共同作用固定在墙体上了。同时由于钢丝网对岩棉板面层的分隔作用，使得在岩棉板面层进行抹灰也成为可能。但是这种做法施工速度比较慢，而且在安装过程中脱落的岩棉纤维扎人比较厉害，因而工人也不愿意施工。后来通过在岩棉板面层复合胶粉聚苯颗粒贴砌浆料解决了岩棉面层开裂问题，构造做法见图11-5。

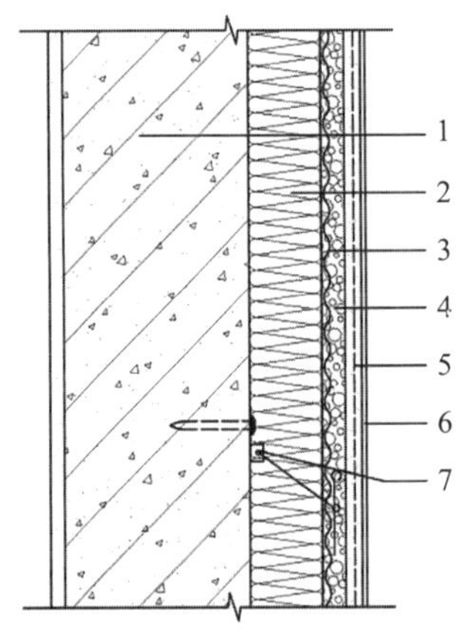

图11-5 钢钩型锚固件锚固岩棉板复合胶粉聚苯颗粒基本构造

1—基层墙体；2—岩棉板；3—热镀锌电焊网；4—胶粉聚苯颗粒贴砌浆料；5—抗裂砂浆复合玻纤网；6—涂装材料；7—钢钩型锚固件

11.2.2 北京振利岩棉外墙外保温做法案例——锚固岩棉板系统

锚固岩棉板系统选用摆锤法岩棉板，在北新岩棉板做法的基础上将进口的钢钩做法改为锚栓锚固钢丝网，附加胶粉聚苯颗粒找平层复合抗裂砂浆网格布的做法。采用锚固技术及柔性渐变的保温抗裂技术路线成功地解决了岩棉板在外墙外保温中应用的问题，使得岩棉板外墙外保温技术在行业内得到推广应用。该项技术获评全国绿色创新奖。

该系统拥有全部自主知识产权，申请并取得了两项专利，一项是发明专利：岩棉聚苯颗粒保温浆料复合墙体及施工工艺ZL02100801.9；一项是实用新型专利：整体一次组合浇注岩棉复合外保温混凝土墙体ZL02235565.0。

该系统在国家建筑标准图集《外墙外保温建筑构造（一）》02J121-1中F型——岩棉板外墙外保温系统编制中规定了岩棉的做法，图集中介绍如下：

本系统采用岩棉板作为保温隔热层，岩棉板被锚固件卡紧的钢丝网压贴在基层墙体表面。

岩棉板外表面抹保温浆料作找平层，防护层为嵌埋有耐碱玻纤网格布增强的聚合物抗裂砂浆。

岩棉板铺设时，先用锚固件将岩棉板固定就位，每块岩棉板至少应有两个锚固点，板缝应挤紧，不得留有缝隙，嵌填用的窄条岩棉板宽度不得少于15mm，并至少应有一个锚固点，沿窗洞口四周每边至少应设置三个锚固点。

1.系统特点

锚固岩棉板系统具有良好的保温性能、抗裂性能、防火性能和耐久性能，同时，岩棉板与基层墙体采用了有效的固定措施，提高了抗风荷载性能；采用岩棉板锚固技术施工速度快、工艺简单，可以缩短工期，降低施工成本。绿色环保，造价适中，是一种值得推广的外墙外保温技术。

2.适用范围

该系统适用于建筑物外墙装饰面为涂料饰面的外保温工程，外墙可为混凝土墙及各种砌体墙，也适用于各类既有建筑的节能改造工程。

3.工艺原理

锚固岩棉板系统以岩棉板为保温材料，用塑料胀栓等锚固件配合热镀锌钢丝网固定岩棉板，热镀锌钢丝网与岩棉板表面之间加有垫片，使热镀锌钢丝网与岩棉板之间存在一定的距离，有利于岩棉板表面的抹灰处理；岩棉板固定后又对岩棉板表面喷涂界面砂浆，增强了岩棉板的防水性和表面强度，同时有效解决了岩棉板与胶粉聚苯颗粒找平层的粘结难题。面层抹胶粉聚苯颗粒贴砌浆料找平。抗裂防护层采用抗裂砂浆复合涂塑耐碱玻纤网格布构成抗裂防护层，具有良好的抗裂性能，涂刷可有效阻止液态水进入的弹性底涂，饰面层刮柔性耐水腻子、涂刷弹性涂料。基本构造见表11-1。

锚固岩棉板系统基本构造　　表11-1

构造层	组成材料	构造示意图
基层①	混凝土墙或砌体墙	
粘结层②	岩棉板胶粘剂	
保温层③	岩棉板+热镀锌电焊网（用锚栓⑦与基层墙体固定）+岩棉板界面剂	
找平层④	贴砌浆料	
抗裂层⑤	抗裂砂浆复合玻纤网+弹性底涂	
饰面层⑥	柔性耐水腻子（设计要求时）+涂料	

4.工程实例

天津华琛综合办公楼工程（图11-6）总建筑面积3400m²，其中外墙外保温面积1700m²，层数为3层，采用框架混凝土填充墙的结构形式，外墙用300mm厚的加气陶粒混凝土砌块填充，体形系数小于0.3，窗墙面积比为0.4。钢筋混凝土框架柱为500mm×500mm，缩进外墙面30mm，横梁为700mm×270mm，缩进外墙面30mm，填充材料为300mm厚的加气陶粒混凝土砌块。在框架混凝土梁柱部位使用的钢丝网预制直角固定钢丝网，使钢丝网在边角部位保持连续不断开，通过钢丝网的受力方向实现钢丝网与混凝土结构的固定。

图11-6　天津华琛综合办公楼工程

该工程采用的是岩棉板外墙外保温系统。外墙外保温设计为“钢丝网锚固45mm岩棉板+20mm胶粉聚苯颗粒保温浆料+5mm抗裂砂浆复合耐碱网布”。

天津华琛综合办公楼项目于2004年完工后经过18年的使用，效果良好，没有开裂，稳定性很强。试点表明：锚固岩棉板系统技术构造设计合理，施工较为方便，解决了过去岩棉保温技术中岩棉不易固定，面层容易开裂等问题，实现了保温、隔热、防火等功能一体化，具有很好的推广价值和市场前景。

11.3 岩棉薄抹灰外墙外保温系统的潜在风险分析

2019年我国行业标准《岩棉薄抹灰外墙外保温工程技术标准》JGJ/T 480—2019发布，体现了岩棉行业的快速发展，岩棉作为建筑节能的主要材料被广泛接受。岩棉作为既高效又安全防火的保温材料，解决了困扰行业多年的难解之忧，这是一项重要的材料技术的发展。但是这个行业标准发布之后即刻被湖南省地方政府发文禁用，随后上海等多地也禁限粘结、锚固两种受力模式的外墙外保温技术。

岩棉板在负风压状态下形成膨胀空气构造，降低了岩棉板整体的抗拉强度，在负压作用下，形成向外的巨大推力，从而使得岩棉板系统极不稳定，导致岩棉板薄抹灰外保温系统工程事故频发。因此，应该通过对不同受力模式岩棉板外保温系统的安全性进行分析，研究出一种更安全合理的岩棉外保温构造系统。

为了岩棉保温技术更好的应用发展，分析其中潜在风险以实现否定之否定的进步是很有必要的。

11.3.1 负风压荷载标准值计算方法

以北京地区某高层民用建筑的墙面高度100m处为例，地面粗糙类型为C类，根据《建筑结构荷载规范》GB 50009—2012第8.1.1条，负风压荷载标准值计算见式（11-1）：

$$w_k=\beta_{gz}\mu_{sl}\mu_z w_0 \tag{11-1}$$

式中：β_{gz}——高度Z处的阵风系数（与地面粗糙程度有关）；

μ_{sl}——局部风压体型系数，墙面为-1.0，墙角为-1.4；

μ_z——风压高度变化系数（与地面粗糙程度有关）；

w_0——这一地区的基本风压，北京地区基本风压为0.50kN/m^2。

高度Z处的阵风系数按表11-2取值，风压高度变化系数μ_z按表11-3取值。

阵风系数β_{gz}　　表11-2

离地面高度（m）	20	50	100
阵风系数	1.99	1.81	1.69

风压高度变化系数μ_z　　表11-3

离地面高度(m)	20	50	100
风压高度变化系数	0.74	1.10	1.50

11.3.2 负风压力值

通过负风压计算结果可以看出，在高度100m，墙角处的负风压最大，w_k=1.77(kN/m^2)，见表11-4和表11-5。

墙面处外保温系统负风压　　表11-4

离地面高度(m)	20	50	100
负风压(kN/m^2)	0.74	1.00	1.27

墙角处外保温系统负风压　　表11-5

离地面高度(m)	20	50
负风压(kN/m^2)	1.03	1.39

11.3.3 以锚为主、以粘为辅的岩棉系统

以锚为主、以粘为辅的岩棉系统，其粘结层的粘结力和锚栓的锚固力不是同时发挥作用，所以计算中不考虑胶粘剂的作用，即只计算需要多少锚栓能够满足要求。

(1)岩棉板外用锚盘再铺钢丝网，在钢丝网外锚栓锚固。

以北京地区某高层民用建筑的墙面高度100m处为例，地面粗糙类型为C类。根据北京市地方标准《岩棉外墙外保温工程施工技术规程》DB11/T 1081—2014中第3.0.5条规定：岩棉板外保温系统与基层墙体采用粘锚结合、以锚为主的连接方式。所以我们只考虑对岩棉板的计算，单位面积上锚栓数量计算见式(11-2)：

$$N_A \geqslant w_d \gamma / f_0 \tag{11-2}$$

式中：N_A——单位面积锚栓数量，个/m^2；

w_d——相应高度最大风荷载设计值，为风荷载标准值w_k的1.5倍，kN/m^2；

γ——安全系数，γ=2；

f_0——单个锚栓的抗拉承载力的标准值。

单个锚栓的抗拉承载力的标准值按照行业标准《外墙保温用锚栓》JG/T

366—2012中第6.2条规定的E类基层墙体：单个锚栓的抗拉承载力标准值应不小于0.3kN。设计时按单个锚栓的抗拉承载力的标准值为0.3kN计算，计算结果见表11-6和表11-7（在实际运用中，锚栓的数目应该去掉小数部分保留整数部分并加上1，墙角处为离墙角或屋顶2m的区域内）。

墙面处单位面积上所需的锚栓个数　　表11-6

离地面高度（m）	20	50	100
墙面处单位面积所需锚栓个数（个/m^2）	8	11	14

墙角处单位面积上所需的锚栓个数　　表11-7

离地面高度（m）	20	50	100
墙角处单位面积所需锚栓个数（个/m^2）	11	15	18

图11-7　脱落的外墙钢丝网架岩棉板

图11-7所示的案例中外墙钢丝网架岩棉板大面积脱落，岩棉板与钢丝网已剥离。锚固钢丝网做法中的锚栓没有起到锚固的作用，岩棉板固定于钢筋混凝土剪力墙，岩棉板极不稳定。

混凝土剪力墙中钢筋较多，钻头在墙面钻孔时有时碰到螺纹钢筋使其受到损坏；当没有按照规范施工时，锚栓的锚固深度和锚固数量不能保证，这很容易造成岩棉板外墙外保温系统的垮塌，岩棉板与钢丝网复合砂浆剥离，横丝面发生折断。

外墙钢丝网可采用非锚栓固定方法避免脱落。

使用钢丝网锚固岩棉时使钢丝网在边角部位保持连续不断开，通过钢丝网的受力方向实现钢丝网与混凝土结构的固定，例如图11-8为女儿墙处钢丝网非锚栓固定方法示意图。

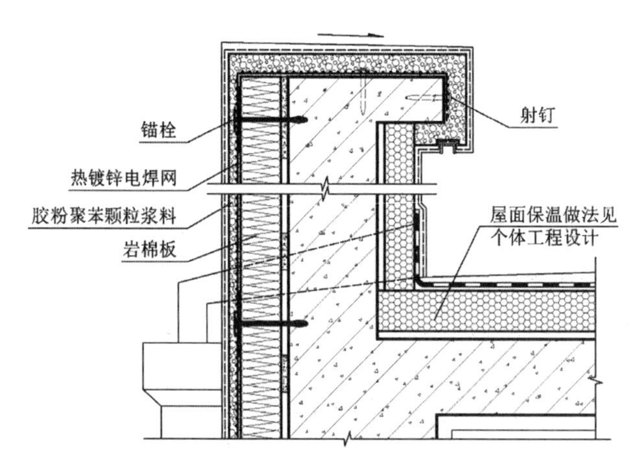

图11-8　女儿墙处钢丝网非锚栓固定方法示意图

（2）岩棉板外直接用锚栓固定，不铺钢丝网。

图11-9中岩棉板的尺寸为长1.2m，宽0.6m，将锚栓直接打在岩棉板上。

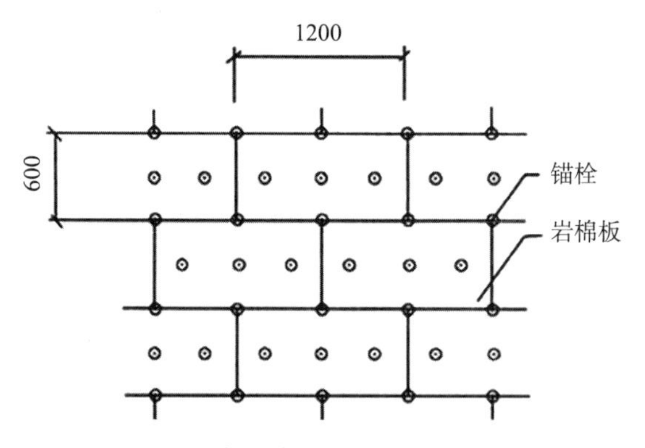

图11-9　岩棉板外直接用锚栓锚固平面图

以北京地区某高层民用建筑的墙面高度100m处为例，地面粗糙类型为C类。如果岩棉板外不铺钢丝网，直接用锚栓固定的话，只能靠锚栓的锚固力抵抗负风压力，那么在岩棉板外有效的受压面积就是锚栓的锚固面积。必须保证岩棉板自身强度F_0不小于锚栓锚固面积上承受的风压荷载，否则岩棉板会被破坏、脱落。所以能推导出计算公式，见式（11-3）：

$$N_A \geqslant w_d \gamma / F_0 A \tag{11-3}$$

式中：N_A——单位面积锚栓数量，个/m²；

w_d——相应高度最大风荷载设计值，为风荷载标准值w_k的1.5倍，kN/m²；

γ——安全系数，γ=2；

A——单个锚栓的锚固面积，m²（锚盘半径为0.07m，面积约为

$0.015m^2$）；

F_0——岩棉板自身强度，kN/m^2。

由此计算出的锚栓数量见表11-8和表11-9。

墙面处单位面积上所需的锚栓个数　　表11-8

岩棉板自身强度（kN/m^2）	7.5	10	15	80	100
单位面积锚栓数量（个/m^2）	34	25	17	4	3

墙角处单位面积上所需的锚栓个数　　表11-9

岩棉板自身强度（kN/m^2）	7.5	10	15	80	100
单位面积锚栓数量（个/m^2）	47	35	24	5	4

根据以上的计算得知，岩棉板自身强度达到80kN/㎡以上的时候需要的锚栓数量是比较少的，但是岩棉板的强度无法达到80kN/㎡以上；当岩棉板自身强度在7.5～15kN/㎡的范围内时，无论采用以上哪种施工方式，单位面积上所需要的锚栓都很多，太过密集。

高层建筑的围护结构形式一般都是混凝土剪力墙，结构墙体中钢筋较多，单位面积上的钢筋密集程度较高，尤其是梁板柱等部位更甚。在锚固施工过程中，墙面钻孔有时碰到螺纹钢筋而受到阻碍，施工不规范时锚栓的锚固数量无法保证。

混凝土钢筋保护层为20mm，不能满足标准中25mm锚固深度要求，锚栓的锚固深度无法满足要求，施工质量隐患巨大。因此，当锚栓安装中钻头打到钢筋时，应按照要求在该锚孔旁边重新钻孔安装锚栓。

锚栓直接锚固在保温板上，用锚栓的部位相对于周围地区可能会凹下去，在负风压力作用时相当于作用力都由锚栓附近局部的保温板承受，负风压力大于保温板强度时保温板就会破坏，最终导致系统局部甚至大面积脱落。锚栓直接锚固在保温板面上，由于打锚栓时用力过大，或者锚栓刚好打在空腔时保温板很可能被破坏，这样加锚栓不仅没有达到加固的目的反而对系统有破坏作用。

由此得出结论：对于高层建筑外墙，岩棉板不应采用直接锚固形式固定。

11.3.4 以粘为主的岩棉外保温系统

以粘为主的岩棉外保温系统，只能计算粘结力，不计算锚固力。

1.单位面积岩棉条上胶粘剂抗风压承受力

《岩棉薄抹灰外墙外保温工程技术标准》JGJ/T 480—2019规定：岩棉条外保温系统与基层墙体采用粘结为主、机械锚固为辅的连接方式，岩棉板外保温系统与基层墙体采用机械锚固为主、粘结为辅的连接方式。

以北京地区某高层民用建筑的墙面高度100m处为例，地面粗糙类型为C类，按岩棉板与基层墙体的粘结面积率50%，岩棉条与基层墙体的粘结面积率70%，辅助固定的锚栓不计入连接方式安全性计算。单位面积岩棉上胶粘剂抗风压承受力的计算公式见式（11-4）：

$$F_1=F_0\times 50\%/70\% \tag{11-4}$$

式中：F_1——单位面积岩棉上粘结力，kN/m²；

F_0——岩棉自身的强度，kN/m²。

由上述公式可以计算出单位面积岩棉板上的粘结力见表11-10。

单位面积岩棉板上的粘结力 **表11-10**

岩棉板自身的强度（kN/m²）	7.5	10	15
每1 m²岩棉板上胶粘剂抗风压承受力（kN/m²）	3.75	5	7.5

由上述公式可以计算出单位面积岩棉条上的粘结力见表11-11。

单位面积岩棉条上的粘结力 **表11-11**

岩棉条自身的强度（kN/m²）	80	100
每1m²岩棉条上胶粘剂抗风压承受力（kN/m²）	56	70

2.单位面积岩棉板抗风压承载力

按全空腔负风压计算，计算见式（11-5）：

$$F\geqslant w_d\gamma=F_2\gamma\times 1.5 \tag{11-5}$$

式中：F——单位面积岩棉抗风压承载力最低值，kN；

γ——安全系数，$\gamma=2$；

w_d——相应高度最大风荷载设计值，为风荷载标准值w_k的1.5倍，kN/m²；

F_2——单位面积岩棉上粘结力，kN/m²。

通过上述公式计算出单位面积岩棉抗风压承载力最低值见表11-12和表11-13。

墙面处外保温系统单位面积岩棉抗风压承载力最低值 **表11-12**

离地面高度（m）	20	50	100
单位面积岩棉抗风压承载力最低值（kN）	2.22	3.00	3.81

墙角处外保温系统单位面积岩棉抗风压承载力最低值 **表11-13**

离地面高度（m）	20	50	100
每1m²岩棉抗风压承载力最低值（kN）	3.09	4.17	5.31

图11-10和图11-11所示案例采用的是岩棉板薄抹灰做法，该系统做法抗风压能力差，由于受到风荷载的作用，致使岩棉板从高处脱落。

图11-10　某项目岩棉板薄抹灰做法岩棉外墙脱落

图11-11　某项目岩棉板薄抹灰做法外墙保温整体飘落

通过上述计算结果和案例分析，墙角处外保温系统单位面积岩棉抗风压承载力最低值为5.31kN/m^2，当岩棉板自身强度不低于15kPa时，每平方米岩棉上的粘结力可达到7.5kN，满足抗风压承载力最低值要求。单从抗风荷载方面考虑，要平衡负风压力，拉拔强度高于15kPa的岩棉板可以粘结施工达到风压设计要求，但是《岩棉薄抹灰外墙外保温工程技术标准》JGJ/T 480—2019中要求岩棉板湿热抗拉强度保留率≥50%，岩棉板粘贴上墙后经过湿热循环作用很难达到抗风压承载力最低值要求。

普通岩棉板拉拔强度为7.5kPa、10kPa，通过粘结施工不能满足风压设计要求。

单位面积岩棉条的粘结力大于单位面积岩棉条抗风压承载力，单从抗风荷载方面考虑，岩棉条通过粘结施工可满足风压设计要求。

11.3.5 小结

（1）岩棉板外墙外保温适用于锚固受力模式，但应关注锚栓安装的有效性。

混凝土钢筋保护层为20mm，当钻头打到钢筋时，不能满足标准中25mm锚固深度要求，这时需要在该钻孔旁边重新打孔安装锚栓，否则，不能满足锚栓数量和锚固深度的要求，给外保温系统安全运行增加很多困难。

（2）岩棉板外墙外保温系统粘结受力模式不可行，岩棉条外墙外保温系统适用于粘结受力模式。

外墙外保温的核心关键技术是粘结受力模式。

按建筑材料力学的科学规律，外保温各层材料应满足相互粘结的多项物理性能指标。

通过计算结果和案例分析，单从抗风荷载方面考虑，普通岩棉板拉拔强度为7.5kPa、10kPa，通过粘结施工不能满足风压设计要求。当岩棉板自身强度不低于15kN/m^{2}时，每平方米岩棉上的粘结力可达到抗风压承载力最低值要求。

单位面积岩棉条的粘结力大于单位面积岩棉条抗风压承载力，岩棉条通过粘结施工可满足风压设计要求。

（3）岩棉板的物理性能指标要提升。

通过对不同受力模式岩棉板外保温系统的安全性进行计算分析得出：

基层为钢筋混凝土时，岩棉板锚固时应确认机械锚固件的锚固有效性。

普通岩棉板通过粘结施工不能满足风压设计要求。

岩棉条通过粘结施工可满足风压设计要求。

通过以上分析得知，由于岩棉条的抗拉强度较高，可以通过复合岩棉条等优化方式加强岩棉外墙外保温系统的安全性。我国建筑节能早期就开始研究通过对岩棉的深加工改变其松散易剥离的弱点。对岩棉板深加工的做法有很多，例如网格布四面包裹增强竖丝岩棉复合板、双面覆网竖丝岩棉复合板、网织增强岩棉板等，均编写了相应标准，得到了市场广泛认可。

11.4 技术解决方案探索

岩棉作为保温板材有其不可替代的优势和特性，我们不能因为它的一些缺陷将这种材料完全否定。如何使岩棉材料安全、优异地用于外墙外保温是值得我们去分析和研究的。四面包裹增强竖丝岩棉复合板及其外墙外保温系统可以有效地降低岩棉外墙外保温工程的事故风险。

11.4.1 网格布四面包裹增强竖丝岩棉复合板

网格布四面包裹增强竖丝岩棉复合板改变了岩棉的纤维分布方向从而大大提升了板材的抗拉强度和尺寸稳定性；改变了岩棉板锚固受力的受力方式，从本质上解决了岩棉板外墙外保温的施工缺陷。

网格布四面包裹增强竖丝岩棉复合板，是将密度不低于100kg/m^{3}的岩棉板作为保温芯材切割成岩棉条，经特殊工艺固定岩棉丝垂直于板体表面，板体沿长度方向的四个表面涂覆聚合物水泥砂浆复合耐碱玻纤网防护层，简称增强竖丝岩棉复合板，其构造如图11-12所示，成品板材如图11-13所示。

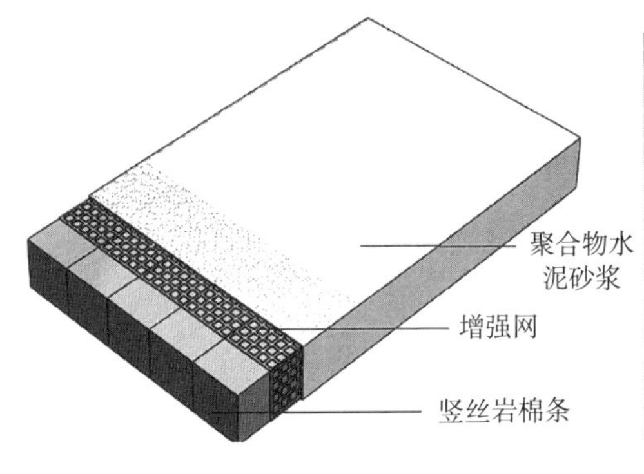

图11-12 增强竖丝岩棉复合板构造图

图11-13 增强竖丝岩棉复合板成品图

增强竖丝岩棉复合板物理性能见表11-14。

增强竖丝岩棉复合板物理性能　　表11-14

项目		单位	技术指标
芯材	导热系数	W/(m·K)	≤0.043
	短期吸水量	kg/m^2	≤1.0
	酸度系数	—	≥1.8
复合板	防护层厚度	mm	2～5
	尺寸稳定性	%	≤1.0
	垂直于板面方向的抗拉强度（不切割）	MPa	≥0.10
	憎水率	%	≥98
	燃烧性能等级	—	A级

增强竖丝岩棉复合板经过网格布抗裂砂浆四面包裹之后，岩棉板的物理性能指标转换为网格布和砂浆复合后的物理性能指标，具有如下特点：

1. 高强

由于增强竖丝岩棉复合板的芯材丝径垂直于板面呈竖向排列，将岩棉丝垂直于墙面，改变了岩棉的纤维分布方向，从而改变了纤维的受力方向和运动方向，改变了岩棉的物理性能指标。从根本上解决了纤维分层、膨胀变形的问题，同时大大增强了抗拉强度。

增强竖丝岩棉复合板的抗拉强度可达到0.15MPa，是普通岩棉板抗拉强度的20倍。使用聚合物水泥砂浆复合耐碱网格布包覆后，板面材料的抗拉强度甚至高达0.3MPa，是普通岩棉板15kPa的20倍。

2. 防水

有效地包裹岩棉，使岩棉与外界水隔离，同时面层聚合物水泥砂浆是一种优异的防水保温砂浆，通过在砂浆中掺加憎水材料，使聚合物水泥砂浆复合增强网防护层（厚度3～5mm）具有憎水效果。即使芯材憎水率只有30%，其短时间浸泡吸水率和憎水率都有成倍的提高。

增强竖丝岩棉板面层保温砂浆的憎水效果如图11-14、图11-15所示。

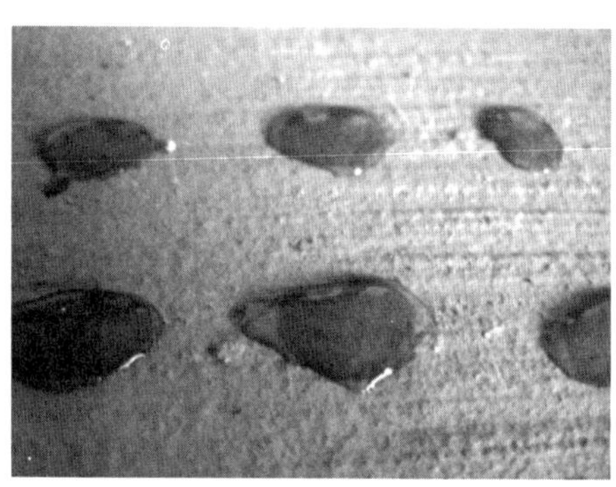

图11-14　砂浆中没有憎水材料的复合板憎水效果图

图11-15　砂浆中增加憎水材料的复合板憎水效果图

3. 粘结力强

四面包裹增强竖丝岩棉复合板通过网格布复合防护砂浆的四面包覆，每一块板材形成一个相对独立的受力单元，由于网格布整体受力，板材受力的整体性会大大提高。

如果网格布采用双面复合，两个大面与岩棉板的粘结仅仅是岩棉板的表面粘结，随着岩棉在湿热状态下不稳定问题的产生，同样会产生前述岩棉板的一系列问题。同时由于面层防护砂浆的收缩变形，双面复合板的边角会产生一定的翘曲。双面复合竖丝岩棉，受到悬挑受力的破坏，构造很不稳定，容易产生分层滑坠的现象。

网格布四面包裹增强竖丝岩棉板与双面包裹的岩棉板不同，除了受到自身重力和粘结力之外，还增加了网格布向上的拉力和向墙体方向的拉力。

增强竖丝岩棉复合板通过玻纤网复合防护砂浆的四面包覆，每一块板材形成一个相对独立的受力单元，由于玻纤网整体受力，板材受力的整体性会大大提高。若采用玻纤网复合防护砂浆四面包覆横丝岩棉，虽然能增强其表面强度和防水性，但板材垂直于墙面方向的抗拉强度得不到提升，应用于外保温工程中时存在着一定的质量隐患。网格布砂浆四面包裹横丝岩棉，受热时还容易形成膨胀气囊。若仅对岩棉板的两个大面采用玻纤网复合防护砂浆进行增强，则根本无法解决板材易分层的问题，受到悬挑力作用时，容易产生分层滑坠的现象。图11-16为几种岩棉板材上墙后的受力对比分析图，从图中可以看出，增强竖丝岩棉复合板不同于两面增强的岩棉板或普通岩棉板，其除了受到自身重力和向上的粘结力之外，还受到玻纤网向上的拉力和向墙体方向的拉力的保护，其安全性最高，板材最不易被破坏。

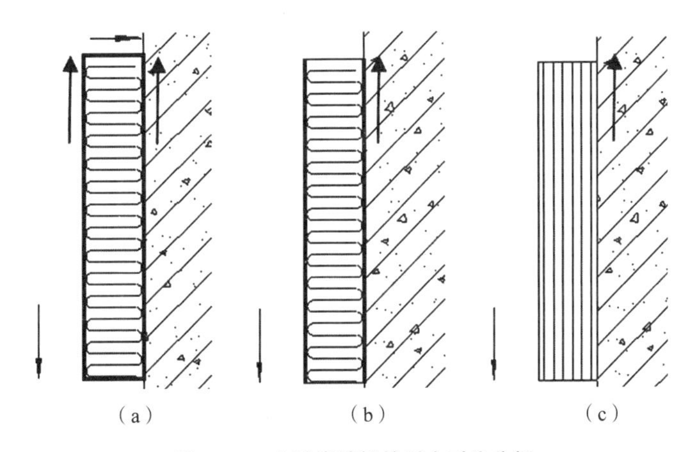

图11-16　几种岩棉板的受力对比分析

(a)玻纤网四面包裹的增强竖丝岩棉复合板；(b)玻纤网两面增强的岩棉板；(c)普通岩棉板

增强竖丝岩棉复合板改变了岩棉纤维分布方向，提升了板材的抗拉强度和尺寸稳定性；避免了岩棉纤维易脱落问题，并增强了板材的表面强度；同时，改善了板材的吸水性能，解决了岩棉与抹面层争夺水分的问题。增强竖丝岩棉复合板在板材的四个面增加了保护层，使整个板材的性能得到提高，其抗拉强度高，整体性好，施工方便无污染，与基层墙体可牢固粘贴，使岩棉裸板存在的遇水沉降、分层滑坠、抗拉强度低等问题得到了解决，并解决了岩棉纤维伤害皮肤等问题，起到了良好的劳动保护作用。增强竖丝岩棉复合板与岩棉裸板施工性能对比见表11-15。

增强竖丝岩棉复合板与岩棉裸板施工性能对比　　表11-15

项目	增强竖丝岩棉复合板	岩棉裸板
施工操作	工厂定制加工，质量可靠，现场剪裁量少，对施工人员无伤害，不污染环境，工人好操作	需现场剪裁，手工操作难以保证剪裁效果，材料破损率高，对施工人员身体有一定伤害，污染环境
外观效果	面层平整线条清晰，无需进行面层处理，外墙观感好	因剪裁难以规矩，且表面不平整，故面层处理困难且效果较差，直接影响外墙观感
系统构造性能	表面保护层极大地提高了材料的憎水性，与基层、面层粘结性能好，剥离强度高，抗冲击性能好；施工后不易脱落、不易受潮、不易变形、受损，耐久性耐候性好	材料易剥离、强度低，与基层、面层粘结强度较低，施工后易造成材料脱落、面层剥离等质量问题，表面憎水层易被破坏，易吸水、受潮导致保温效果降低

11.4.2 贴砌增强竖丝岩棉复合板外墙外保温做法

贴砌增强竖丝岩棉复合板基本构造如图11-17所示。

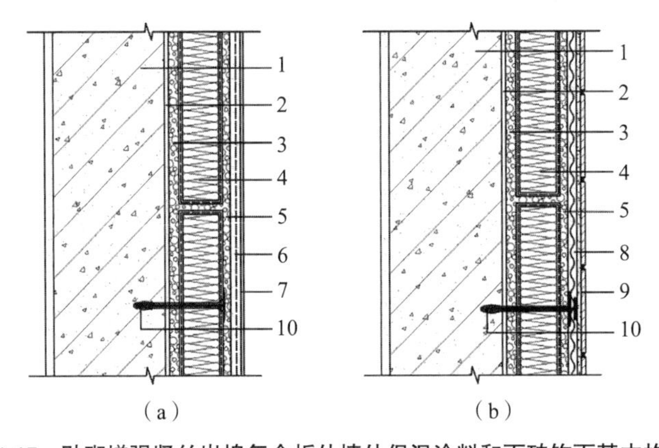

图11-17　贴砌增强竖丝岩棉复合板外墙外保温涂料和面砖饰面基本构造图

(a)涂料饰面;(b)面砖饰面

1—基层墙体；2—界面砂浆；3—胶粉聚苯颗粒贴砌浆料；4—增强竖丝岩棉复合板；5—胶粉聚苯颗粒贴砌浆料；6—抗裂砂浆复合玻纤网；7—涂装材料；8—抗裂砂浆复合热镀锌电焊网；9—面砖饰面；10—锚栓

增强竖丝岩棉复合板使用胶粉聚苯颗粒贴砌浆料满粘做法，在系统构造上更为科学合理，可以更为有效解决岩棉的系统问题，其优势如下：

1）系统采用A级保温材料，能满足建筑防火要求。

2）无空腔的岩棉保温系统，正负风压力一般只对基层墙体有作用效果，对保温系统没有破坏作用。

3）网格布四面包裹之后，每块板材形成一个独立的受力单元，改变岩棉板锚固受力方式为增强竖丝岩棉复合板粘结受力方式。

11.4.3 装配式构造做法

增强竖丝岩棉复合板可以作为免拆保温模板应用于现浇胶粉聚苯颗粒轻钢龙骨复合墙体中，这种墙体的主体结构可以是钢结构，也可以是混凝土框架结构，以轻钢龙骨为支撑。现浇胶粉聚苯颗粒轻钢龙骨复合增强竖丝岩棉复合板墙体的基本构造见图11-18和图11-19。

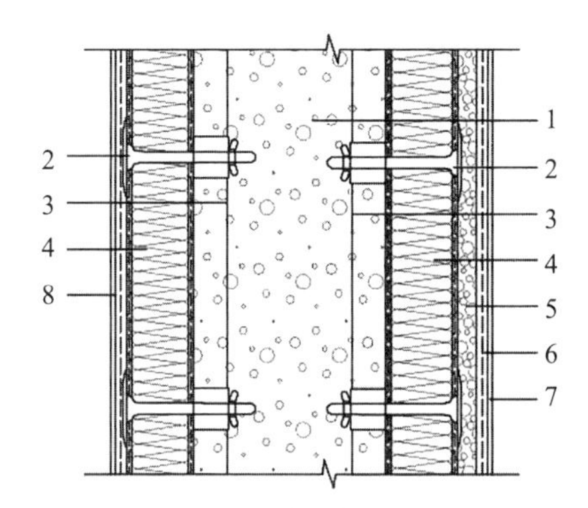

图11-18 现浇胶粉聚苯颗粒轻钢龙骨复合增强竖丝岩棉复合板墙体基本构造（内、外保温）

1—胶粉聚苯颗粒浇注浆料；2—固定件或连接件；3—轻钢龙骨；4—增强竖丝岩棉复合板；5—胶粉聚苯颗粒贴砌浆料；6—抗裂砂浆复合玻纤网；7—涂装材料；8—内装饰层（涂装材料+抹灰砂浆复合玻纤网）

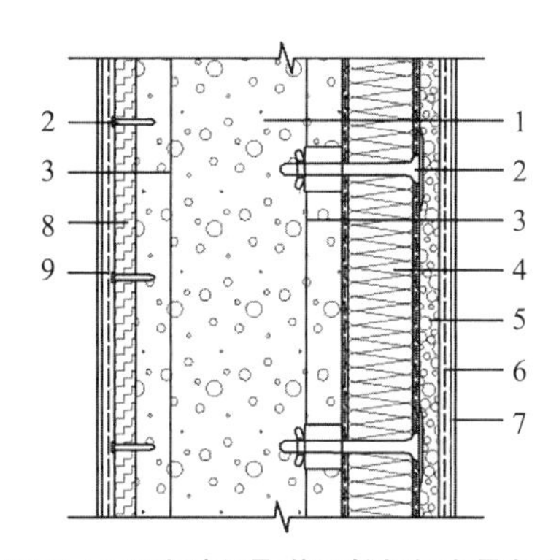

图11-19 现浇胶粉聚苯颗粒轻钢龙骨复合增强竖丝岩棉复合板墙体基本构造（外保温）

1—胶粉聚苯颗粒浇筑浆料；2—固定件或连接件；3—轻钢龙骨；4—增强竖丝岩棉复合板；5—胶粉聚苯颗粒贴砌浆料；6—抗裂砂浆复合玻纤网；7—涂装材料；8—纤维增强硅酸钙板或纤维增强水泥板；9—内装饰层（涂装材料+抹灰砂浆复合玻纤网）

增强竖丝岩棉复合板进行加强处理后，制成增强竖丝岩棉复合外模板，可作为现浇混凝土墙体的免拆保温外模板，其由岩棉条保温层、增强防护层等部分构成，基本构造见图11-20，其中内侧新增的水泥基聚合物砂浆复合玻纤网厚度不宜小于5mm，外侧新增的水泥基聚合物砂浆复合玻纤网厚度不宜小于10mm。

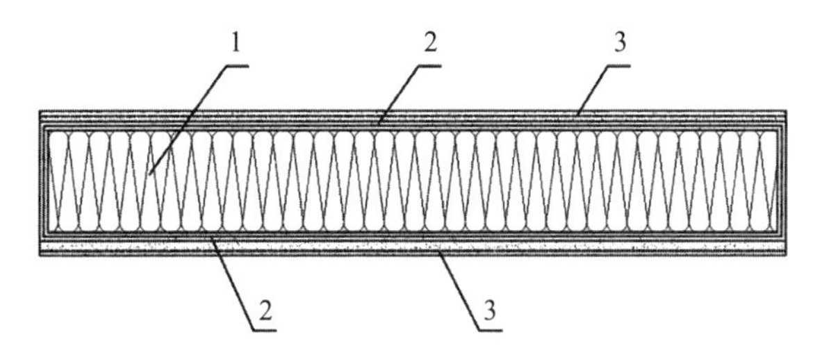

图11-20 增强竖丝岩棉复合外模板基本构造

1—竖丝岩棉条；2—水泥基聚合物砂浆复合玻纤网；3—水泥基聚合物砂浆复合玻纤网

增强竖丝岩棉复合外模板现浇混凝土保温系统由现浇混凝土、增强竖丝岩棉复合外模板、连接件、找平过渡层和抗裂层共同组成，见图11-21。

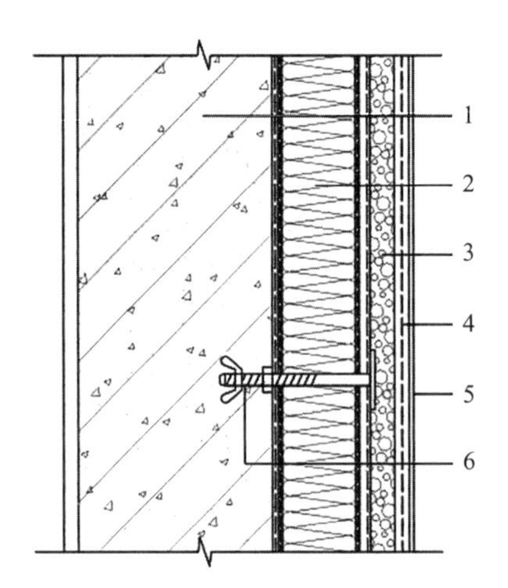

图11-21　增强竖丝岩棉复合外模板现浇混凝土保温系统构造（外保温）

1—现浇混凝土外墙；2—增强竖丝岩棉复合外模板；3—胶粉聚苯颗粒贴砌浆料；4—抗裂砂浆复合玻纤网；5—涂装材料；6—连接件

增强竖丝岩棉复合外模板还可作为免拆保温外模板用于单面叠合保温一体化剪力墙中，该外墙板以50mm厚的预制混凝土板为免拆内模板，内、外模板通过穿墙管和穿墙螺栓及锚栓等连接件在工厂连接固定在一起，并在内、外模板之间安装好相应的钢筋配筋，构件制作好后将其吊装到工地现场将钢筋与下层墙体钢筋连接好并加固后可直接在内、外模板之间浇筑混凝土，并在增强竖丝岩棉复合外模板表面做胶粉聚苯颗粒贴砌浆料找平过渡层及抗裂防护层和饰面层。节能要求比较高时，可将两层增强竖丝岩棉复合外模板通过胶粘剂粘结在一起作为外模板使用。

该单面叠合保温一体化剪力墙将工地现场支模移到了工厂内，而且实现了混凝土中钢筋的连续性和混凝土的连接性，装配化率高，抗震能力强，安全可靠，实用性强。

11.4.4 近零能耗构造贴砌做法

近零能耗外墙的保温层厚度比普通外墙保温的保温层厚度增加了一倍有余，因而在垂直方向上的荷载也有一定的增加，同时受力中心点距离外墙基层墙面的距离（保温层的力臂）也增加不少，这对其抵抗风荷载和地震荷载是很不利的。采用近零能耗贴砌构造做法（图11-22），将保温板一层一层地叠加粘贴起来，改变了整体受力的方式，贴砌做法实现了保温板与基层墙体以及保温板与保温板之间的无空腔满粘贴，不存在空腔，阻断了负风压产生的条件，减小了负风压的影响。同时，保温板叠加粘贴，减小了保温层的力臂，不存在悬挑构造，形成了柔性的软连接构造，可减缓地震力的影响。

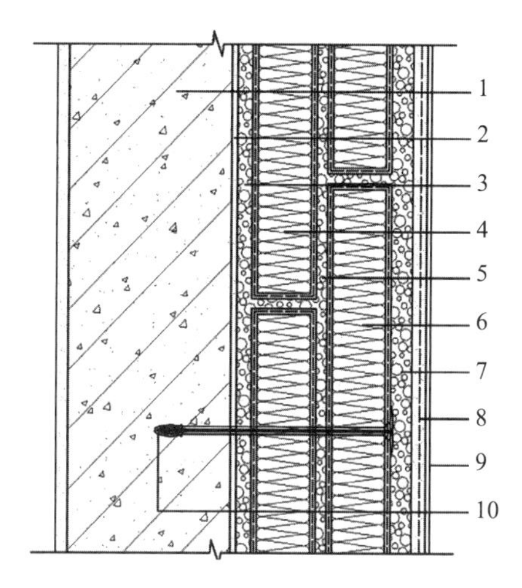

图11-22　贴砌保温板外保温系统双层保温层构造

1—基层墙体；2—界面砂浆；3—胶粉聚苯颗粒贴砌浆料；4—增强竖丝岩棉复合板；5—胶粉聚苯颗粒贴砌浆料；6—增强竖丝岩棉复合板；7—胶粉聚苯颗粒贴砌浆料；8—抗裂砂浆复合玻纤网；9—涂装材料；10—锚栓

11.4.5 结论

1）增强竖丝岩棉复合板通过网格布复合防护砂浆的四面包覆，全面提升了岩棉板的各种物理性能指标。

2）增强竖丝岩棉复合板通过网格布四面包裹解决了工程应用中给工人带来的施工不便问题，利于环境友好和工人身体健康。

3）增强竖丝岩棉复合板改变了岩棉板以锚固为主的粘结方式，依靠粘结受力，安全稳定，解决了岩棉板及双面复合砂浆的岩棉复合板在使用过程中的弊病，提升了岩棉在建筑节能应用领域里的技术水平。

4）增强竖丝岩棉复合板贴砌做法从构造上进一步提升了系统的安全性、合理性，构造设计合理。

5）增强竖丝岩棉复合板贴砌做法下有效粘结面积的提升，可提高保温板的粘结效果，从而增加系统的抗风荷载和地震荷载的能力，而整个系统的柔性构造也有利于提升抵抗地震荷载的能力。

6）增强竖丝岩棉复合板贴砌做法提高系统抵抗水相变的能力，可减缓增强竖丝岩棉复合板收缩变形，提高抗裂性能，有效避免板缝处开裂。

7）增强竖丝岩棉复合板贴砌做法设置轻质柔性找平过渡层提高系统抵抗热应力的能力。

11.5 保险风险系数分析

依据中国建筑节能协会团体标准《建筑外墙外保温工程质量保险规程》T/CABEE 001—2019，可对技术优化前后的岩棉外墙外保温系统构造进行评价，由于优化前后的主要差异点在构造设计上，而在组成材料和施工管理上均可控制一致而不存在差异，因此这里仅对构造设计的评分项进行对比。

1）技术调整后保温层材料选择采用增强竖丝岩棉复合板，其风险评价得分值可由15分提高到20分（见该标准第4.2.1条）。

2）保温层材料与基层墙体的结合方式基本上是采用全面积粘贴，其风险评价得分值可由16分提高到25分（见该标准第4.2.2条）。

3）技术调整后设置有厚度不低于20mm的胶粉聚苯颗粒浆料找平过渡层，其风险评价得分值可由0分提高到20分（见该标准第4.2.3条）。

4）技术调整后增加找平过渡层可提高系统的热工性能，其风险评价得分值可由16分提高到25分（见该标准第4.2.4条）。

5）技术调整后外墙外保温工程防脱落和抗风荷载设计风险评价得分值可由32分提高到40分（见该标准第4.2.5条）。

6）技术调整后外墙外保温工程的防潮透气设计风险评价得分值可由12分提高到20分（见该标准第4.2.6条）。

从以上分析可以看出，优化后评价得分显著提升，有效地降低了质量风险。要全面采用优化后的技术方案，在岩棉面层增加一层找平过渡层，并采用闭合小空腔粘贴、满粘贴或贴砌做法，则需要对现有的行业标准进行调整，改变薄抹灰的思路，优化岩棉外保温的构造，并统一材料技术指标。因此，很有必要对现有的行业标准进行修订，确保岩棉外墙外保温工程的质量、耐久性和低风险性，确保岩棉外墙外保温工程使用者的利益，降低质量风险，提高使用岩棉外墙外保温系统的工程使用寿命。

第12章

无机保温砂浆外保温技术与标准解析

无机保温砂浆是一种用于建筑物内外墙保温的新型保温材料，以无机类的轻质保温颗粒作为轻骨料，由水泥等胶凝材料、矿物掺加料、保水增稠材料、憎水剂、纤维增强材料以及其他功能添加剂组成，按一定比例在专业工厂混合的干混材料，在使用地点按规定比例加水拌合使用。无机保温砂浆具有隔热保温、防火防冻、耐老化等优异性能，在国内有着广泛的市场需求。

我国地域广阔，各气候区温差较大，无机保温砂浆在不同气候区的应用范围不同。在严寒和寒冷地区，对建筑节能要求较高，无机保温砂浆导热系数高，很难满足节能要求，但是由于墙体材料和混凝土梁柱的导热系数不同，易产生冷热桥现象，此时在梁柱外侧涂抹无机保温砂浆可以减少热桥的产生。因此在这些地区无机保温砂浆广泛应用于门窗洞口收口、空调板、挑板、檐口挑檐、压顶、女儿墙等部位。

夏热冬冷地区建筑节能标准较严寒和寒冷地区要低一些。一般情况下，无机保温砂浆保温隔热性能能够满足该地区建筑节能要求，加上无机保温砂浆施工方便、防火A级，性价比较高，因此，在夏热冬冷地区无机保温砂浆运用较为广泛。

早期的无机保温砂浆以水泥为胶凝材料，以膨胀珍珠岩或膨胀蛭石为骨料，并加入少量助剂配制而成，它的性能随胶凝材料与骨料的体积配合比不同而不同，是建筑工程中使用较早的保温砂浆。《建筑保温砂浆》GB/T 20473—2021中明确了该类无机保温砂浆的定义和性能指标。在市场应用过程中，由于该类保温砂浆吸水率大、易粉化、搅拌中体积收缩率大、导热系数不稳定、易造成产品后期强度降低和空鼓开裂等缺点，目前该类保温砂浆已淘汰，禁止在市场上使用。

2007年左右市场上出现了一种新型无机保温砂浆，它以膨胀玻化微珠（即闭孔珍珠岩）为骨料，这种材料由玻璃质火山熔岩矿砂经膨胀、玻化等工艺制成，表面玻化封闭、呈不规则球状，内部为多孔空腔结构的无机颗粒材料，具有导热系数小、绝热、质轻、防火、耐老化等优异性能。

利用膨胀玻化微珠做轻质骨料配制成的保温砂浆，具有良好的保温隔热性能、抗老化性和耐候性，其强度高，粘结性较好，在一定程度上解决了传统无机保温砂浆吸水率大，导热系数高，易粉化，易空鼓开裂的问题。2007年针对膨胀玻化微珠材料出台了产品标准《膨胀玻化微珠》JC/T 1042—2007，2010年又针对新型无机保温砂浆相继发布了行业标准《膨胀玻化微珠轻质砂浆》JG/T 283—2010和国家标准《膨胀玻化微珠保温隔热砂浆》GB/T 26000—2010。

经过多年市场应用总结，2011年发布了新型无机保温砂浆系统的行业标准《无机轻集料砂浆保温系统技术规程》JGJ 253—2011（已废止），该标准目前已发布新版本，即《无机轻集料砂浆保温系统技术标准》JGJ/T 253—2019。

12.1 现行标准关键技术要求

12.1.1 材料

1.界面砂浆

《无机轻集料砂浆保温系统技术标准》JGJ/T 253—2019中规定了合理的拉伸粘结强度。在该标准第4.2.2条中，规定原强度≥0.90MPa，耐水强度≥0.70MPa，耐冻融强度≥0.70MPa，可操作时间≥1.5h。

2.无机轻集料保温砂浆

1）保温性能良好，该标准中规定其导热系数分类三档：Ⅰ型不大于0.070W/（m·K），Ⅱ型不大于0.085W/（m·K），Ⅲ型不大于0.10W/（m·K）；

2）密度适中，该标准中规定其干密度分为三档：Ⅰ型不大于350kg/m^3，Ⅱ型不大于450kg/m^3，Ⅲ型不大于550kg/m^3；

3）具有一定的强度，该标准中规定其拉伸粘结强度不小于0.10MPa，抗压强度不小于0.50MPa；

4）尺寸稳定性好，该标准中规定其尺寸稳定性小于等于0.25%；

5）耐水性能良好，该标准中规定其软化系数不小于0.60；

6）燃烧性能优异，该标准中规定其燃烧性能等级达到A级。

3.抗裂砂浆

规定了合理的拉伸粘结强度：在该标准中，规定原强度不小于0.70MPa，耐水强度不小于0.50MPa；规定了合理的柔韧性：压折比≤3.0。

4.玻纤网

该标准第4.2.4条中规定了玻纤网单位面积质量不小于160g/m^2；

该标准第4.2.4条中规定了玻纤网的耐碱拉伸断裂强力（经向、纬向）≥1000N/50mm。

12.1.2 构造

该标准规定的无机轻集料砂浆保温系统构造具有以下技术特点：

1）基层表面应均匀涂刷界面砂浆，提高了保温砂浆与基层墙体的粘结力；

2）保温砂浆应分层施工，每层厚度不宜大于20mm，总厚度不宜超过50mm；

3）抗裂层由抗裂砂浆复合耐碱玻纤网组成；

4）面砖饰面时，抗裂面层应采用塑料锚栓锚固，且锚栓数量不应少于5个/m^2。

12.2 潜在风险分析

12.2.1 导热系数不稳定

无机轻集料保温砂浆导热系数不稳定，指标仅存于理论，实际应用过程中导热系数会变大很多，造成这一现象的主要原因在于：

1）无机轻集料保温砂浆为单组分产品，轻质骨料和粉料在工厂混合均匀，混合后从外观上很难区分骨料是膨胀玻化微珠还是膨胀珍珠岩，受利益驱使，易出现鱼目混珠的情况，导致产品质量较差；

2）由于轻质骨料较脆，外力作用下易碎，在生产搬运过程中轻质骨料体积损失一般都在5%以上；

3）现场搅拌过程中，一般使用砂浆搅拌机或者手枪钻，骨料破损率会更高，吸水率会变大，体积损失一般都在10%以上；

4）上墙使用过程中特别是抹底灰，要求保温砂浆与基层粘结牢固，抹灰力道相对较大，易造成骨料破碎。

以上各种原因在过程中很难避免，骨料破碎、吸水率增大导致导热系数增大，一般都会比实验室实测值大50%以上。

12.2.2 易开裂空鼓

2010年11月“上海胶州路教师公寓火灾”把无机保温砂浆推上了节能材料技术的皇位，上海对无机保温砂浆大范围的应用使得其致命弱点竞相显现。

无机保温砂浆是非弹性体，这是其作为外保温材料的首位缺陷。外墙外保温的材料应形成一个柔性系统，能充分释放应力。无机保温砂浆的强度指标均不在弹性体和亚弹性体的范围内，其容重高、抗压强度高，无机轻集料保温砂浆的性能指标见表12-1。

无机轻集料保温砂浆的性能指标 表12-1

项目	性能要求		
	Ⅰ型	Ⅱ型	Ⅲ型
干密度（kg/m^3）	≤350	≤450	≤550
抗压强度（MPa）	≥0.50	≥1.00	≥2.50
拉伸粘结强度（MPa）	≥0.10	≥0.15	≥0.25
导热系数（平均温度25℃）[W/(m·K)]	≤0.070	≤0.085	≤0.100
线性收缩率（%）	≤0.25		

注：数据来源于《无机轻集料砂浆保温系统技术标准》JGJ/T 253—2019。

这些基础指标在外墙的温度变化中产生很大的温度变形应力。无机保温砂浆线性收缩率≤0.25%，砂浆类线膨胀系数为（12～16）$\times 10^{-6}$/℃。这些基础指标都是无机保温砂浆发生工程事故，导致热涨产生空鼓、冷缩拉开裂缝的主要原因。

按无机保温砂浆自然干燥7～56d的收缩率0.25%计算，60m高，15m宽外墙外保温的保温层要发生15cm的纵向干燥收缩，产生3.75cm的横向干燥收缩。这种无机保温浆料的自然干燥收缩量是在试验室就已经被认识了，这种无机保温砂浆抹上外墙两个月内必发生多处裂缝是业内常识。

无机保温砂浆主要在江苏省、上海市等夏热冬冷地区应用。无机保温砂浆除自然干燥收缩外还有温度变化产生的形变，以上海为例，其外墙面年温差达能到80℃以上，巨大的温差易使墙面产生强烈的热胀冷缩变形，热胀引发空鼓，冷缩引发裂缝。

无机保温砂浆线膨胀系数通常为（12～16）$\times 10^{-6}$/℃，砂浆产生温差时其尺寸变化量计算公式如下：

$$\Delta L=\alpha \times L \times \Delta T \qquad (12\text{-}1)$$

式中：ΔT——墙面温度差（℃）；

L——墙体尺寸（m）；

α——线性膨胀系数（1/℃）；

ΔL——墙体在相应温度差下产生的尺寸变化量（m）。

按照常见住宅立面高60m，宽15m为例计算，夏季墙面日温差达到50℃时，墙面高度方向膨胀位移为：

$$\Delta L=(12\sim16)\times10^{-6}/℃\times60m\times50℃\times100=(3.6\sim4.8)cm \qquad (12\text{-}2)$$

墙面宽度方向膨胀位移为：

$$\Delta L=(12\sim16)\times10^{-6}/℃\times15m\times50℃\times100=(0.9\sim1.2)cm \qquad (12\text{-}3)$$

以上计算的尺寸为单日温差下产生的墙体膨胀变形量，随着温差逐日发生其膨胀空鼓量和尺寸变形量会逐渐积累，产生越来越大的空鼓。

冬季墙面日温差达到30℃时，墙面高度方向收缩位移为：

$$\Delta L=(12\sim16)\times10^{-6}/℃\times60m\times30℃\times100=(2.16\sim2.88)cm \qquad (12\text{-}4)$$

墙面宽度方向收缩位移为：

$$\Delta L=(12\sim16)\times10^{-6}/℃\times15m\times30℃\times100=(0.54\sim0.72)cm \qquad (12\text{-}5)$$

以上计算的尺寸为单日温差下产生的墙体收缩变形量，随着温差逐日发生其收缩开裂数量和裂缝宽度总量会逐渐积累，产生墙面大尺寸开裂。

60m高的无机保温砂浆外墙夏季每天均要发生的温度变化，每天产生纵向膨胀位移（3.6～4.8）cm，横向膨胀位移（0.9～1.2）cm。冬季每天产生纵向收缩位移（2.16～2.88）cm，横向收缩位移（0.54～0.72）cm。综上所述得知：按这个标准施工，无机保温浆料外保温工程均会产生空鼓、裂缝。

大量工程实践已经验证了这个标准的问题。外墙外保温必须是完全的柔性构造，不能采用刚性材料做保温层，不能设置分隔缝，不设置温度变形应力释放区。无机保温浆料的高强性必须改造为亚弹性体才能避免空鼓和开裂脱落。

无机保温砂浆的大面积工程事故是上海否定外保温技术的最后一根稻草。

12.3 技术调整对防控风险的作用

12.3.1 技术调整方案

1）在产品性能指标中增加骨料技术参数，可按《膨胀玻化微珠》JC/T 1042—2007执行；

2）骨料中加入一定比例的聚苯颗粒替代膨胀玻化微珠。

12.3.2 增强方案

1. 优化材料性能指标

优选膨胀玻化微珠骨料，提高无机保温砂浆质量，既有利于提高保温系统的质量，又可提高系统的耐候性和耐久性，减少因材料问题出现的风险。

2. 增加骨料技术参数

由于膨胀玻化微珠吸水率低，膨胀珍珠岩吸水率高，在无机轻集料保温砂浆材料性能指标中增加膨胀玻化微珠原材料技术参数，杜绝鱼目混珠的情况发生，通过稳定产品配方稳定产品质量。

3. 骨料中增加一定比例聚苯颗粒

由于聚苯颗粒属于柔性材料，在加工、运输、装卸、搅拌，成型过程中不易破碎，保证骨料的完整性，通过柔性的聚苯颗粒一方面分散产品的内应力，提高产品的抗开裂性，同时稳定产品的导热系数，大幅提高产品施工性能，降低空鼓开裂的风险。

根据《聚苯颗粒——玻化微珠复合防火保温砂浆的研究》[6]一文的试验分析得出，在保温砂浆的骨料中原发聚苯颗粒体积掺量为66.7%[1]时可以达到最佳配比（根据不同聚苯颗粒级配该比例略有不同），见表12-2和图12-1。使所配制的保温砂浆施工性能良好、力学性能、线性收缩率符合要求，同时满足A2级的防火性能。采用聚苯颗粒—玻化微珠复合骨料后，保温砂浆会形成亚弹性体，起到分散温度应力的作用，可以解决纯无机保温砂浆易空鼓开裂的问题。

EPS掺量变化对保温砂浆性能的影响 　　表12-2

EPS体积掺量	79.1%	72%	66.7%	60.8%
单方EPS质量比（%）	3.18	2.93	2.65	2.41
水胶比	0.91	0.95	0.99	1.05
稠度（cm）	8.9	9.0	9.2	8.8
干密度（kg/m³）	285.3	292.5	300.2	310.5
施工和易性	较好	较好	好	好
抗压强度（kPa）	727	742	765	771
压剪粘结强度（kPa）	245	255	249	244
线性收缩率（%）	0.22	0.22	0.19	0.18
导热系数[W/（m·K）]	0.057	0.060	0.062	0.066

续表

Δm(%)	22.6	22.5	20.2	19.5
ΔT(℃)	54.6	51.2	45.2	40.2
T_f(s)	95次间断	90次间断	90次间断	81次间断

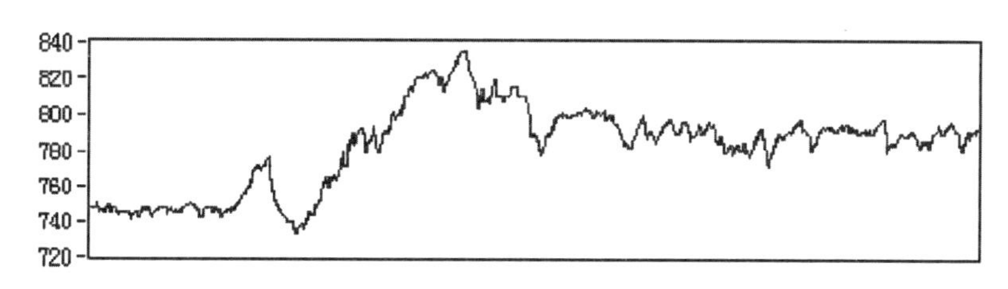

图12-1 EPS体积掺量为66.7%时保温砂浆燃烧温度变化曲线

目前市场上对聚苯颗粒的认识存在很大的误区，认为聚苯颗粒属于可燃材料，骨料中加入聚苯颗粒会降低材料燃烧等级，产品不属于A级了。根据《建筑材料及制品燃烧性能分级》GB 8624—2012第5条：A级分为A1级和A2级，而加入聚苯颗粒的保温砂浆燃烧等级非常容易做到A2级，从技术角度，只要控制好粉料和骨料的比例，总热值不超过标准值即可做到。

纯无机轻集料保温砂浆燃烧等级为A级毋庸置疑，骨料中加入一定聚苯颗粒后，形成无机材料包裹有机颗粒的复合保温产品，在受热时，包裹的聚苯颗粒会软化并熔化，但不会发生燃烧，会形成一种防火微分仓构造。此时该保温材料的导热系数会更低、传热更慢，受热全过程材料体积变化率为零。

从锥形量热计试验观察这种微分仓构造，胶粉聚苯颗粒材料的热释放速率峰值≤5kW/m²。可有效防止热量的传递。

12.4 技术与标准的发展

无机保温砂浆强度高，在工程应用中易空鼓开裂。通过材料优化在其骨料中增加总体积50%以上的聚苯颗粒，可以形成柔性构造起到释放温度应力的作用，以抵消体积收缩膨胀，降低开裂脱落风险，形成防风、防火、防水、抗震、防温度应力的五不怕墙体，达到设计使用年限不低于50年的目标。

无机保温砂浆刚性体系案例：2021年3月上海一幢居民楼外立面发生脱落（图12-2），一路人被砸身亡，据分析该外墙材料应为无机保温砂浆类保温材料。

图12-2　上海某居民楼外墙材料脱落

胶粉聚苯颗粒柔性体系案例：南京世贸滨江新城项目（图12-3）于2006年完工，是超百米高层建筑群。该项目采用胶粉聚苯颗粒浆料柔性体系做法，已投入使用15年之久未发生质量事故。

图12-3　南京世贸滨江新城项目

第13章

真空绝热板薄抹灰外保温技术与标准解析

真空绝热板（Vacuum Insulation Panel，简称VIP板）是一种利用真空绝热原理生产的新型高效节能环保绝热材料，源于太空技术，具有环保、高效、节能的特点，是最先进的高效保温材料之一，在多种绝热节能领域得到应用。建筑用真空绝热板以芯材和吸气剂为填充材料，使用复合阻气膜为包裹材料，经抽真空、封装等工艺制成的建筑保温用板状材料（图13-1）。其中，芯材是由纤维状、粉状无机轻质材料组成，起成型阻热作用的填充材料；吸气剂是通过物理或化学方式吸附气体的材料；复合阻气膜是由热封材料、阻气材料、保护材料等经高温粘合制成的具有阻止气体透过作用的复合薄膜。

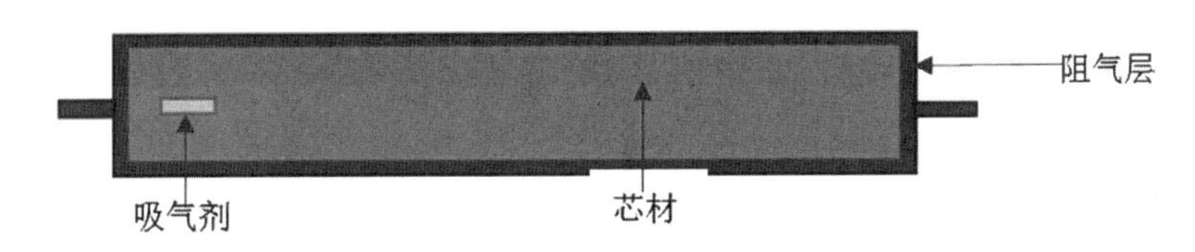

图13-1 真空绝热板构造示意

现行真空绝热板主要标准有三个：《真空绝热板》GB/T 37608—2019、《建筑用真空绝热板》JG/T 438—2014、《建筑用真空绝热板应用技术规程》JGJ/T 416—2017。

13.1 真空绝热板性能特点

根据《建筑用真空绝热板》JG/T 438—2014规定，建筑用真空绝热板按导热系数不同进行分类，尺寸偏差、性能指标分别符合表13-1～表13-3的要求。

1.真空绝热板性能优势

1）保温效果好，导热系数最低可以达0.002W/（m·K）以下；

建筑用真空绝热板分类　　表13-1

产品类型	导热系数范围[W/(m·K)]
Ⅰ型	≤0.005
Ⅱ型	>0.005且≤0.008
Ⅲ型	>0.008且≤0.012

建筑用真空绝热板的尺寸偏差　　表13-2

项目		允许偏差(mm)
厚度	<15mm	+2，0
	≥15mm	+3，0
长度、宽度		±10
板面平整度		2

建筑用真空绝热板性能指标　　表13-3

项目		指标		
		Ⅰ型	Ⅱ型	Ⅲ型
导热系数[W/(m·K)]		≤0.005	≤0.008	≤0.012
穿刺强度(N)		≥18		
垂直于板面方向的抗拉强度(kPa)		≥80		
尺寸稳定性(%)	长度、宽度	≤0.5		
	厚度	≤3.0		
压缩强度(kPa)		≥100		
表面吸水量(g/m^2)		≤100		
穿刺后垂直于板面方向的膨胀率(%)		≤10		
耐久性(30次循环)	导热系数[W/(m·K)]	≤0.005	≤0.008	≤0.012
	垂直于板面方向的抗拉强度(kPa)	≥80		
燃烧性能		A级(A2级)		

2)防火性能A级，安全性高主要材料均为无机保温材料；

3)超薄轻质，安全性高，不易脱落；

4)空间利用率高产品厚度仅为传统材料的20%～25%，提高建筑得房率；

5)使用寿命长由无机材料组成，性能稳定，对温度、气候、环境变化耐候性强，真空绝热板在工业领域应用已有40多年历史，建筑领域使用已有30多年历史。据德国科隆大学的使用监测推论其使用寿命可达75年以上。

2.真空绝热板性能劣势

1)真空绝热板高效保温性能取决于真空度，一旦破损，保温性能大幅丧失；

2）真空密封性定型产品，不允许施工现场根据实际排板要求裁切；

3）板面不允许打锚固件，只能在板缝处打锚固件，板材容易受损；

4）板材真空成型，表面凹凸不平，与其他常见有机保温材料薄抹灰做法平整度明显存在差距，阳光照射下，板痕清晰可见。

13.2 真空绝热板关键应用技术研究

13.2.1 真空绝热板真空度与导热系数关系研究

真空绝热板极佳的绝热性能取决于真空度，提高真空绝热板板内真空度能够降低空气引起的热传递，使其导热系数可以低到0.002～0.004W/（m·K），仅通常保温材料导热系数的1/10。

建筑用真空绝热板根据芯材不同，可以分为气相二氧化硅型和玻璃纤维型。两种芯材的真空绝热板在性能上存在一定差异（表13-4和图13-2）。

芯材主要性能参数　　表13-4

芯材性能参数	气相二氧化硅芯材	玻璃纤维芯材
粉末粒径/纤维直径	8～15nm	2～5μm
孔隙度	＞95%	＞99%
体积密度	170～200kg/m^3	180～250kg/m^3

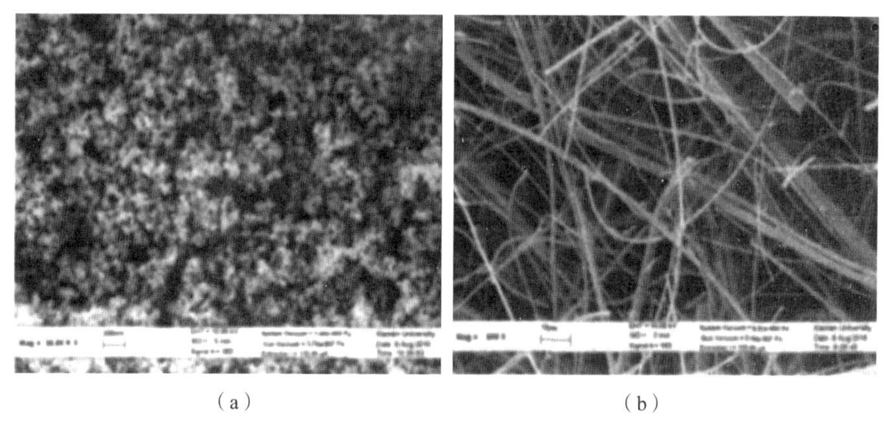

（a）　（b）

图13-2　真空绝热板芯材扫描电镜照片

（a）气相二氧化硅芯材；（b）玻璃纤维芯材

邸小波[7]等采用逆真空法和导热系数仪，对气相二氧化硅和玻璃纤维两种芯材的真空绝热板板内压力和导热系数进行测试，研究导热系数随板内压力的变化关系（表13-5），并结合芯材孔结构特点，从绝热机理进行理论分析，绘制了图表及关系曲线（图13-3），得出结论：真空绝热板内真空度较低时，真空度对导热系数影响不大，随着真空度的提高，导热系数急速下降，当真空度大于某一值后，导热系数趋于恒定，产生S形曲线。玻璃纤维芯材真空绝热板的初始导热系数低于气相二氧化硅芯材真空绝热板的初始导热系数。

真空绝热板板内压力与导热系数测试值 **表13-5**

项目		技术指标						
压力（Pa）		0.005	0.05	0.5	5	50	500	5000
气相二氧化硅芯材	逆真空法板内压力（Pa）	25	30	45	50	76	140	410
	导热系数[mW/（m·K）]	4.98	5.32	5.48	5.69	5.75	5.85	12.34
玻璃纤维芯材	逆真空法板内压力（Pa）	4.6	8	10	15	23	100	320
	导热系数[mW/（m·K）]	3.48	3.51	3.66	3.9	6.07	17.46	19.68

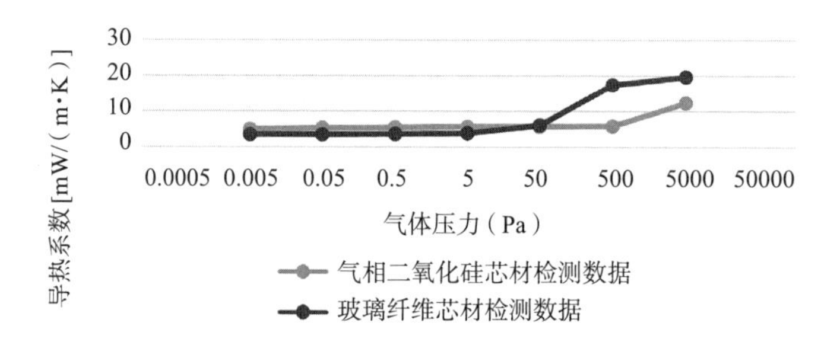

图13-3 真空绝热板导热系数与板内压力之间关系曲线

玻璃纤维芯材和气相二氧化硅芯材真空绝热板导热系数随板内压力变化趋势基本一致。区别在于玻璃纤维芯材在压力高于5Pa时，导热系数开始上升，气相二氧化硅芯材在500Pa以上时，导热系数才开始上升。两者相差百倍，主要原因是孔结构尺寸不同，玻璃纤维芯材真空绝热板孔结构尺寸约20μm，相对较大，板内压力达到5Pa时空气分子自由程约为1.3mm，远大于其孔径；气相二氧化硅芯材真空绝热板孔结构尺寸约50nm，比较而言要小很多，板内压达到500Pa时空气分子自由程约为13μm远大于其孔径，此时气体的传热均已完全被阻止。因此在制作真空绝热板时，对玻璃纤维芯材，板内压力降到1Pa时就可封口，气相二氧化硅芯材，板内压力降到100Pa时就可封口，过分地降低板内压力影响制作效率和成本，对降低导热系数贡献不大。

很显然，如果采用质地完全相同的真空保护层，玻璃纤维芯材真空绝热板导热系数要低于气相二氧化硅芯材真空绝热板，绝热保温性能更优。但是，由于玻璃纤维芯材相比于气相二氧化硅芯材孔隙较大，导热系数对压力上升更敏感。一般玻璃纤维芯材真空绝热板板内压力上升到500～1000Pa（取决于纤维直径及芯材孔隙的大小）时，认为其失去超级绝热效果[导热系数大于0.0115W/（m·K）]，而气相二氧化硅芯材真空绝热板板内压力上升到5000Pa才失效。因此，一般玻璃纤维芯材真空绝热板选择气体阻隔性能更好的阻隔膜、在板内加入吸气剂（干燥剂），以及提高真空封装工艺板来抑制板内气压的上升，维持良好的绝热效果，延长使用寿命。根据不同的应用领域，例如建筑保温领域、低温冷藏领域（冰箱、保温箱、冷藏车等），通过选择不同的气体阻隔膜、吸气剂以及封装工艺，来分别满足其使用寿命要求，建筑保温可以达到30年以上，低温冷藏领域可达到15年以上。气相二氧化硅芯材真空绝热板导热系数对板内压力不敏感，稳定性更好，使用寿命可以达到30年以上，同样适用于建筑外墙保温领域。但是这种芯材真空绝热板的初始导热系数略高[一般在0.005W/（m·K）左右，而玻纤真空绝热板初始导热系数在0.002W/（m·K）]，加之气相二氧化硅芯材真空绝热板成本偏高，对其发挥独特的竞争优势不利。

目前，市场上各种芯材的真空绝热板均有销售，品质参差不齐，价格差异很大，使用无机矿物纤维代替玻璃纤维的，使用其他轻质无机粉料代替气相二氧化碳的并不少见，使用者仅凭外观或价格判断难以辨别，选用合适的真空绝热板用在合适的领域就变得至关重要。

13.2.2 真空绝热板真空度使用寿命分析研究

与通常保温材料有显著差别，真空绝热板是由多孔介质芯层隔热材料、高阻气性的隔气结构及气体吸附材料复合而成的一种保温材料，具有极低的导热系数，仅需很薄的厚度就能实现高效保温。但前提是必须持续保持其真空度，一旦真空度丧失，其保温性能也随之大幅下降，甚至完全丧失。

与其他领域应用情况不同，建筑外墙保温领域使用的真空绝热板，是长期处于复杂多变、苛刻恶劣的户外环境中的。近些年来，真空绝热板外墙保温工程实践中陆续出现了板材开包、真空度丧失、保温失效等问题，引发了高度关注和深度担忧。对此，形成了两种截然不同的观点，一种观点认为，真空绝热板外保温工程出现问题是因为选用了不合格产品，是个别案例，不能代表真空绝热板技术体系，这项技术是先进的、合理的，是可以实现超低导热系数、超薄厚度、并且是A级不燃保温材料，应用前景广阔；另一种观点则认为，无法证明真空绝热板作为外墙保温材料在复杂苛刻的户外环境中其真空度可以长期保持，接连不断地出现工程问题，说明这种材料不适合作为外墙保温材料使用，更有极端观点认为，这是一种劣质材料、是一种伪科学，应当尽快将其逐出市场。两种观点尖锐对立，莫衷一是。如何才能更加理性地看待这个问题，做出更加合理、更加科学的判断和选择呢？为此，有必要对真空绝热板的真空度、使用寿命与绝热性、材料、构造等问题做深入的剖析研究。

真空绝热板真空度使用寿命可分为实际使用寿命和标准工况使用寿命两种情况。实际使用寿命指的是在其使用环境中真空绝热板导热系数满足绝热材料临界值的使用年限。事实上，真空绝热板的导热系数并不是恒定不变的，随着其在保温场合使用的时间推移，绝热性能会随之衰减，导热系数也会随之上升。因真空绝热板导热系数的变化受诸多因素的影响，实际使用寿命在很大程度上取决于真空绝热板设计与材质、使用环境及所允许的最小热阻值。标准状况下的使用寿命指在温度为24℃、相对湿度为50%的条件下真空绝热板保持超绝热性能的年限。真空绝热板的实际使用寿命是大于还是小于标准条件下的使用寿命取决于使用环境与要求的最小热阻值。

阚安康等[8]对此作了深入的研究，提出了真空绝热板使用寿命的理论评估模型，所得出计算结论通过实验室验证结果基本吻合。以下是其研究成果的部分内容：

工程热物理及传热学将导热系数0.20W/（m·K）作为保温材料及非保温材料的分界线，但对绝热材料与普通保温材料并没有给出明确分界。参照美国ASTM C1484-01标准规定，绝热材料指的是在平均温度为24℃（75 ℉）的测试环境中，中心区域导热系数不高于0.011495W/（m·K）的保温材料，因此，取0.0115W/（m·K）作为绝热材料导热系数的上限。

1.真空绝热板使用寿命的理论评估模型

真空绝热板因长期使用，气体、水蒸气会通过隔气结构及封口渗入到板内以及隔气结构和芯材释放气体到板内，都会造成板内气压的上升，从而影响其使用寿命。隔气结构是形成真空环境的屏障，是真空绝热板的重要组成部分。隔气结构导热系数、厚度等因素都会对真空绝热板的边缘热桥效应的高低有一定影响，从而影响真空绝热板的有效导热系数。隔气结构的透气性能与透湿性能直接影响真空绝热板内的真空度稳定性，从而影响其绝热性能的长期稳定性。

在理论计算时，为简化模型，假设板内气压与水分对导热系数的影响是相互独立的，故而可采用相互叠加的方式对其进行评估。

$$\lambda(\tau)=\lambda_e+\lambda_{gas}(\tau)+\lambda_{vap}(\tau) \tag{13-1}$$

式中：$\lambda(\tau)$——使用τ年时间后的导热系系数，W/(m·K)；

λ_e——初始导热系数，W/(m·K)；

$\lambda_{gas}(\tau)$——由大气渗透造成的导热系数增加值，W/(m·K)；

$\lambda_{vap}(\tau)$——由水蒸气渗透造成的导热系数增加值，W/(m·K)。

影响真空绝热板内部真空的气体事实上由两部分组成，一部分来自外界的渗透，一部分来自隔气结构或芯材的气体释放。外界通过隔气结构渗入到真空绝热板板内的气体快慢可以用气体渗透率（GTR）来表示，其值一般由组成隔气结构的材料和封口情况来决定，为温度与相对湿度的函数。隔气结构表面气体渗透率可由厂家直接提供，但提供的数据多为氧气渗透率（OTR）。氧气渗透率是指在大气环境条件下单位面积隔气结构每天渗透的氧气量，$cm^3/(m^2·d·Pa)$。氧气在空气中占的比例仅为21%，空气中的氮气分压力为氧气4倍左右，但氧气在许多膜中的渗透率较高，一般为氮气渗透率的5倍以上。事实上，渗入到真空绝热板内的干空气不仅是氧气、氮气等，其他气体也会因内外压差而渗入真空绝热板内。研究发现，氮气渗透率为氧气渗透率的1/5，在理论计算时气体渗透率可以采用式（13-2）计算。

$$\begin{aligned}R_{GTR}&=(R_{OTR}+1/5R_{OTR})A_{VIP}+R_{Cir}C_{VIP}\\&=6/5R_{OTR}A_{VIP}+R_{Cir}C_{VIP}\end{aligned} \tag{13-2}$$

式中：R_{GTR}——气体渗透率，$cm^3/(d·Pa)$；

R_{OTR}——氧气渗透率，$cm^3/(m^2·d·Pa)$；

A_{VIP}——隔气结构表面积，m^2；

R_{Cir}——透过周长为C_{VIP}（m）的封口气体渗透率，$cm^3/(m·d·Pa)$。

气体的渗透量可以用Q_{GT}表示为：

$$Q_{GT}=\Delta_p\times R_{GTR} \tag{13-3}$$

式中Δ_p为真空绝热板内外压差，一般真空绝热板内气压较之外界大气压p_o很小，可忽略不计，则上式可以表示为：

$$Q_{GT}=p_oR_{GTR} \tag{13-4}$$

根据理想气体状态方程得，因气体渗透而导致真空绝热板板内压力随时间的变化公式为：

$$\frac{dp_{perm}}{d\tau}=\frac{Q_{GTR}}{V_e}\frac{p_o}{T_o}T_m=\frac{p_o^2R_{GTR}}{V_e}\frac{T_o}{T_m} \tag{13-5}$$

式中：V_e——真空绝热板内气孔的体积之和，一般可由芯材参数求取或厂家提供，m^3；

T_m——真空绝热板内部温度，K；

T_o——环境大气压p_o对应的环境温度，K。

隔气结构或芯材在使用的过程中会释放气体，释放气体的量及种类根据隔气结构和芯材而定，分压力p_{diff}随着时间变化的公式可表示为：

$$\frac{dp_{diff,i}}{d\tau}=\frac{1}{V_e}\left(c_i\tau^{-\alpha_i}+b_i\tau^{-\beta_i}\right) \tag{13-6}$$

式中：c_i、b_i——分别为芯材材料、隔气结构对某种气体的放气系数，$Pa\cdot m^3/s$；

α_i、β_i——根据具体芯材和隔气结构而定，一般取0.5～1.0之间。

c_i、b_i、α_i、β_i的具体数值可经试验和经验获得。c_i、b_i一般取在试验条件下每种材料在第一小时内释放的某种气体总量。

在板内气压较低时，内部压力呈线性递增，在扩散效应的作用下，气体进入真空绝热板内部后，其多种气体造成的升压是叠加的。因此，根据式（13-5）和式（13-6）易得：

$$\frac{dp_{gas}}{d\tau}=\frac{dp_{perm}}{d\tau}+\sum_{1}^{N}\frac{dp_{diff,i}}{d\tau} \tag{13-7}$$

式（13-7）经积分求解，可得真空绝热板内气压随时间变化的较为精确近似解（板中无气体吸附材料）。式中p_{init}为$\tau=0$时真空绝热板内残余气体压力。当α_i、β_i小于1时，采用式（13-8）计算；当α_i、β_i等于1时，采用式（13-9）计算。

$$P_{gas}(\tau)=p_{init}+\left[\frac{p_o^2R_{GTR}T_m}{T_o}\tau+\sum_{1}^{N}\left(\frac{c_i}{1-\alpha_i}\right)\tau^{1-\alpha_i}+\sum_{1}^{N}\left(\frac{b_i}{1-\beta_i}\right)\tau^{1-\beta_i}\right]/V_e \tag{13-8}$$

$$P_{gas}(\tau)=p_{init}+\left[\frac{p_o^2R_{GTR}T_m}{T_o}\tau+\sum_{1}^{N}c_i\ln\tau+\sum_{1}^{N}b_i\ln\tau\right]/V_e \tag{13-9}$$

2.几种真空绝热板真空度使用寿命比较分析

影响真空绝热板使用寿命的因素，除了环境因素外，隔气结构的阻气、阻湿性也是影响其使用寿命的重要因素。根据美国ASTM C518—98标准规定，在23℃，相对湿度为50%的工况下，隔气结构渗氧率不高于$0.0005cm^3/(m^2\cdot d)$（参照ASTM D3985标准）；在38℃，相对湿度为100%的测试工况下，其水蒸气渗透率不高于$0.01g/(m^2\cdot d)$（参照ASTM F1249-90标准）。使用寿命按照ASTM C1484-01的规定（温度为24℃，相对湿度为50%）进行计算。此时对应水蒸气的饱和分压力为2980Pa，K取0.0008，初始真空绝热板中心区域有效导热系数取0.0040W/（m·K）。则取不同直径或孔径，规格为300mm×300mm×10mm的真空绝热板进行计算，得到的真空绝热板导热系数随时间的变化曲线如图13-4所示。

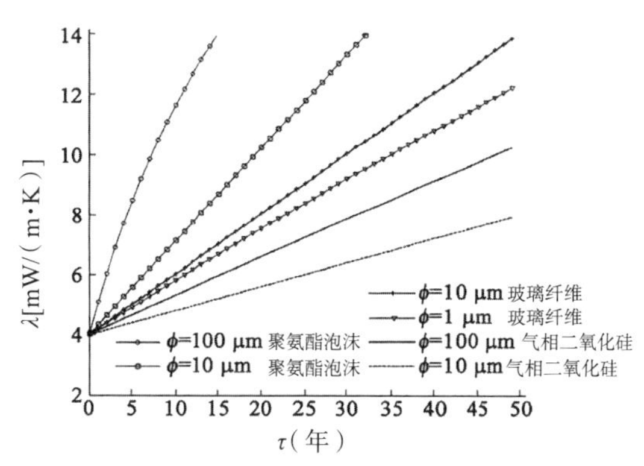

图13-4 不同孔径的多孔介质真空绝热板导热系数随时间变化曲线

从图13-4中可以看出，芯材不同，其导热系数随时间的变化曲线也不相同。聚氨酯芯材的真空绝热板，其导热系数随时间变化较为明显。ϕ=100μm的聚氨酯芯材真空绝热板开始导热系数随时间变化剧烈，后随着板内外压力差得减小，其导热系数变化率减缓，但10年后，其导热系数已经高达11.75mW/（m·K），高出了真空绝热板使用寿命对应导热系数的上限；而对于ϕ=10μm的气相二氧化硅芯材真空绝热板，虽然其导热系数随着时间呈上升趋势，经过50年后其导热系数仅上升到7.93mW/（m·K），远小于使用寿命规定的上限值。这说明气相二氧化硅芯材真空绝热板导热系数稳定性较好，玻璃纤维真空绝热板次之，而聚氨酯真空绝热板较差。对于同种多孔介质芯材的真空绝热板，其孔径或直径不同，导热系数的变化也不一样，对ϕ=100μm和ϕ=10μm的聚氨酯真空绝热板相比较不难发现，ϕ=10μm的聚氨酯芯材在使用15年后，其导热系数为8.87mW/（m·K），仍未超出标准所规定的上限值；而对于玻璃纤维和二氧化硅芯材的真空绝热板，也存在类似的变化规律。这说明，孔径越大，真空绝热板导热系数增长越快，孔径越小，其导热系数增长越慢。

3.延长真空绝热板使用寿命的措施

真空绝热板因长期使用，气体、水蒸气会通过隔气结构及封口渗入到板内以及隔气结构和芯材释放气体到板内，都会造成板内气压的上升，从而影响其使用寿命。板内真空度的高低是衡量真空绝热板性能和使用寿命长短的重要指标，为保证真空绝热板的导热特性和使用寿命，可以从减少气体渗入和降低芯材及隔气结构放气等环节入手。如：

1）选择即能有较强抗气体渗透能力，又能最大限度上减小热量传递的高阻隔薄膜。

2）选择多孔或直径较小的多孔介质芯材。

3）封装前采用间歇式加热抽真空的芯材预处理方法。

4）根据芯材及表面薄膜类型及其气体释放、渗透和水蒸气渗透情况选择气体吸附材料的种类和数量。

13.2.3 真空绝热板粘结性能研究

《建筑用真空绝热板应用技术规程》JGJ/T 416—2017规定的真空绝热板外墙外保温系统直接套用了《模塑聚苯板薄抹灰外墙外保温系统材料》GB/T 29906—2013的构造，所规定的胶粘剂、抹面胶浆性能指标也完全一致。这种不加区别的简单套用有失严谨，存有隐患。最初的胶粘剂、抹面胶浆是专门针对模塑聚苯板性能特点设计的，尽管后来的挤塑聚苯板、聚氨酯板甚至岩棉板外墙外保温系统均简单套用也是基本有效的，但并不能保证任何保温板材简单套用都有效。真空绝热板的阻气薄膜最外层是光滑的玻璃纤维织物，与常规的保温材料表面特性存在明显差异，常规的胶粘剂、抹面胶浆与其拉伸粘结强度能否达到0.10MPa的标准要求，需要做严格试验加以验证才能下结论。

为此，选用满足《模塑聚苯板薄抹灰外墙外保温系统材料》GB/T 29906—2013标准要求的胶粘剂、抹面胶浆与真空绝热板进行拉伸粘结强度测试，试验严格按照《模塑聚苯板薄抹灰外墙外保温系统材料》GB/T 29906—2013规定的方法进行，为说明问题，胶粘剂、抹面胶浆中可再分散乳胶粉的掺量分别定为1%、1.5%、2.5%三个级别。测试结果表明，在同等试验条件下，这些材料与模塑聚苯板拉伸粘结强度均大于0.10MPa，与水泥砂浆的拉伸粘结强度均大于0.60MPa，符合标准要求，但是与真空绝热板的拉伸粘结强度下降明显，拉伸粘结强度分别为0.05MPa、0.06MPa、0.09MPa，达不到标准要求。

为此在真空绝热板表面涂刷30%浓度EVA乳液界面剂，重新进行测试。结果表明，可再分散乳胶粉掺量最低的胶粘剂、抹面胶浆与真空绝热板的拉伸粘结强度也能够由0.05MPa提高到0.12MPa，满足标准要求。

此外，马科[9]根据真空绝热板工程中实际应用情况，通过实验室模拟不同情况下的真空绝热板薄抹灰系统，对抹面胶浆与真空绝热板拉伸粘结强度进行试验测试研究并对拉拔破坏界面进行分析研判。结果表明，真空绝热板在受到300N的拉拔外力时的变形微弱，具有较优异的力学性能。100mm × 100mm真空绝热板测试的拉伸粘结强度为0.052MPa。抹面胶浆内使用网格布对真空绝热板薄抹灰系统的粘结强度有显著的影响，粘结强度相比不使用网格布的做法提高了157.5%，真空绝热板的真空状态对真空绝热板薄抹灰系统的粘结强度有明显的影响，真空度破坏的板材拉伸粘结强度为0.031MPa，比正常状态下的粘结强度降低了69.9%。真空绝热板薄抹灰系统不同部位处的拉伸粘结强度存在较大的差异，丁字形缝处拉拔粘结强度最大，板中心处次之，一字形缝处最小。

13.3 真空绝热板薄抹灰系统常见问题及技术调整措施

13.3.1 真空绝热板薄抹灰工程问题照片

真空绝热板薄抹灰工程出现问题的照片见图13-5。

图13-5 真空绝热板问题照片（一）

图13-5　真空绝热板问题照片（二）

13.3.2 真空绝热板薄抹灰施工应用过程中常见问题及防治措施

1）施工环境问题：在不符合要求的环境条件下进行真空绝热板保温施工。

防治措施：5级以上大风和雨、雪、大雾天气不得施工；环境温度低于5℃时不得施工。

2）基层问题：建筑外墙基层表面不符合保温施工要求。

防治措施：施工前将基层表面的油污、脱模剂及浮灰等妨碍粘结的附着物打磨干净，将凸起、空鼓和疏松部位剔除并用水泥砂浆找平，二次结构必须抹水泥砂浆或聚合物砂浆找平层，不允许直接在砌体面上做保温层。在旧楼改造时，当原基层为涂料饰面时，应将原基层的涂料和腻子清理干净，并对粘贴基层进行界面处理后，方可粘贴真空绝热板；当原基层为面砖饰面时，应将空鼓、松动的面砖清理完毕，并使用瓷砖专用界面剂对基层进行界面处理后，方可粘贴真空绝热板。

3）吊篮施工问题：采用吊篮施工时，吊篮靠墙一侧的边角和突出部位未做防护处理，施工过程中对已粘贴的真空绝热板碰撞破坏。

防治措施：吊篮施工应严格按照相应的国家标准和安全技术规范执行。吊篮靠墙一侧的边角和突出部位必须使用棉布等柔软物做包裹防护处理，防止施工过程中对真空绝热板面反复磕碰而造成真空绝热板破损漏气。

4）施工工具问题：工人抹灰时使用四角锋利的钢制抹子和批刀易造成真空绝热板破坏。

防治措施：真空绝热板属于真空封闭定型产品，严禁切割、锐物刺穿，施工前应将钢制抹子和批刀等的四个直角或其他锋利处都磨成圆角，避免施工过程中对真空绝热板表面造成破坏。使用锯齿形抹子更便于条粘法施工。

5）砂浆问题：粘结砂浆、抹面砂浆碱性过大，损害真空绝热板表面玻纤保护层。砂浆搅拌不充分均匀、稠度偏差大。一次性搅拌量过大，使用“过时灰”。

防治措施：专用粘结砂浆和专用抹面胶浆是真空绝热板的配套材料，均为单组分低碱度专用干混聚合物砂浆，除拌和水外，现场不得再添加其他材料。砂浆配制应严格按供应商提供的配比和制作工艺在现场进行。一般情况下应将搅拌好的粘结砂浆静置10min，再进行二次搅拌后使用。一次配置砂浆过多，导致部分砂浆在一定时间内未使用完而凝结硬化，造成浪费，宜控制在1.5h内用完。

6）排板问题：真空绝热板在墙面上粘贴排布不严格，存在水平缝不平直或竖向通缝等问题。

防治措施：真空绝热板粘贴顺序应由下而上沿水平方向进行施工，先粘贴阴阳角，大墙面上的真空绝热板应进行竖向错缝施工，阴阳角交错互锁施工。

7）粘结面积问题：真空绝热板与基层有效粘结面积不足，达不到规范要求或存在虚粘问题。

防治措施：除用于平屋面保温施工时真空绝热板粘结面积不小于60%外，其他基层真空绝热板粘结面积均不小于80%，粘结方式采用条粘法，以达到满粘效果。

8）安装问题：真空绝热板粘结时工人用砖块、木条等坚硬物敲击固定，造成真空绝热板破损漏气。

防治措施：真空绝热板在粘结时应用手均匀挤压，可用橡皮锤轻轻敲击固定，严禁使用砖块、木条等坚硬物敲击固定。

9）平整度问题：已粘贴完的真空绝热板板面平整度不达标准。

防治措施：施工时用长度不小于2m的靠尺进行靠平检查，真空绝热板板面平整度、垂直度严格控制在4mm内，板周围挤出的粘结砂浆应及时清理。

10）破损板更换问题：已粘贴的真空绝热板有破损漏气板未及时更换，或破损板取下后采用保温浆料填充。

防治措施：真空绝热板破损后保温效果大幅下降，已粘贴的真空绝热板损坏后应及时更换。破损板处使用保温砂浆填充抹平会造成热桥，属于违规操作。

11）板缝问题：真空绝热板板缝处理不规范。

防治措施：真空绝热板应压接施工，即一块板的热封边与另一块板的热封边进行叠加施工，真空绝热板板缝的宽度$d \leqslant 15$mm，板缝处用保温浆料进行填充找平。

12）预留孔洞问题：真空绝热板施工前未预留穿墙洞口和安装预埋件。

防治措施：真空绝热板严禁切割和刺穿，所以粘贴真空绝热板前需预先留出空调风管等穿墙洞口和安装落水管卡件等预埋件，再粘贴真空绝热板，穿墙套管和预埋件周边位置用真空绝热板拼接，剩余部位用保温浆料抹平。

13）加强防护问题：首层墙面、墙体阴阳角未加铺玻纤网。

防治措施：为提高墙面的抗冲击能力，首层墙面应加铺一层玻纤网，加铺的玻纤网的接缝为对接，接缝应对齐平整。建筑墙体阴阳角部位应加设一层玻纤网增强搭接，两侧的搭接宽度不小于200mm。

13.3.3 技术调整措施

真空绝热板属于真空密封成型板材，高效保温性能取决于自身的真空度，故不允许对板面裁切、打锚固件。真空绝热板热封边搭接部位、外墙面异形部位、穿墙孔洞、交界节点部位等无法通过板材拼接方法实现保温层覆盖，实际施工中，此处多采用A级保温浆料抹灰覆盖。再有，负压成型的真空绝热板表面凹凸不平，阳光照射下，真空绝热板薄抹灰系统的表面平整度明显差于常规有机保温材料薄抹灰系统的表面平整度，往往可以看见清晰的板痕（图13-6），为避免这种问题出现，实际施工时也有使用A级保温浆料全面覆盖找平的做法。A级保温浆料局部找平覆盖或全部找平覆盖是真空绝热板薄抹灰外墙外保温系统常见配套做法，纯粹的真空绝热板薄抹灰做法少之又少。

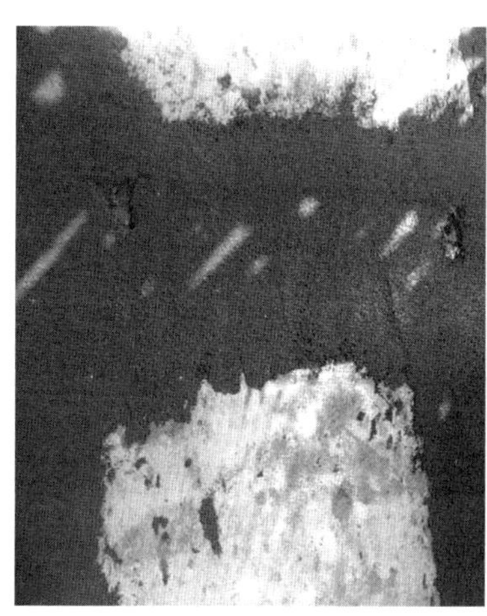

图13-6　真空绝热板面层清晰的板痕

玻化微珠无机保温砂浆、胶粉聚苯颗粒贴砌浆料是两种最常用的A级保温浆料。胶粉聚苯颗粒贴砌浆料是一种亚弹性体材料，相比于玻化微珠无机保温砂浆具有性能上的比较优势。采用胶粉聚苯颗粒贴砌真空绝热板外墙外保温系统构造（图13-7）。这样做可以有效克服真空绝热板薄抹灰系统的缺陷，充分发挥真空绝热板材料的特殊优势。其构造要点有：

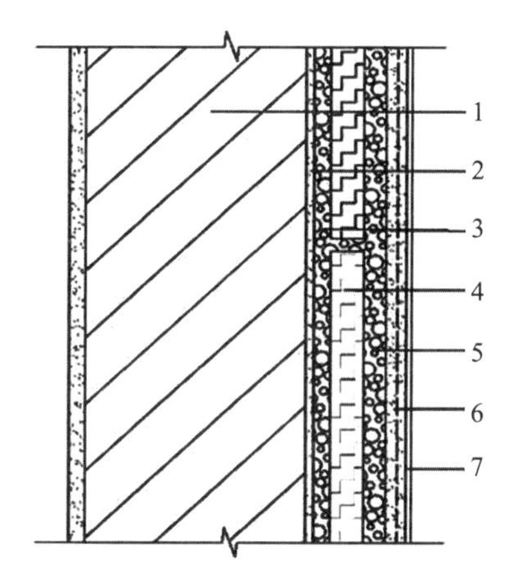

图13-7　胶粉聚苯颗粒贴砌真空绝热板外墙外保温基本构造

1—基层墙体；2—找平层（必要时）；3—胶粉聚苯颗粒贴砌浆料；4—真空绝热板；5—胶粉聚苯颗粒贴砌浆料；6—抹面层，内嵌玻纤网；7—饰面层

1）板缝处理完毕后应涂刷界面剂一道。

2）抹面胶浆施工前，应设置20mm厚胶粉聚苯颗粒贴砌浆料过渡层。

胶粉聚苯颗粒贴砌真空绝热板做法，是贴砌保温板技术与真空绝热板技术的有机结合，可以实现优势互补，既能够充分发挥各自优势又能够补齐各自短板。真空绝热板具有超低的导热系数、极薄的保温厚度，又是A级保温材料，这些突出优势恰好可以弥补常规的贴砌有机保温板做法中厚度偏大，不能满足A级的要求，而贴砌岩棉板做法虽可以满足A级要求，但又有厚度偏大、整体偏重等缺点。胶粉聚苯颗粒贴砌浆料自身是A级材料，既具有一定的强度，又具有一定的韧性，属于一种亚弹性体材料，具备保温、找平、防护等多重功能。胶粉聚苯颗粒贴砌真空绝热板做法是一种满粘做法，可以解决真空绝热板薄抹灰做法粘结力不足的问题；胶粉聚苯颗粒贴砌真空绝热板系统无需安装锚固件，避免了薄抹灰系统打锚固件易造成真空绝热板破损的问题；以及解决热封边、穿墙孔洞、异形节点部位等封闭热桥、局部找平的问题，避免无法裁切真空绝热板带来的施工不便；外面抹20mm的胶粉聚苯颗粒贴砌浆料，解决薄抹灰系统整体平整度较差问题，避免了薄抹灰板痕外露的问题；胶粉聚苯颗粒贴砌浆料的保温隔热性能避免了热应力直接作用于真空绝热板表面，大幅降低了热应力破坏作用；无空腔构造杜绝了风压对保温系统的破坏作用；胶粉聚苯颗粒贴砌浆料全覆盖真空绝热板，更加有利于真空绝热板真空度的长期保持。

在近零能耗建筑中，真空绝热板以其超低导热系数、超薄厚度，A级不燃材料的特殊属性，可以发挥得天独厚的作用。另一种具备非常低导热系数的有机保温材料是硬泡聚氨酯板，导热系数0.024W/（m·K），属于热固性难燃B_1级保温材料。为避免像其他保温材料一样，厚度过大时采用双层板，中间满抹砂浆并双层错板粘贴的复杂施工操作。可以将硬泡聚氨酯板与真空绝热板在工厂粘结预制复合，形成BA型（B指硬泡聚氨酯板，A指真空绝热板，下同）或BAB型，这种优势互补的复合板，再与胶粉聚苯颗粒贴砌浆料复合成贴砌保温板构造。构造如图13-8、图13-9所示。

真空绝热板超低的导热系数取决于自身的真空度，真空度首先取决于材料自身性能和加工制作工艺，复合胶粉聚苯颗粒贴砌浆料更加有利于其长久保持真空度。建筑用真空绝热板真空度能否持续保持的问题，业内一直存在争议。相比于建筑真空绝热板真空度问题，其他工业领域，比如冷藏行业、家用电器行业等，真空绝热板使用效果很好，真空度长期保持良好。对比分析认为，其

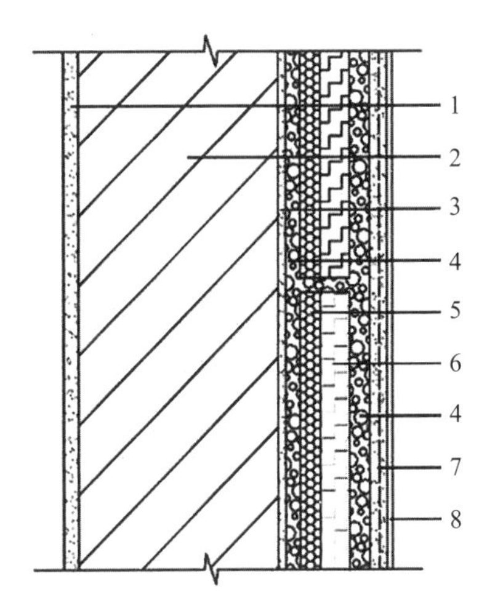

图13-8 胶粉聚苯颗粒贴砌硬泡聚氨酯板真空绝热板（BA型）外墙外保温系统基本构造

1—内墙抹灰层；2—基层墙体；3—找平层（必要时）；4—胶粉聚苯颗粒贴砌浆料；5—硬泡聚氨酯板；6—真空绝热板；7—抹面层，内嵌玻纤网；8—饰面层

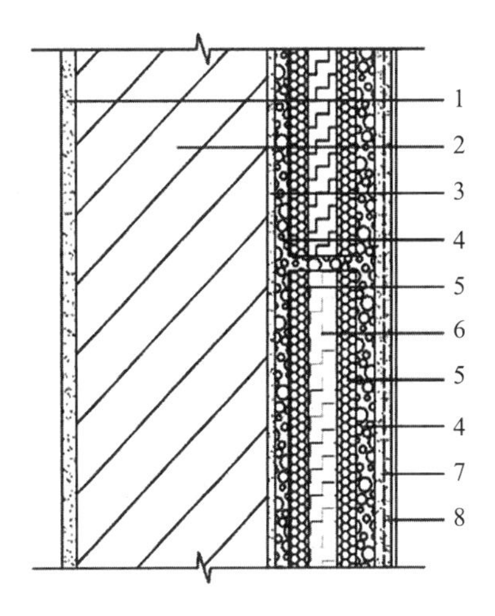

图13-9 胶粉聚苯颗粒贴砌硬泡聚氨酯板真空绝热板（BAB型）外墙外保温系统基本构造

1—内墙抹灰层；2—基层；3—找平层（必要时）；4—胶粉聚苯颗粒贴砌浆料；5—硬泡聚氨酯板；6—真空绝热板；7—抹面层，内嵌玻纤网；8—饰面层

他工业领域的真空绝热板都是有完整坚固的外壳做保护的，避免了外界环境剧烈变化导致的不良影响，而建筑真空绝热板薄抹灰系统长期处于严苛的外部环境中，外界环境不断变化给建筑真空绝热板真空度的长期保持带来了不利影响。因此，真空绝热板表面用20mm及以上的胶粉聚苯颗粒贴砌浆料找平覆盖，对于长期保持真空绝热板真空度是有很重要的积极作用的。

真空绝热板在工业领域应用已有40多年历史，建筑领域使用已有30多年历史。据德国科隆大学的使用监测推论认为，其使用寿命可达75年以上。

13.4 真空绝热板在建筑节能领域的发展前景

在建筑节能领域，真空绝热板有着极其优异的保温性能，达到同等保温效果只需很小的材料厚度。更加具有竞争优势的是其属于燃烧性能为A级保温材料，其他常见的几种A级保温材料或多或少存在某些缺陷。真空绝热板是唯一的导热系数极低且属于A级的保温材料。尽管真空绝热板在实际应用中还存在某些缺陷和不足，需要不断地完善和提高，但随着真空绝热板技术的不断完善以及贴砌保温板技术的优势互补，将在建筑节能领域具备广阔的应用前景，尤其是在近零能耗建筑领域具备更加显著的优势。

目前，国家“十四五”发展规划，2035年远景规划目标已经出台，其中对节能减排、绿色发展提出明确要求。2021年1月25日，国家主席习近平在世界经济论坛上讲：“中国力争于2030年前二氧化碳排放达到峰值，2060年前实现碳中和，实现这个目标，中国需要付出极其艰巨的努力”。

中国能源消耗的总体大盘中，建筑能耗占40%。其中水泥等建材生产能耗占比很大。

发展长寿命建筑，建设近零能耗建筑是对国家发展规划的具体响应，也是落实习总书记庄严承诺的具体行动。

胶粉聚苯颗粒贴砌真空绝热板技术，克服了原有的缺陷，充分发挥了其优势。随着建筑节能标准的提高、施工技术工业化和模块化，其在建筑领域的应用空间将更加广阔。

第14章

建筑墙体自保温技术与标准解析

14.1 建筑墙体自保温砌块材料及构造形式分类综述

建筑墙体自保温砌块材料纷繁复杂，产品形态方面分为空心砌块和实心砌块，空心砌块又分为单孔、双孔、多孔或单排、双排、多排；材料属性方面分为蒸压加气混凝土砌块、自保温混凝土复合砌块、混凝土小型空心砌块；在建筑结构方面分为承重砌块和非承重砌块；与建筑外墙保温相结合的形式上分为单纯自保温、自保温复合后加外墙外保温、自保温复合后加内外叶墙夹芯保温、自保温复合后加外墙内保温，其中自保温复合后加外墙外保温的构造形式方面分为局部热桥后加外保温、整体后加外保温两种情况。本书仅以单纯自保温（无后加保温）、自保温后加局部热桥外保温、自保温整体后加外保温三种情况为研究对象，其他情况不在本书研究范围内。为此，我们搜集了行业内自保温材料性能标准、施工应用标准及与之相关的各种标准，对其归纳总结，分类研判。分析认为，可以根据自保温砌块材料形态、功能及与后加外保温结合的构造形式不同分为三种类型。

14.1.1 自保温混凝土复合砌块及其与复合后加外保温的构造特点

1.代表性标准

代表性标准主要包括《自保温混凝土复合砌块》JG/T 407—2013，《自保温混凝土复合砌块墙体应用技术规程》JGJ/T 323—2014。

2.自保温混凝土复合砌块定义及解释说明

根据《自保温混凝土复合砌块》JG/T 407—2013的规定：自保温混凝土复合砌块是通过在骨料中加入轻质骨料和（或）在实心混凝土块孔洞中填插保温材料等工艺生产的，其所砌筑墙体具体保温功能的混凝土小型空心砌块。简称自保温砌块。

1）按自保温砌块复合类型可分为Ⅰ、Ⅱ、Ⅲ三类：

Ⅰ类：在骨料中复合轻质骨料制成的自保温砌块；

Ⅱ类：在孔洞中填插保温材料制成的自保温砌块；

Ⅲ类：在骨料中复合轻质骨料且在孔洞中填插保温材料制成的自保温砌块。

2）按自保温砌块孔的排数分为三类：单排孔、双排孔、多排孔，见图14-1。

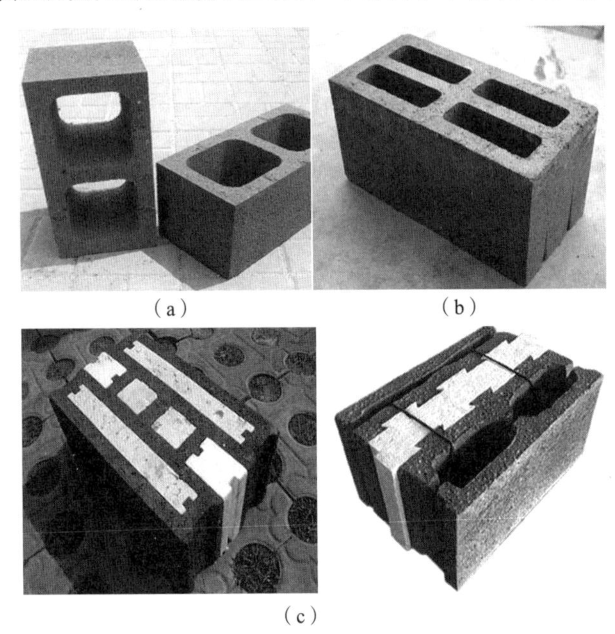

图14-1　自保温砌块

（a）单排孔；（b）双排孔；（c）多排孔

3.自保温混凝土复合砌块与复合后加外保温的构造特点

1）不完善的外保温，保温板或保温浆料建筑框架热桥部位外保温（图14-2～图14-4）。

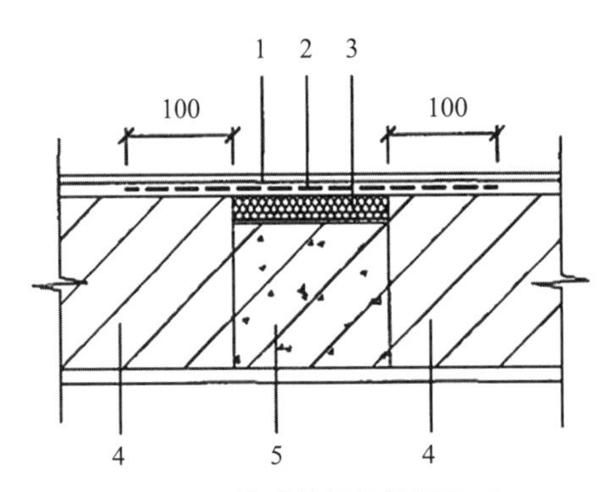

图14-2　构造柱局部保温处理

1—抗裂砂浆；2—增强网；3—保温材料；
4—自保温砌块墙体；5—混凝土构造柱

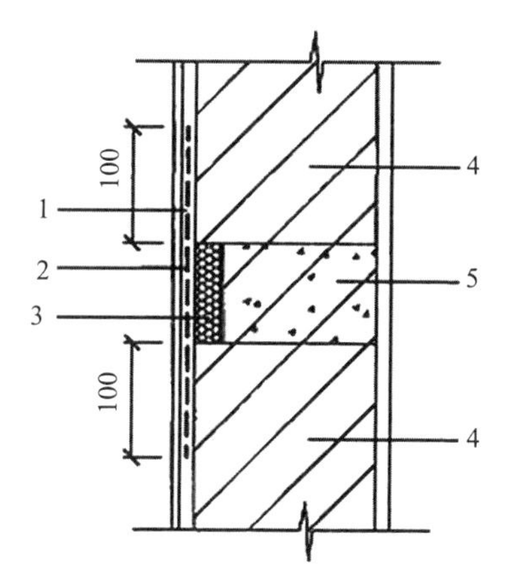

图14-3　腰梁局部保温处理

1—抗裂砂浆；2—增强网；3—保温材料；
4—自保温砌块墙体；5—混凝土腰梁

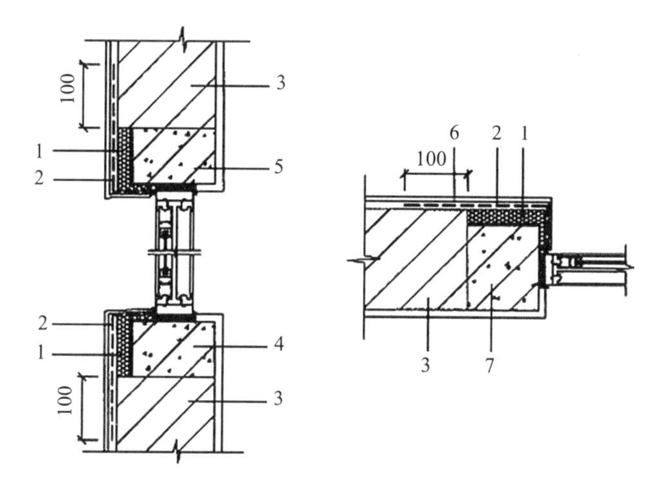

图14-4　压顶、过梁及钢筋混凝土框的保温处理

1—保温材料；2—增强网；3—自保温砌块墙体；4—门窗压顶；
5—门窗过梁；6—抗裂砂浆；7—门窗竖框

2）框架结构填充自保温材料，加气混凝土砌块、自保温混凝土复合砌块除自重外不承受建筑荷载。

根据《自保温混凝土复合砌块》JG/T 407—2013的规定，自保温砌块包括三种类型，可以是掺加轻集料的实心混凝土砌块，也可以是普通混凝土空心砌块填插保温材料，还可以是掺加轻集料混凝土空心砌块填插保温材料。而根据《自保温混凝土复合砌块墙体应用技术规程》JGJ/T 323—2014第2.0.2条关于自承重墙体的解释说明：承担自身重力作用并可兼作围护结构的墙体，可以认为自保温混凝土复合砌块是一种只承受自身重力作用不承担建筑结构荷载的非承重填充材料。

3）自保温墙体内外两侧普通砂浆厚抹灰，不同材料墙体交界处附加配筋增强。

不同材料墙体交界处的附加配筋可以是耐碱玻纤网格布，也可以是热镀锌钢丝网（图14-5～图14-7）。

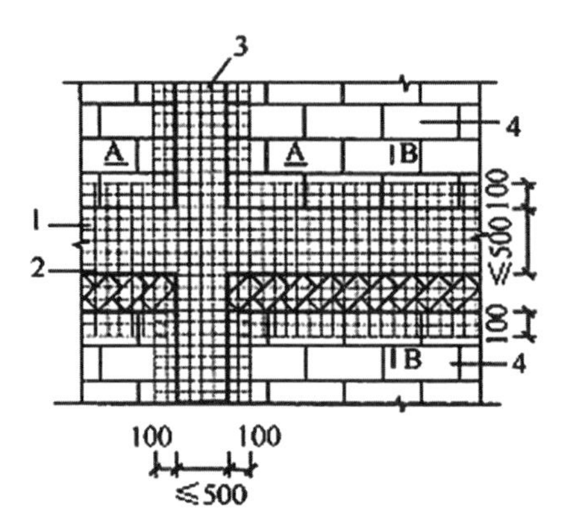

图14-5 梁高、柱宽≤500时交界面抗裂处理

1—混凝土梁；2—增强网；3—混凝土柱；4—自保温砌块砌体；5—混凝土柱/墙

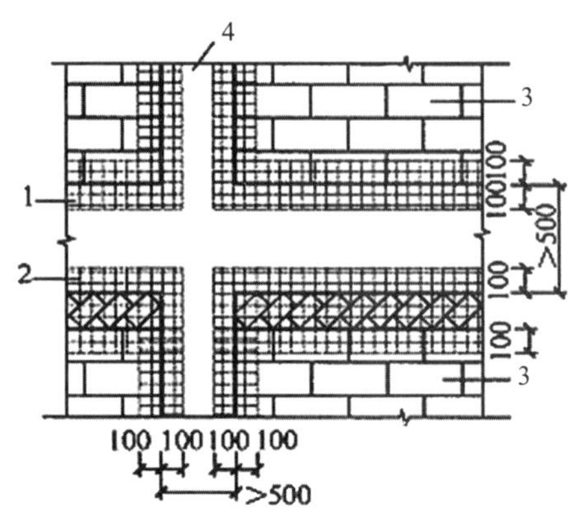

图14-6 梁高、柱宽≥500时交界面抗裂处理

1—混凝土梁；2—增强网；3—自保温砌块砌体；4—混凝土柱/墙

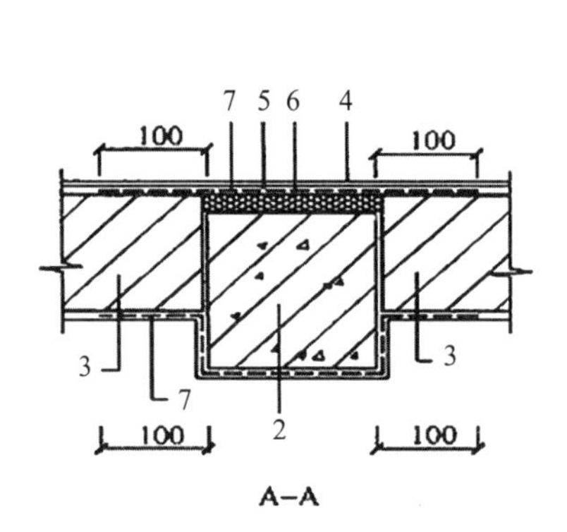

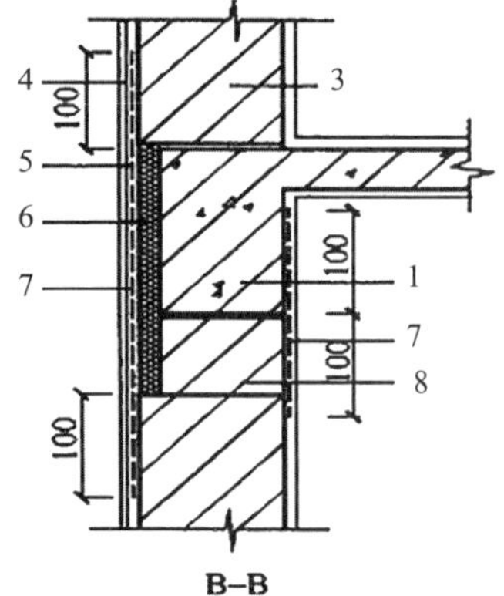

图14-7 自保温砌块墙体与钢筋混凝土梁、柱、墙交接面抗裂加强处理示意图

1—混凝土梁；2—增强网；3—混凝土柱；4—自保温砌块砌体；5—混凝土柱/墙；6—饰面层；7—抗裂砂浆；8—保温材料；9—增强网；10—后斜砌自保温砌块

14.1.2 混凝土小型空心砌块及其与复合后加外保温的构造特点

1.代表性标准

代表性标准主要有《轻集料混凝土小型空心砌块》GB/T 15229—2011、《混凝土小型空心砌块和混凝土砖砌筑砂浆》JC 860—2008、《混凝土小型空心砌块建筑技术规程》JGJ/T 14—2011。

2. 混凝土小型空心砌块的定义

混凝土小型空心砌块是普通混凝土小型空心砌块和轻骨料混凝土小型空心砌块的总称，简称小砌块（或砌块）。

普通混凝土小型空心砌块是以碎石或碎卵石为粗骨料制作的混凝土小型空心砌块，主规格尺寸为390mm×190mm×190mm，简称普通小砌块。

轻骨料混凝土小型空心砌块是以浮石、火山渣、煤渣、自然煤矸石、陶粒等粗骨料制作的混凝土小型空心砌块，主规格尺寸为390mm×190mm×190mm，简称为轻骨料小砌块。

3. 混凝土小型空心砌块与复合后加外保温的构造特点

1）完善的外保温，采用保温板或保温浆料对外墙整体外保温（图14-8、图14-9）。

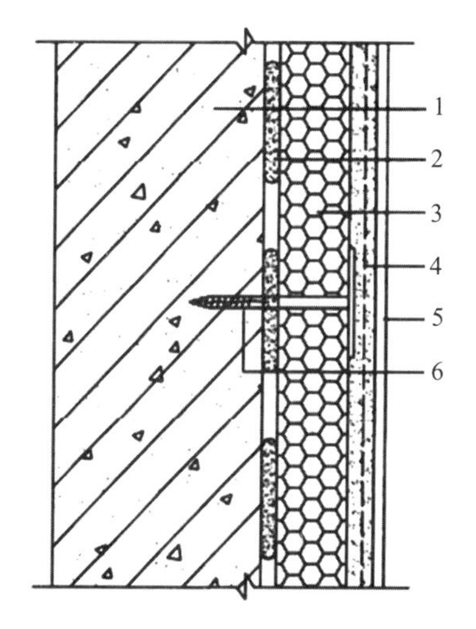

图14-8　粘贴保温板薄抹灰外保温系统

1—基层墙体；2—胶粘剂；3—保温板；
4—抹面胶浆；5—饰面层；6—锚栓

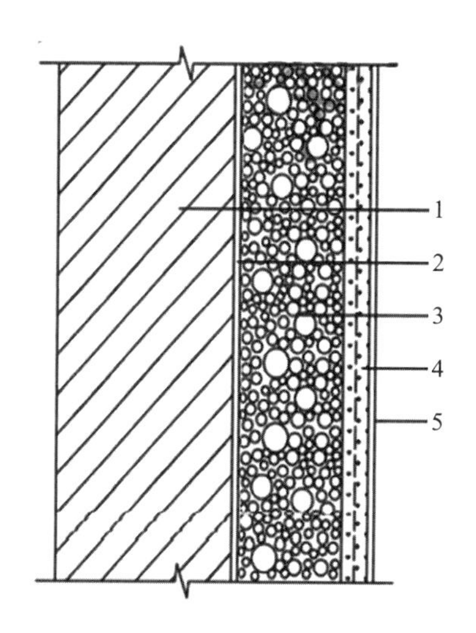

图14-9　胶粉聚苯颗粒外墙外保温系统

1—基层墙体；2—界面砂浆；3—保温浆料；
4—抹面胶浆；5—饰面层

《混凝土小型空心砌块建筑技术规程》JGJ/T 14—2011第4.2.3条中提出外墙宜采用外墙外保温技术，采用内保温技术是不利的，并需要将外墙平均传热系数乘以1.2作为修正的外墙平均传热系数设计值。

2）混凝土小型空心砌块，内部可填充混凝土、发泡混凝土、有机或无机保温材料（图14-10）。

3）砌块既可以设计为承重也可以设计为非承重。

《混凝土小型空心砌块建筑技术规程》JGJ/T 14—2011第5章、第6章提出了混凝土小型空心砌块框架填充墙构造措施，也提出圈梁、过梁、连梁、芯

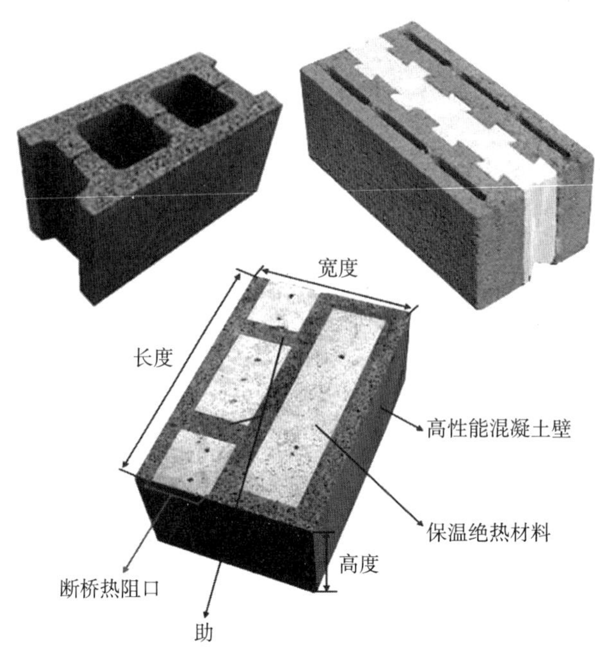

图14-10　混凝土小型空心砌块

柱、构造柱等与主体结构相结合的构造措施，并对其中纵筋、横筋、箍筋、拉筋设置提出明确要求（图14-11），同时也给出了荷载分析和受力计算，对混凝土小型空心砌块在非承重或承重情况下施工应用提出规范要求。

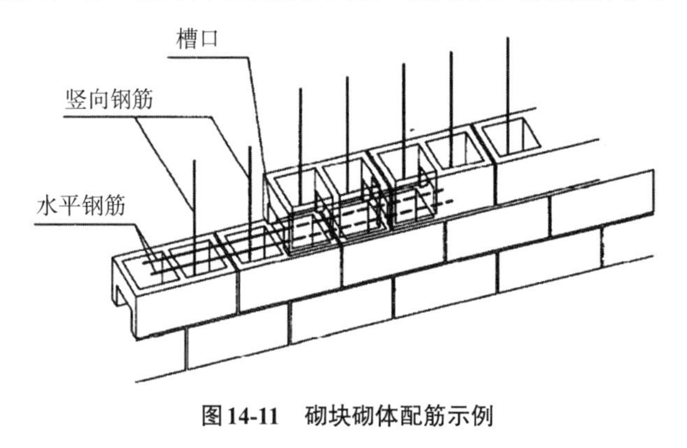

图14-11　砌块砌体配筋示例

14.1.3 蒸压加气混凝土砌块及其与复合后加外保温的构造特点

1.代表性标准

代表性标准主要有《蒸压加气混凝土砌块》GB/T 11968—2020、《蒸压加气混凝土制品应用技术标准》JGJ/T 17—2020。

2.蒸压加气混凝土砌块的定义及解释说明

根据《蒸压加气混凝土制品应用技术标准》JGJ/T 17—2020规定：蒸压加

气混凝土是以硅质和钙质材料为主要原料，以铝粉（膏）为发气剂，石膏为调节剂，和少量外加剂加水搅拌，经浇筑、静置、切割和蒸压养护等工艺过程而制成的多孔硅酸盐混凝土。蒸压加气混凝土（图14-12）制成的砌块，可用作承重、自承重或保温隔热材料。

图14-12 蒸压加气混凝土砌块

3.蒸压加气混凝土砌块与复合后加外保温的构造特点

1）无后加外保温、后加局部热桥外保温、完善的外保温情况分别存在。

根据标准《蒸压加气混凝土制品应用技术标准》JGJ/T 17—2020第4.3.1条规定："节能建筑外墙可采用蒸压加气混凝土砌块单一材料保温墙体、外保温复合墙体、夹芯保温墙体和内保温墙体。夹芯保温墙体的设计除应符合该标准外，尚应符合现行行业标准《装饰多孔砖夹芯复合墙技术规程》JGJ/T 274的规定。"完善的外墙外保温是需要肯定的，也是本书的鲜明主张，并做了翔实论述，本书不再赘述。夹芯保温和内保温不在本书研究范围内，本书只针对比较常见的，易出现质量问题的无后加外保温、后加局部热桥外保温两种情况进行分析研究，指出其潜在的风险和隐患，并提出解决方案。

2）蒸压加气混凝土砌块既可以设计为承重也可以设计为非承重（图14-13）。

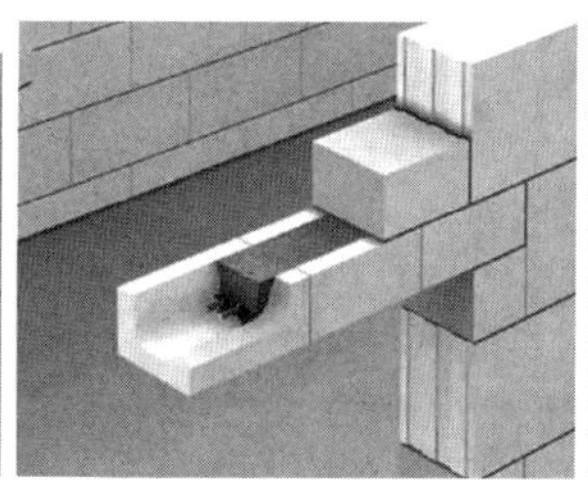
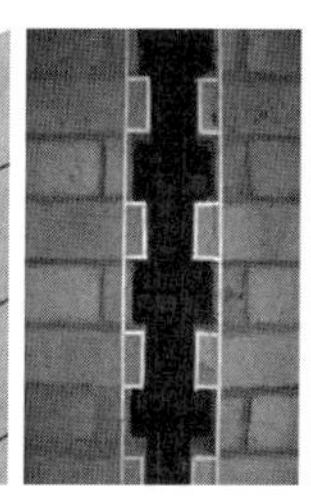
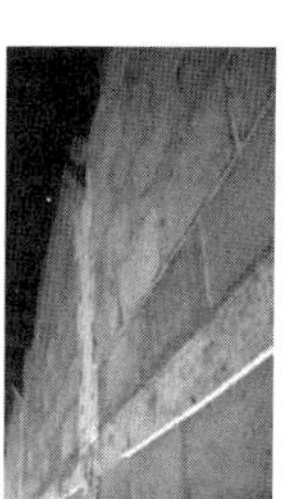

图14-13 蒸压加气混凝土砌块（承重或非承重）

14.2 国家现行标准中自保温砌体技术特点

14.2.1 不同构造自保温砌体材料热工性能特征

1. 实心自保温砌块材料保温性能特征

根据《自保温混凝土复合砌块》JG/T 407—2013和《自保温混凝土复合砌块墙体应用技术规程》JGJ/T 323—2014的定义自保温混凝土复合砌块是在骨料中加入轻质骨料和（或）在实心混凝土块孔洞中填插保温材料等工艺生产的，可分为Ⅰ、Ⅱ、Ⅲ三类。最为典型的是Ⅰ类，在骨料中复合轻质骨料制成的自保温砌块。解小娟[10]以EPS颗粒为轻骨料制作混凝土实心自保温砌块，并建立模型，对其进行热工性能模拟分析：分别选取实验对应三面墙体的一个单元建立ANSYS有限元模型。W—A墙、W—B墙及W—C墙的单元见图14-14。根据所选取的单元，建立的几何模型如图14-15所示。

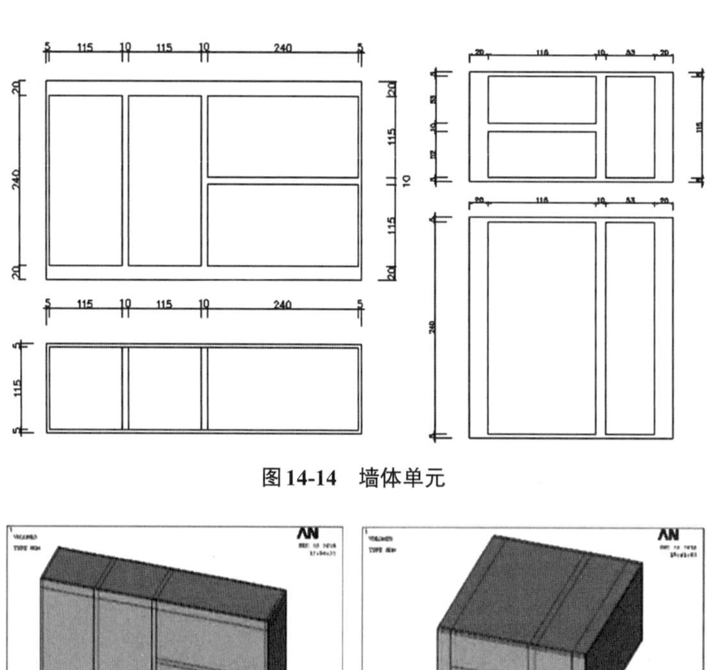

图14-14　墙体单元

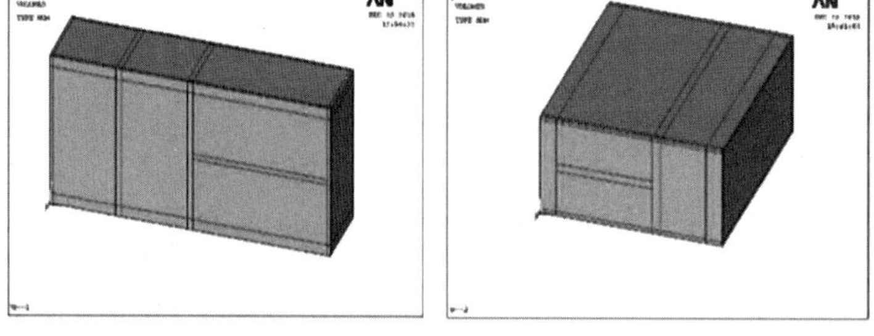

图14-15　几何模型

有限元模拟结果及分析认为EPS混凝土砌块墙体的热分析云图有如下规律：

1）各墙体的温度分布云图体现出冷面温度升高，热面温度降低，且冷、热面的高低温度变化不大，说明温度从热面向冷面是沿整个截面传递的。

2）各墙体的冷、热面温度分布图体现出砌块处的内外温差值明显大于砌筑砂浆处，因为砌块的导热系数是小于砌筑砂浆的，可以有效地阻止温度升高或降低。

3）各墙体的冷、热面热流密度分布图显示砌块处的热流密度普遍低于砂浆处，也是由于砌块的导热系数小，阻热能力大的原因。

2. 空心自保温砌块材料保温性能特征

自保温混凝土复合砌块在空心状态和插入高效有机保温材料状态两种情形下的热工性能特征如何，杨正俊[11]采用有限元模拟分析方法做了深入研究。

由图14-16、图14-17可见，未填充保温材料的砌块墙体热分析单元内部温度分布相对较均匀，而填充保温材料的墙体温度分布云图起伏较大，温度分布不再均匀，在填充保温材料所覆盖的范围处温度梯度变化加快。引起这一差异的原因在于保温材料的填充使得墙体内部的各材料之间的导热系数差异变大，由于保温材料良好的保温隔热性能使得其对热流的阻碍作用加强，导致此处的温度梯度加大，进而使得其热分析单元内部温度分布不再均匀。从墙体内外表面的温度分布可见，填充保温材料的砌块墙体内外表面的温差要大于未填充保温材料的砌块墙体，即保温材料的填充提升了砌块墙体的保温隔热性能。由图还可以看出，H形砌块墙体内外表面的温差要大于田字形砌块墙体，温度

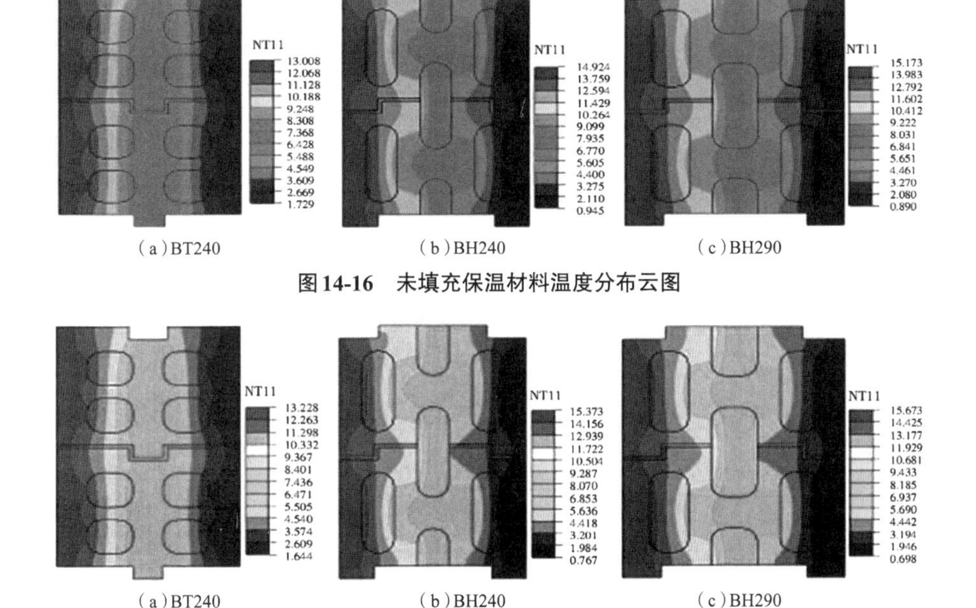

图14-16　未填充保温材料温度分布云图

图14-17　填充保温材料温度分布云图

云图起伏也较大，其中孔洞率较大的BH290墙体内外表面温差更大，说明提高砌块孔洞率，优化孔洞组合可以提高砌块墙体的保温性能。

3. 自保温系统构造中典型热桥问题

在墙体自保温系统构造中，无论是自保温砌体承重结构还是非承重结构，都必须妥善处理好与建筑结构中立柱、梁等建筑构件的节点关系。从建筑保温节能的角度而言应如何处理此处的热桥问题。马婷婷[12]以蒸压加气混凝土砌块自保温系统中典型热桥问题为例，针对梁、柱部位后加外保温切断热桥做法和不做后加外保温直接抹灰做法两种典型情形做了有限元数值模拟分析。

模型A与模型B对比分析：

根据图形尺寸比例可计算出冷桥的影响范围，由图14-18可得出，模型A冷桥的影响范围为75mm（距柱边）；由图14-19可得出，模型B冷桥的影响范围为125mm（距柱边），可见模型A冷桥影响范围小于模型B。通过对比两图可以看出，模型A钢筋混凝土柱的室外温度低于模型B钢筋混凝土柱的室外温度；模型A钢筋混凝土柱突出到室内的部分温度主要在14.94～16.44℃，模型B钢筋混凝

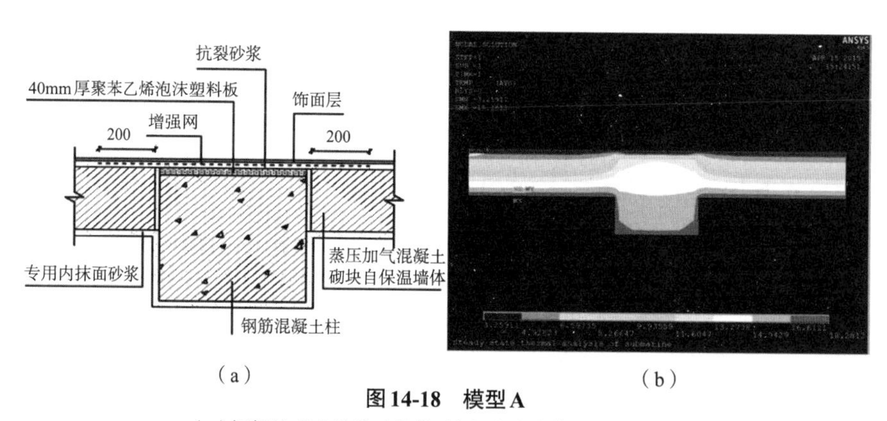

图14-18　模型A

（a）框架柱节点处的建筑构造图；（b）墙体温度分布云图

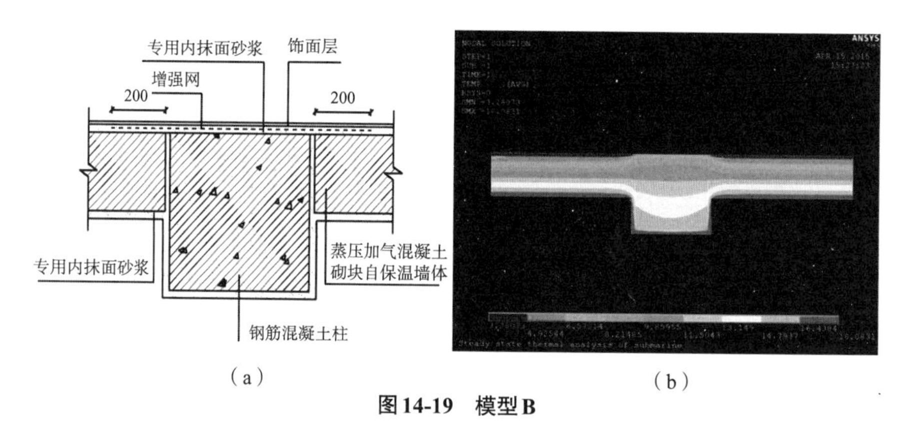

图14-19　模型B

（a）框架柱节点处的建筑构造图；（b）墙体温度分布云图

土柱突出到室内的部分温度主要在13.15～14.79℃，说明模型B比模型A的冷桥效应明显；表明设计的自保温墙体框架柱节点构造较好地满足了热工性能要求。

4.自保温砌体中专用砌筑、抹灰砂浆与普通砌筑、抹灰砂浆的区别及其热工性能特征

在自保温砌体保温系统中，只强调自保温砌块的保温性能是完全不够的，砌筑砂浆和抹灰砂浆的保温性能尤其是砌筑砂浆的保温性能同样十分重要，否则无法达到自保温系统的节能效果。另外，各种自保温砌块普遍存在高吸水、反复涨缩的弊病且不同自保温砌块的性能存在差异，甚至差异显著不同，必须要求配套的砌筑砂浆、抹灰砂浆具备与之相适应的性能才能保证系统的稳定可靠性。为此，行业标准《蒸压加气混凝土墙体专用砂浆》JC/T 890—2017、《混凝土小型空心砌块和混凝土砖砌筑砂浆》JC 860—2008等规定了相配套的专用砌筑砂浆、抹灰砂浆的性能要求。关于砌筑砂浆、抹灰砂浆在自保温砌体构造中吸水形变特征本文下节讨论，关于砌筑砂浆在自保温砌体构造中热工性能特征，刘华存[13]做了深入研究。

1）常见砌筑砂浆热工参数，见表14-1。

常见砌筑砂浆热工参数 **表14-1**

砌筑砂浆种类	导热系数[W/(m·K)]	备注
普通砌筑砂浆	0.93	用于普通砌筑工程灰缝厚度为8～12mm的普通干混砂浆，主要由水泥、粉煤灰、砂以及保水增稠材料配制而成
薄层砌筑砂浆	0.87	用于薄层砌筑工程灰缝厚度为3mm的特种干混砂浆主要由水泥、砂以及保水增稠材料配制而成
轻质保温砌筑砂浆	0.24	用于轻质保温砌块工程旨在提高砌块墙体整体热工性能的特种干混砂浆，主要以水泥、粉煤灰为胶凝材料，玻化微珠为轻骨料添加保水增稠材料配制而成

2）砌筑砂浆对砌体平均导热系数的影响，见图14-20～图14-22。

λ_m表示“未考虑砌筑砂浆影响的砌体导热系数”，λ_s表示“考虑砌筑砂浆影响的砌体平均导热系数”，σ表示λ_m与λ_s之间相对误差。

当砌筑砂浆导热系数增大时，砌体平均导热系数呈线性增长。砌块导热系数为0.2W/（m·K）时，砌筑砂浆导热系数从0.2W/（m·K）增长到1.0W/（m·K），砌体平均导热系数随之从0.200W/（m·K）增长到0.257W/（m·K），增长幅度为28.5%；砌筑砂浆导热系数为0.3W/（m·K）时，砌筑砂浆导热系数从0.2W/（m·K）增长到1.0W/（m·K），砌体平均导热系数随之从0.289W/（m·K）增长到0.349W/（m·K），增长幅度为20.8%；砌筑砂浆导热系数为0.4W/（m·K）时，

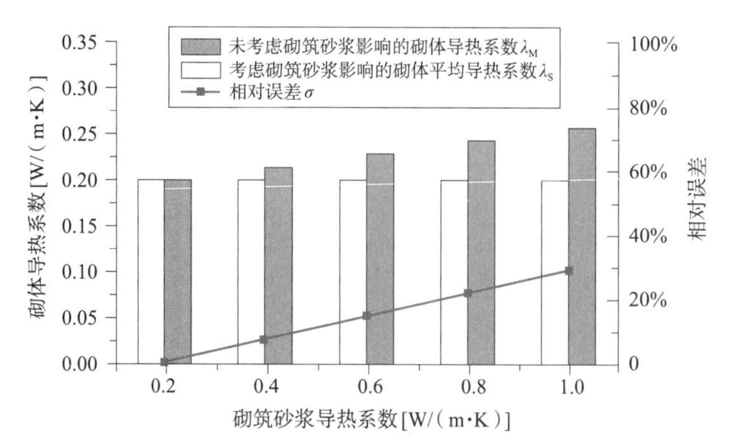

图 14-20　砌筑砂浆导热系数对砌体平均导热系数的影响[砌块导热系数为 0.2W/(m·K)]

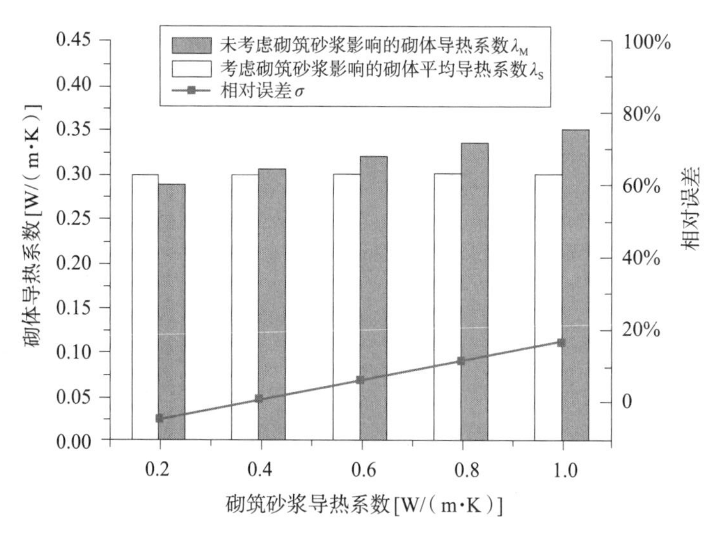

图 14-21　砌筑砂浆导热系数对砌体平均导热系数的影响[砌块导热系数为 0.3W/(m·K)]

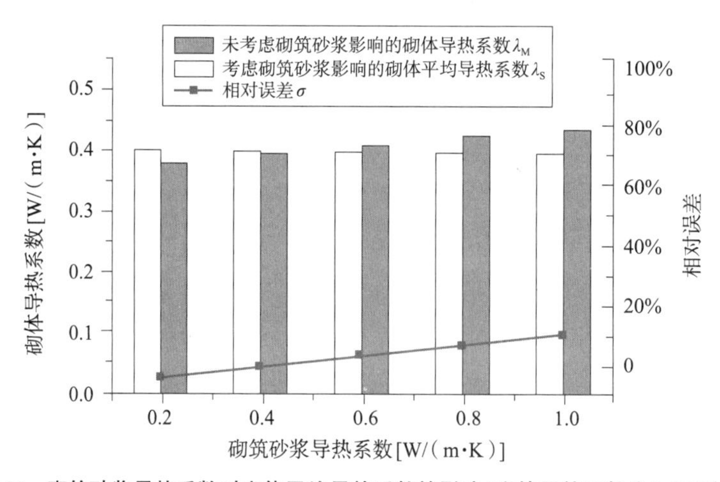

图 14-22　砌筑砂浆导热系数对砌体平均导热系数的影响[砌块导热系数为 0.4W/(m·K)]

砌筑砂浆导热系数从0.2W/(m·K)增长到1.0W/(m·K)，砌体平均导热系数从0.378W/(m·K)增长到0.440W/(m·K)，增长幅度为16.4%。

λ_m与λ_s之间相对误差σ显示砌块导热系数越小，砌筑砂浆对砌体平均导热系数的影响程度越大。

上述可见，砌筑砂浆对砌体整体热工性能的影响不可忽略。对于保温性能较好的自保温块材，如使用普通砌筑砂浆将造成砌体保温性能大幅下降。应选用与自保温砌块导热系数相匹配的砌筑砂浆，以减少或消除砌筑砂浆对砌体整体保温性能的影响。

3）砌筑砂浆对自保温砌体温度及热流分布的影响。

不同导热系数的砌块与砌筑砂浆组成的砌体温度分布图中可以发现，当砌筑砂浆导热系数高于砌块时，砌体表面砌筑砂浆部位及其周边区域的温度略低于砌块中心部位的温度。低温区域不仅局限于砌筑砂浆部位是因为砌筑砂浆与砌块之间存在多维传热，导致砌块与砌筑砂浆接触的局部传热量大于砌块的中心区域，且这种影响随砌筑砂浆导热系数λ_m增大而增大。此外，对比由不同砌块组成的砌体的温度分布可见，当砌块导热系数λ_b较小时，砌筑砂浆对砌体温度分布的影响范围更大。

随着砌筑砂浆导热系数λ_m的增大，砌体中通过砌筑砂浆灰缝的热流量随之增加。当砌块导热系数为0.2W/(m·K)，砌筑砂浆导热系数为1W/(m·K)时，通过灰缝的热流量占到了通过砌体总热流量的23.10%。也就说当使用保温性能较好的砌块时，如果配合使用传统的普通砌筑砂浆，灰缝将成为砌体中的热桥，砌体中将有近1/4的热流量通过灰缝流失。由此可见，对于保温性能较好的自保温墙体材料，必须配合使用配套的专用砂浆才能够保证砌体整体的热工性能实现最大程度提升。

14.2.2 自保温砌体材料吸水性及形变特征

1. 自保温砌块吸水性及形变特征

自保温砌块是由干硬性或半干硬性混凝土经强力振荡成型的，含有水养护生成的硅酸钙水化物凝胶。干缩形变大，其干缩变形特征是早期发展较快、后期逐步变慢。自保温砌块成型后28d以内的收缩变形较快，以后变缓，几年后才能完全停止干缩。实验室中模拟实际环境在恒温恒湿条件下测定自保温砌块的干缩率，试验结果表明，其28d龄期干缩率为302×10^{-6}(即0.302mm/m)；60d龄期干缩率为353×10^{-6}(即0.353mm/m)；至90d龄期干缩率为401×10^{-6}

（即0.401mm/m）；至180d龄期干缩率为468×10^{-6}（即0.468mm/m）。可见，养护28d后收缩值可完成60%。因此，延长养护时间，能减少因自保温砌块收缩而引起的墙体裂缝，砌块养护时间超过28d再出厂是必要的要求。

研究表明，干缩后的自保温砌块被水浸湿后又会产生体积膨胀，再次干燥后自保温砌块又会产生较大的体积收缩。

自保温砌块干湿循环试验：在恒温、恒湿室内对自保温砌块在改变湿度条件时的变形进行观测。7d加湿（20℃ ±2℃），相对湿度99%，28d抽湿干燥（20℃ ±2℃），相对湿度45%～55%，循环两个周期。结果表明："二次干缩量"约为前次的70%～80%，而且随着湿胀干缩的逐次交替，干缩量逐渐减小，最后趋于稳定（图14-23）。

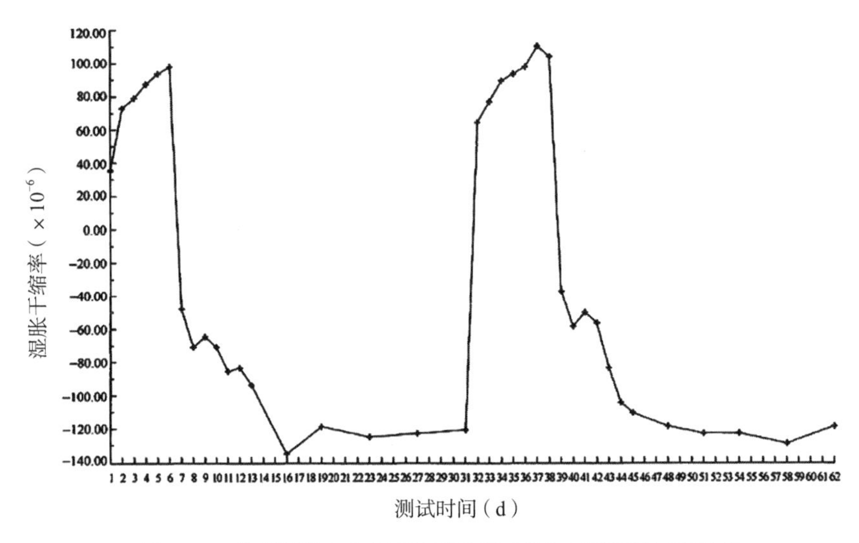

图14-23　普通混凝土空心砌块干湿循环条件下的湿胀干缩曲线

2.砌筑砂浆、抹灰砂浆保水性与自保温砌块强度匹配关系

墙体自保温系统具有耐久、防火、耐冲击、施工方便、综合成本低、与建筑物同寿命等优势特点。但是，自保温砌块自身吸水和失水能力很强，湿胀干缩变形在墙体中产生较大应力，加之温差变形应力、结构沉降等综合因素耦合，对砌筑砂浆、抹灰砂浆匹配性提出很高要求。匹配性差将导致空鼓、开裂、脱落等一系列问题，进而产生渗漏、冻胀或霉变等恶性循环，使墙体热工性能、使用寿命、使用功能降低。

根据标准《预拌砂浆》GB/T 25181—2019的规定，砌筑砂浆、抹灰砂浆均属于普通水泥砂浆，按其抗压强度不同分为若干等级型号，主要成分包括普通硅酸盐水泥、砂骨料、少量保水剂，为避免收缩开裂，水泥添加量很低，所以普通砂浆的抗压强度等级一般都很低。与普通砂浆相对的是特种砂浆，也就是聚合物改性砂浆，常见的保温胶粘剂、抹面胶浆、瓷砖胶粘剂等都属于特种砂浆。特种砂浆中含有一定数量的有机聚合物改性成分，所以特种砂浆柔韧性、粘结性很好，是柔性材料，抗裂性能优良，而无论是普通的砌筑砂浆、抹灰砂浆还是专用的砌筑砂浆、抹灰砂浆均不含这种成分，是刚性材料，粘结性能差，抗裂性能弱。保水性方面，特种砂浆保水剂含量是普通砌筑砂浆、抹灰砂浆的6～10倍，尽管特种砂浆不规定保水性指标要求，普通砂浆的保水性指标定得很高，实际上，特种砂浆保水性能很高，普通砂浆保水性很弱，施工使用时砌筑砂浆、抹灰砂浆与高吸水性自保温砌块接触时很容易失水，导致水泥不能正常水化胶凝而强度受损。

不同自保温砌块吸水特性是存在差异的，甚至差异很大。配套的砌筑砂浆、抹灰砂浆的保水性和自身强度与自保温砌块匹配性最为重要，肖群芳等[14]在这方面的研究测试认为（图14-24）：对于加气块、轻集料砌块和烧结砖类吸水速度较快、吸水量较大的基材，砂浆与墙材的拉伸粘结强度随着砂浆保水率的提高而逐渐增大；普通混凝土空心砌块的吸水速度虽然与前三者存在明显区别，其拉伸粘结强度变化趋势也是随着砂浆保水率的增强而变大。

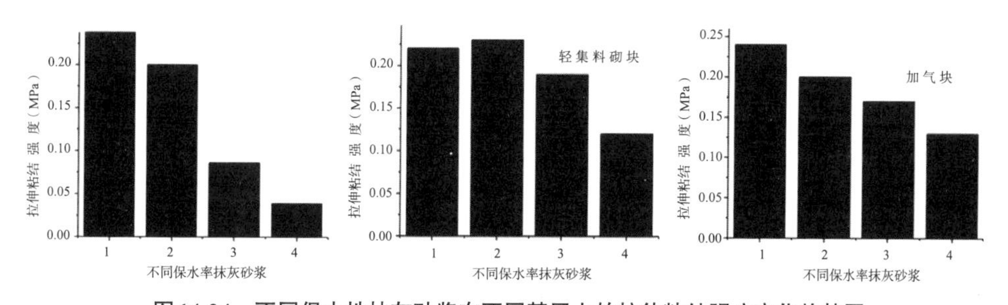

图14-24 不同保水性抹灰砂浆在不同基层上的拉伸粘结强度变化趋势图

图中1号、2号、3号、4号抹灰砂浆保水率分别为93.5%、77.9%、60.8%、53.9%。

砂浆与墙材之间除了强度匹配外，还要求砂浆保水率与墙材的吸水特性相匹配，普通砂浆应根据墙材的吸水特征分为高保水、中保水、低保水三种。根据砂浆分类，可以将现行墙材分为三类：与高保水砂浆相匹配的加气混凝土墙材及吸水特征与其相近的墙材；与中保水砂浆相匹配的轻集料混凝土砌块、普通混凝土砌块及吸水特征与其相近的墙材；与低保水砂浆相匹配的灰砂砖、现浇混凝土结构等吸水特性相近的墙材。

14.3 潜在风险分析

自保温砌体墙体，无论是三种自保温砌块哪种类型，无论是承重墙体还是非承重墙体，无论使用普通砌筑砂浆、抹灰砂浆还是使用专用砌筑砂浆、抹灰砂浆，只要是以自保温砌块为主体，砌块内外侧使用水泥基普通砂浆厚抹灰，外侧无后加外保温或仅采取局部热桥外保温的做法，均存在构造设计不合理、选材不当的典型性问题。砌体自保温系统中，主要存在以下几种突出问题，严重制约其发展应用。在进行系统构造设计、选择匹配性配套材料时，要采取合理的解决方案和有针对性的规避措施。

1）自保温砌块高吸水性、反复涨缩，配套砂浆属于刚性材料、保水性有限，不相适应、不相匹配。

2）外侧普通抹灰砂浆导热系数高热阻低，与自保温砌块之间存在温差剪切破坏应力。

3）系统构造中不同材料之间线膨胀系数、导热系数、泊松比等存在差异，在外界环境条件不断变化的情况下，交接处易产生裂缝。

这几种破坏因素在单一情况下或多因素耦合情况下，均能导致系统空鼓、开裂、脱落等一系列问题，进而产生渗漏、冻胀或霉变等恶性循环，使墙体热工性能、使用寿命等功能显著降低。图14-25为自保温砌块典型构造图片。

图14-25　自保温砌块典型保温构造实体图片

14.3.1 自保温砌体无后加保温构造方面潜在的风险点分析

1. 工程案例

工程案例照片见图14-26。

图14-26　自保温墙体无后加外保温抹灰砂浆直接厚抹灰实体照片

2. 框架加气混凝土墙自保温温度场

框架加气混凝土墙自保温墙体冬季（室外温度-11.5℃）内表面温度分布状态见图14-27。

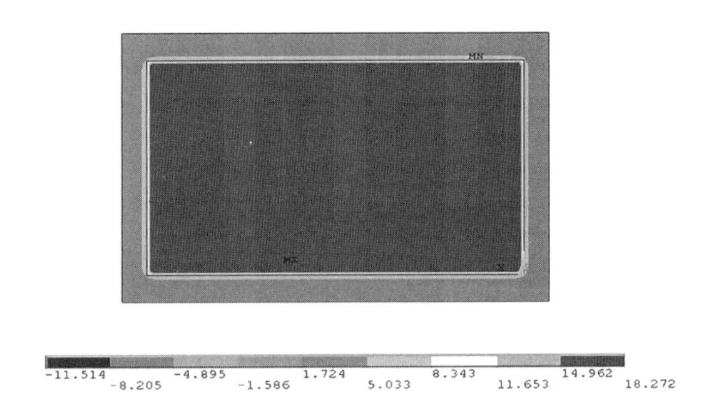

图14-27　框架加气混凝土墙自保温冬季温度场

3. 温度分布状态

冬夏季墙体表面温度最高、最低时加气混凝土砂浆面层自保温墙体沿墙厚方向温度分布状态（图14-28）。

4. 框架结构加气混凝土自保温体系温度场小结

1）加气混凝土自保温系统的框架部分与加气混凝土墙之间有比较大的温度差（在冬季将达到14℃）。

2）框架部分产生非常大的“热桥”效应，对整个自保温体系的保温是非常不利的。

3）框架加气混凝土墙温度应力：加气混凝土墙沿墙体横向和沿墙体纵向的应力分布见图14-29（外界温度46.1℃）。

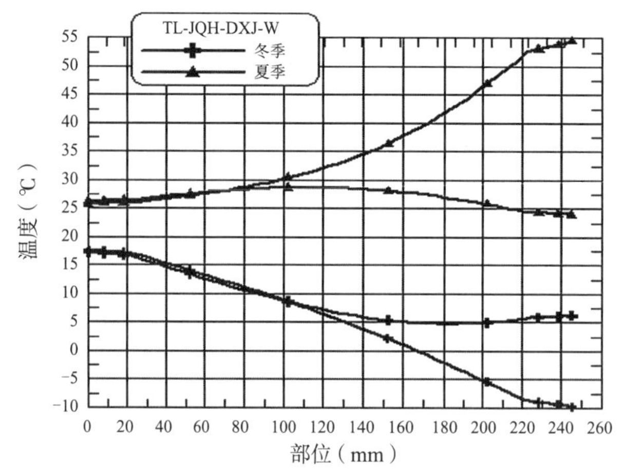

图14-28　加气混凝土砂浆面层自保温墙体沿墙厚方向温度分布状态

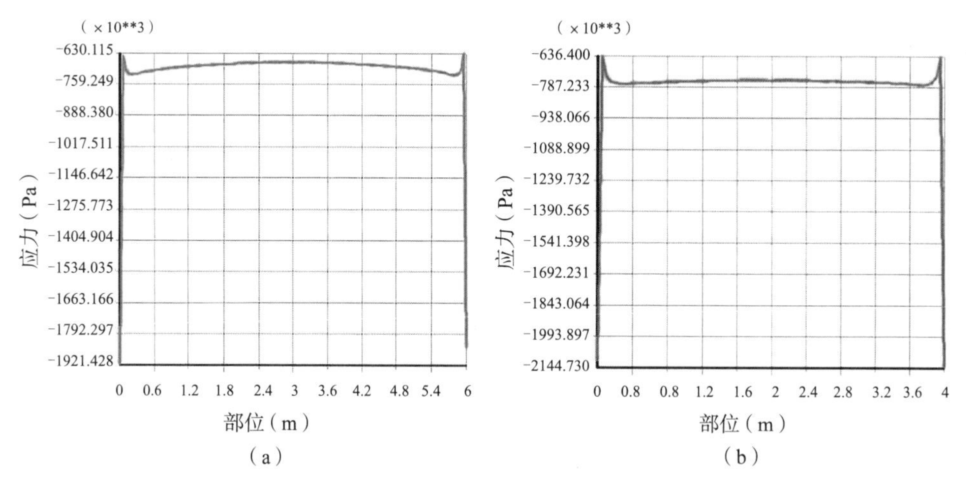

图14-29　加气混凝土墙沿墙体横向和沿墙体纵向的应力分布

(a)沿墙体横向;(b)沿墙体纵向

4)分析结论:

(1)框架热胀时，对加气混凝土砌块挤压，使的加气混凝土砌块墙周边的热压应力明显增加。加气混凝土与框架柱和梁相接触的边缘部位在纵向和横向都出现非常大的温度应力突变，应力值要比其他部位的应力增加到3～4倍(达到2.1MPa)，很容易导致这些部位的挤压破坏。

(2)在冬天温度降低时，由于框架的冷缩，使的加气混凝土砌块墙周边的拉应力也明显增加，导致加气混凝土周边容易形成裂缝，工程灾害中常见的门字形裂缝就是这样导致的。

14.3.2 后加外墙外保温在建筑墙体自保温系统中关键性作用

大量的热工性能实测和计算结果表明，仅有双面抹灰层的自保温砌块墙体，是一种不合理的构造，这种构造无论是在北方还是在南方，都不能满足现行建筑节能设计标准中规定的室内热舒适环境和对外墙、楼梯间内墙及分户墙的热工性能指标要求，必须采取一定的保温隔热措施提高其热工性能。关于这一点，一直以来存在“争议不断、认识不清、重视不够”。也正是因为不能正确把握自保温砌块墙体的保温隔热措施这一重要环节，导致了“事倍功半、得不偿失、适得其反”的结果，严重地影响了自保温砌块墙体建筑的进一步推广应用。

外保温优于内保温、夹芯保温。自保温砌块外墙复合不同后加保温系统施工完成后的检测结果与节能设计要求的节能率对比计算、研究分析表明：

1）外墙采用外墙外保温系统能符合节能设计要求的95%～100%；

2）外墙采用外墙自保温系统能符合节能设计要求的85%～90%；

3）外墙采用外墙内保温、夹芯保温系统能符合节能设计要求的75%～80%。

应用保温层保护结构，还是用结构保护保温层？最适宜自保温砌块外墙的保温隔热措施，是在其外侧直接复合外墙外保温系统。若采用复合内保温系统，或夹芯保温系统，非但保温节能效果差，也是以损害建筑结构寿命为代价的做法。这一点无论是基于工程实践经验理解，还是在温度场全寿命周期理论模型分析计算中，都不难做出判断：钢筋混凝土结构设计寿命为70年，做外保温后结构温度年温差缩小，寿命可延长到100年。内保温将建筑结构设置在温差大幅变化的不稳定热环境中，夹芯保温使内叶墙与外叶墙温差扩到7～10倍，导致墙体结构寿命缩短至50年。

外保温消灭了墙体的昼夜温差变化，延长了建筑寿命，而内保温、夹芯保温会导致结构形成构造终身不稳定，大大地缩短了结构寿命。

14.3.3 砌体自保温系统构造设计不合理、选材不匹配关键点分析

1.自保温砌块内表面使用抹灰砂浆厚抹灰

自保温砌块易吸水、高吸水、反复涨缩是其难以克服的基本缺陷，这就要求与其配套材料必须能够适应和克服这种不利条件，使得自身性能在抹灰上墙后能够稳定达到正常水平，并使自保温砌体系统性能达到设计要求。抹灰砂浆属于普通型水泥砂浆，是一种刚性材料，厚度越大抗裂变形能力越弱，粘结性差，保水性有限，抹在自保温砌块表面后，难免大量失水而影响其强度达到正常水平，进而出现空鼓、开裂等问题。因此，这种做法属于不合理构造做法。自保温砌块内表面抹灰不宜采用抹灰砂浆，采用抹灰石膏抹灰更为合理。抹灰

石膏属于气硬性材料，对失水不敏感，同时抹灰石膏具有不收缩微膨胀特性，可以适应和克服自保温砌块的不利特性，但因其不耐水不适用户外抹灰。抹保温浆料类材料虽然也可以解决与自保温砌块性能短板相适应的问题，但因为自身强度偏低，不适合内墙钉钉挂物等需要，故不适宜选择保温浆料类抹灰。聚合物改性抗裂砂浆，也可以适应自保温砌块各种不利因素，但经济性不合理、也不适合厚抹灰，故也不适宜选择。

2. 自保温砌块使用普通砌筑砂浆砌筑

砌筑砂浆对砌体整体热工性能的影响不可忽略。自保温砌块的保温性能不同，砌筑砂浆对其影响存在差异，保温性能较好的砌块，使用普通砌筑砂浆将导致砌体保温性能大幅下降，即砌块导热系数越低，砌筑砂浆对砌体平均导热系数的影响程度越大。工程实践中，仅考虑选用高保温性能的自保温砌块，而忽略砌筑砂浆的影响，可能会导致工程节能成效失败的严重后果。因此，在材料选用时，应首先考虑匹配性问题，既要选用合适的自保温砌块也要选用相匹配的专用轻质保温砌筑砂浆，以减少或消除砌筑砂浆对砌体整体保温性能的影响；在自保温砌块墙体热工性能计算时，需要考虑到内外抹灰层、砌筑砂浆层、结构性热桥部位的影响，不能以厂家提供的自保温砌块材料导热系数、蓄热系数直接进行热工计算，而要采用通过“加权平均法”计算得到的当量导热系数和当量蓄热系数进行热工计算。

3. 自保温砌块外表面使用抹灰砂浆厚抹灰

自保温砌块墙体抹灰层空鼓、开裂是这种保温做法的质量通病，长期以来业内进行了大量的工程实践和技术探索以寻求问题解决方案，归纳起来可以分“抗”“防”“放”三种思路。事实证明，“抗”的思路是不合理的，也是不可取的；“防”的思路有效但有限，是比较可取的；“放”的思路是将系统内积聚的各种破坏力量充分疏导、释放，给予其出路，避免其不断累积超出系统抵御能力而造成破坏性后果。所谓“放”就是从自保温砌块由内向外，各构造层材料的变形能力要逐渐加强，只有这样才能避免系统内部应力集中，予以充分释放，降低开裂风险。核心思想就是“逐层渐变、柔性释放应力”。所以说“放”是解决这种质量通病的根本性思路，再结合必要的“防”的措施，可以有效地解决问题，是最为可取的解决方案。

自保温砌块外表面直接进行抹灰砂浆厚抹灰，是一种与“放”的思路相违背的做法，抹灰砂浆是刚性材料，厚度越大柔韧性越差，抗裂能力也越差。另外，抹灰砂浆属于普通砂浆，保水能力有限，而自保温砌块是极易吸水并反复涨缩的材料，抹灰砂浆抹在自保温砌块表面后，难免大量失水而影响其强度达到正常水平。再有，抹灰砂浆导热系数高而热阻低，不能阻止外部热量在砂浆与自保温砌块界面层间的温差应力破坏。还有，抹灰砂浆粘结性能较差，当界面层存在温差剪切应力破坏时，极易造成空鼓、剥离、脱落等问题。综上分析认为，自保温砌块外表面直接进行抹灰砂浆厚抹灰是一种不合理的构造做法，应当放弃。而应改为自保温砌块外表面首先涂刷聚合物改性界面剂、抹胶粉聚苯颗粒浆料、抹抗裂砂浆复合耐碱玻纤网格布的构造做法。（当然，自保温砌体结构采用其他外保温做法进行全覆盖也是合理的，本文不对此展开探讨。）

聚合物改性界面剂具有强粘结性、高保水性、富柔韧性特点，可以完全适应自保温砌块易吸水、高吸水、反复涨缩的不利条件；胶粉聚苯颗粒是亚弹性体材料具备较好的变形能力，并可吸纳系统变形应力，较好的热阻，使内部处于稳定温度场，避免温差应力破坏，还具有良好的找平能力，能有效解决基层平整度偏差问题；聚合物改性抗裂砂浆复合耐碱玻纤网格布具备很好的柔韧性和抗裂能力。由此实现“逐层渐变、柔性释放应力”构造，科学合理、稳定可靠。

14.4 风险应对技术解决方案探索

14.4.1 墙体自保温系统合理构造的几个关键点

1.基本构造

自保温砌块抹胶粉聚苯颗粒浆料过渡层加抹面胶浆复合耐碱玻纤网布薄抹灰基本构造（表14-2）。

自保温砌块抹胶粉聚苯颗粒浆料过渡层加抹面胶浆复合耐碱玻纤网布薄抹灰基本构造 **表14-2**

内墙抹灰层①	基层墙体②③	自保温砌块胶粉聚苯颗粒过渡层外保温系统基本构造				构造示意图
		界面层④	找平过渡层⑤	抗裂防护层⑥	饰面层⑦	
抹灰石膏抹灰层	承重或非承重自保温砌块砌体墙+专用轻质保温砌筑砂浆	界面砂浆	胶粉聚苯颗粒保温浆料	抹面胶浆+耐碱玻纤网布	柔性耐水腻子+涂料	①②③④⑤⑥⑦

2. 抹灰石膏是墙体自保温系统中更为合理的内墙抹灰材料

与自保温砌块墙体抹灰砂浆或专用抹灰砂浆相比，抹灰石膏具有突出优势，可以适应自保温砌块材料高吸水、长期反复涨缩的不利特性。抹灰石膏代表性标准是《抹灰石膏》GB/T 28627—2012。属于气硬性胶凝材料，所含塑化剂、保水成分主要为保证合适的施工稠度状态，在胶凝硬化过程中不受水的影响，根本上避免因为自保温砌块高吸水性导致抹灰砂浆失水而强度增长不足导致抹灰层空鼓、开裂、脱落等一系列问题。抹灰石膏砂浆收缩率小于0.06%，或略有膨胀，显著低于抹灰砂浆0.5%左右的收缩率，可有效抵御基层墙体干缩形变、温差形变、结构形变等因素引起的抹灰层空鼓开裂。粘结性好，适用多种基材情况，加气混凝土砌块、各类自保温混凝土砌块、现浇混凝土、聚苯板及黏土砖等，抹灰砂浆只可以直接在黏土砖基层上抹灰施工，其他基层须界面剂处理。施工操作简便，造价经济合理。可进行厚抹灰，分为基层打底石膏和面层抹灰石膏，加入轻质填料可以制成具备保温隔热功能的基层打底抹灰石膏。硬化快捷、节省工期施工，一般工期4～5h，而水泥基砂浆要5～7d。施工温度可低至-5℃，优于水泥基砂浆需在3℃以上施工的环境温度限制。抹灰石膏抹灰层强度足以满足一般室内钉钉挂物要求。此外，吸音、隔音性能好，防火性能出色，还可调节室内环境温湿度。利用再生脱硫石膏、磷石膏等固废材料，更符合国家绿色环保、节能低碳的发展理念。

不过，需要引起注意的是抹灰石膏耐水性较差，不适合用在厨房、卫生间等长期处于潮湿环境的部位，此处建议采用水泥改性抹灰石膏或聚合物抗裂砂浆抹灰，慎用普通抹灰砂浆。抹灰石膏也不适用于外墙抹灰。

3. 自保温砌块材料自身品质的把控和提升至关重要

吕宪春[15]的研究认为：在砌块的生产环节要加大管理力度。目前，在生产领域存在生产设备质量不过关、质量体系不健全等问题，导致产出的砌块密实度达不到要求、几何尺寸差、缺棱掉角、含水率高、不进行防潮包装、龄期达不到要求等一系列问题。而砌块本身质量的好坏与墙体开裂有很大的关系。所以，针对生产环节，要采取以下措施：

1）引进高质量的生产设备，淘汰那些手工作坊式的生产工艺，保证砌块生产质量。

2）把好材料出厂关，砌块的龄期必须达到28d以上，砌块的规格、强度等级、含水率等应经严格检验，符合要求方可进入施工现场使用，砌块的运输和堆放要注意防止雨淋，保持堆放场地干净整洁，不积水，运输过程严禁随意倾卸。

3）砌块要进行防潮包装。

4.使用专用轻质保温砌筑砂浆砌筑不可或缺

自保温砌块系统使用专用轻质保温砌筑砂浆主要是解决两个方面的问题，一是解决与自保温砌块性能匹配问题，另一是解决与自保温砌块保温性能协同问题。

自保温砌块具有表面强度低、疏松易掉粉、易吸水、高吸水、饱和吸水时间长、反复涨缩等不利特点。配套专用轻质保温砌筑砂浆在配方设计时充分考虑了这些不利因素使其粘结强度、保水性能够有效克服自保温砌块缺陷，并在砌筑成型后线膨胀系数、导热系数、泊松比等物理性能指标与自保温砌块的性能相匹配。避免出现开裂，空鼓、渗水、剥离脱落等问题。

专用轻质自保温砌筑砂浆主要由水泥基胶凝材料、有机聚合物改性材料、轻质空心颗粒骨料、外加剂、填料等成分组成，须具有一定的保温性能，而且是必须的、不可或缺的。在自保温砌体系统中，仅考虑自保温砌块的热工性能而忽略砌筑砂浆的热工性能是不正确的，应将自保温砌块和砌筑砂浆的性能同时考虑，并应选择热工性能相接近、相匹配的材料进行组合，协同实现保温功能。

5.抹胶粉聚苯颗粒浆料找平过渡层加抹面胶浆复合耐碱玻纤网格布薄抹灰是更为合理的自保温砌块外墙抹灰做法

自保温砌块外表面放弃直接采用抹灰砂浆厚抹灰技术路线，改为涂刷聚合物改性界面剂、抹胶粉聚苯颗粒浆料、抹抹面胶浆复合耐碱玻纤网格布做法。

1）界面剂内含有有机聚合物、保水剂等成分，具备很好的粘结性、弹性变形性、防水透气性，附着并渗透入自保温砌块表面，一方面克服自保温砌块各种不利属性，另一方面为抹胶粉聚苯颗粒浆料提供可靠的媒介连接保障。

2）胶粉聚苯颗粒浆料是一种亚弹性体材料，内含水泥基胶凝材料、有机聚合物、保水剂、轻质无机骨料和聚苯颗粒骨料、多种抗裂纤维等，具备良好的粘结性和弹性变形性。线膨胀系数、弹性模量、泊松比等性能指标与自保温砌块的更相接近、更为匹配。胶粉聚苯颗粒浆料找平层相当于水分散构造层，它具有优良的吸湿、调湿、传湿性能，可以吸纳自保温系统内产生的水汽，避免了液态水聚集后产生的三相变化破坏，提高了系统粘结性能和呼吸功效，保证了外保温工程的长期安全性和稳定性。胶粉聚苯颗粒浆料具备较好的保温性能和找平过渡功能，避免了自保温砌块与抗裂防护层的抹面胶浆直接接触，降低相邻材料变形速度差，使各构造层的变形同步化，减小了由于变形速度差产生的剪应力，确保整个系统不会出现开裂、空鼓和脱落，保证了系统的安全性和耐久性。

3）抹面胶浆是有机聚合物改性特种砂浆，且内部复合耐碱玻纤网格布，厚度仅在3mm左右，与普通抹灰砂浆厚抹灰存在显著差异，是一种薄层、柔性抗裂材料，具备很好的粘结性、保水性、弹性变形性、防水透气性和抗开裂防护性能。

14.4.2 小结

自保温砌块与配套砂浆形成的砌体保温系统具有耐候、防火、抗冲击、与建筑物同寿命等特点，加之良好的热工性能，所构成的墙体两侧即使不附加其他保温措施，墙体传热系数仍能满足建筑节能设计标准要求。与另几种主要的外墙保温系统技术相比较，其耐久性、安全性、施工性、经济性等方面具有比较优势。也因此成为主要的外墙保温形式之一。不过，同其他几种主要的外墙保温系统一样，砌体自保温系统也存在着特色性、典型性问题需要解决。

自保温砌块自身吸水、失水性均很突出，湿胀干缩变形在墙体中产生较大应力；自保温砌块外侧抹灰砂浆层属刚性厚抹灰材料，柔性变形能力差，抹灰砂浆导热系数高而热阻低，与自保温砌块之间会产生温差变形应力；加之结构变形等多因素耦合影响，在与其配套砌筑砂浆、抹灰砂浆之间，与其接触钢筋混凝土梁、柱之间，因为材料线膨胀系数、弹性模量等性能指标不一致，容易形成应力而裂、因裂而渗、因渗而冻胀或霉变的恶性循环，使墙体热工性能、使用寿命、使用功能降低。

本文所设计的自保温砌体构造本着柔性渐变、逐层应力的科学理念。多层材料结合时，选用弹性模量相近的材料有助于释放内部集中的应力，防止面层产生开裂破坏。为避免开裂，可使砌体自保温系统各层材料具有一定的柔性，吸纳变形应力的能力。能够发挥砌体自保温技术优势，克服其自身缺陷，扬长避短，在建筑节能领域发挥更大作用。

第15章

常见外墙外保温工程质量事故鉴定案例分析

近年来，由于外墙内保温的做法不断出现结露长霉、结构冷热桥处理不到位等问题，外保温做法逐渐受到青睐，外墙外保温已成为目前的主流外墙保温施工做法。但是随着外保温工程越来越多，一系列的质量问题也随之显现，比如外保温饰面层裂缝、空鼓甚至开裂脱落等。导致外保温出现质量问题的原因有多种可能性，从设计、材料到施工等各个环节都有可能存在问题，比如保温系统构造设计不足、保温系统使用材料不合格等。另外，外墙保温体系通常是在建筑工程的施工现场完成，施工质量的优劣直接关系到外墙保温体系的质量。

通常情况下，外保温出现质量问题时，参与项目的各方为了分清责任，这时就需要检测鉴定机构对外保温出现问题的原因进行鉴定。外墙外保温系统的类型多种多样，以下是笔者根据几种常见类型外墙外保温系统选取的典型的检测鉴定案例，并从专业角度对案例进行事故原因分析。

15.1 模塑聚苯板薄抹灰外保温系统典型案例

模塑聚苯板薄抹灰外墙外保温系统具有优越的保温隔热性能，良好的防水性能及抗风压、抗冲击性能，能有效解决墙体的龟裂和渗漏水问题，该系统技术成熟、施工方便，性价比高，是国内外使用最普遍、技术最成熟的外保温系统。模塑聚苯板在国内二十多年的工程应用中，取得了良好效果。但也出现了一些问题，大风刮落模塑聚苯板的质量事故时有发生。以北京市某住宅楼项目为例，其外墙饰面层（含保温层）局部存在脱落现象，脱落的保温板固定锚栓存在弯曲变形现象，外墙脱落区域周围未脱落饰面层存在开裂、起鼓现象，下文将对其原因进行分析。

1. 工程概况

本案为司法鉴定案例，涉案工程位于北京市，原告为涉案房屋业主。根据委托方提供住宅楼项目外墙大样图，可知该工程竣工图时间为2010年10月29日，外墙做法由内到外依次为：基层墙面刷界面剂→1:3水泥砂浆找平（墙体不平的时候使用）→聚合物砂浆粘贴75mm厚膨胀聚苯板→抹3～5mm厚聚合物砂浆中间压入一层耐碱玻纤网格布→涂料饰面。外墙面做法参照标准图集《外墙51M-1》88J2-9中做法根据图集相关规定，高层建筑应在第9～14层设置3个/m^2锚固点，聚苯板应使用聚合物砂浆刮成梳形满粘。

2. 检测鉴定过程

检测方接受法院委托后，经法院与各方协商沟通，于指定时间派工程技术人到现场勘验，并记录了该工程的相关情况。总结各方陈述，工程相关情况如下：

原告入住涉案房屋时间为2009年，2018年11月刮大风导致涉案房屋对应外墙饰面层（含保温层）脱落，至今未维修。曾对室内存在返潮、霉变现象墙体面层进行修复，铲除发霉饰面层，做防水后重新恢复饰面层贴壁纸。开发商表示涉案工程竣工备案时间为2009年，竣工后一直没有维修过。而物业称其曾在2018年涉案工程外墙发生脱落现象后对外墙脱落位置周围饰面层及保温层进行过局部加固处理。

涉案工程西侧外墙局部存在饰面层（含保温层）脱落现象（图15-1）。现场对该工程脱落的外墙饰面层（含保温层）进行勘验，保温层材料为聚苯板（图15-2），尺寸为长1000mm × 宽600mm × 厚75mm，保温板表面局部留存有粘贴砂浆和砂浆痕迹（图15-3），保温板固定锚栓存在弯曲变形现象（图15-4、图15-5）。该工程外墙饰面层脱落区域周围未脱落饰面层存在开裂、起鼓现象（图15-6）。原告陈述，该工程脱落外墙饰面层保温板中间砂浆痕迹为施工粘贴时操作所留，保温板主要靠周边未脱落砂浆粘结。

图15-1　涉案工程西侧外墙局部存在饰面层（含保温层）脱落现象

图15-2　涉案工程外墙保温材料为聚苯板

图15-3 涉案工程脱落保温板表面局部留存有粘贴砂浆和砂浆痕迹

图15-4 涉案工程脱落保温板固定锚栓存在弯曲变形现象

图15-5 涉案工程脱落保温板固定锚栓存在弯曲变形现象

图15-6 涉案工程外墙饰面层脱落区域周围未脱落饰面层存在开裂、起鼓现象

3.工程质量问题原因分析

经过现场勘验以及规范查阅，对工程质量问题有以下几点分析：

（1）涉案工程外墙饰面层（含保温层）局部存在脱落现象，脱落的保温板固定锚栓存在弯曲变形现象，外墙脱落区域周围未脱落饰面层存在开裂、起鼓现象。

（2）涉案工程外墙脱落保温板固定锚栓存在弯曲变形现象，分析固定锚栓未起到应有的固定作用，有效锚固深度不符合行业标准《膨胀聚苯板薄抹灰外墙外保温系统》JG 149—2003（已废止）第5.6条“锚栓有效锚固深度不小于25mm”的规定。

（3）根据委托方提供外墙大样图图纸资料和参照建筑构造通用图集《墙身–外墙外保温》88J2-9，该工程外墙外保温材料应采用聚合物砂浆刮成梳形满粘聚苯板，现场脱落外墙外保温材料未见使用聚合物砂浆刮成梳形满粘，不符合该工程相关设计要求。

（4）根据委托方提供相关资料和现场勘验情况，未见该工程外墙外保温系统存在周期性的检查与维修，不符合行业标准《建筑外墙外保温系统修缮标准》JGJ 376—2015第3.0.1条外墙外保温系统应进行周期性检查的规定。

4.工程总结

综上所述，分析涉案工程外墙保温层脱落成因为该区域外墙保温工程局部存在质量缺陷，并在长时间使用未及时检查维护情况下，外墙饰面层出现开裂起鼓等损伤后遇特殊气候（大风等）所致。

15.2 挤塑聚苯板薄抹灰外保温系统典型案例

挤塑聚苯板和模塑聚苯板的制作工艺不同，性能指标和适用范围也不同。与模塑聚苯板相比，挤塑聚苯板的密度大，强度高，导热系数小，吸水率和水蒸气渗透系数低，粘结性能和尺寸稳定性差，因此，在应用于外保温工程时，必须采取有针对性的技术措施。近些年，有些外保温工程简单照搬模塑聚苯板薄抹灰外保温做法，也造成了挤塑聚苯板外保温工程开裂、起鼓、脱落、失火等严重质量安全问题。以北京市某住宅楼项目为例，其外墙外保温工程的抹面层均存在脱层、空鼓的现象，抹面层与保温层的脱落部位均位于抹面层与保温层之间的结合面，脱落面光滑，下文将对其原因进行分析。

1.工程概况

该案例为北京市某工程1号～5号住宅楼，外墙外保温工程施工起止时间为2014年5月～2014年8月。施工方承包方式为包工包料，在施工过程中外墙外保温工程不断出现质量问题，导致建设方无法按照与总发包的合同约定进行竣工验收，并不断组织工人对外墙进行修补。该工程1号～5号楼外墙外保温工程的施工工艺为：基层堵塞螺杆洞→清理墙面基层→粘贴保温板→钉钉子→抹抗裂砂浆→批弹性外墙腻子→刷涂料。保温板与抗裂砂浆为同一厂家的产品。

该工程1号楼、2号楼、4号楼、5号楼外墙外保温工程的抹面层均存在不同程度的脱层、空鼓的现象，抹面层与保温层（挤塑聚苯板）的脱落部位均位于抹面层与保温层之间的结合面，脱落面光滑。以下照片为现场勘验记录，图15-7、图15-8为1号楼外墙情况，图15-9、图15-10为2号楼外墙情况，图15-11、图15-12为4号楼外墙情况，图15-13、图15-14为5号楼外墙情况。

2.工程质量问题原因分析

经过现场勘验以及规范查阅，从挤塑板材料本身特性和该工程施工质量两个角度出发，对工程质量问题有以下几点分析：

图15-7　1号楼外墙保温抹面层均存在不同程度的脱层、空鼓、开裂现象

图15-8　1号楼外墙保温抹面层均存在不同程度的脱层、空鼓、开裂现象

图15-9　2号楼外墙保温抹面层均存在不同程度的脱层、空鼓、开裂现象

图15-10　2号楼外墙保温抹面层均存在不同程度的脱层、空鼓、开裂现象

图15-11　4号楼外墙保温抹面层均存在不同程度的脱层、空鼓、开裂现象

图15-12　4号楼外墙保温抹面层均存在不同程度的脱层、空鼓、开裂现象

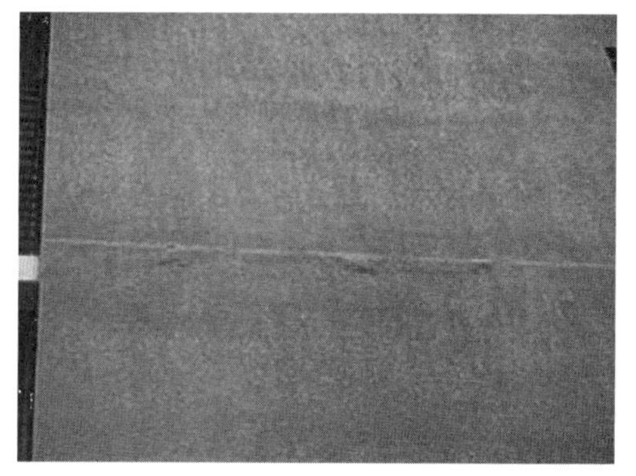

图15-13　5号楼外墙保温抹面层均存在不同程度的脱层、空鼓、开裂现象

图15-14　5号楼外墙保温抹面层均存在不同程度的脱层、空鼓、开裂现象

1）挤塑板材料特性分析。

（1）粘结亲和性差：挤塑板制造工艺决定了其表面致密光滑、吸水率极低、亲和渗透性差，胶粘剂、抹面胶浆无法实现同挤塑板的牢固粘结，最终导致抹面防护层剥离或挤塑板脱落等问题。通过涂刷专用界面剂可以解决挤塑板粘结牢固性问题，其中挤塑板界面剂是关键，如果界面剂自身质量不合格，或存在界面剂漏刷同样不能解决挤塑板有效粘结问题。

（2）尺寸稳定性差：在挤塑板薄抹灰保温系统中，抹面胶浆与挤塑板直接接触，两者导热系数相差较大，热变形速度也存在明显差异。环境温度变化时，相邻材料变形速度不同，使抹面胶浆与挤塑板之间产生剪切应力，影响它们之间的粘结强度，当抹面胶浆变形能力及粘结强度不能抵御温度应力破坏时，将导致面层开裂和空鼓。

（3）吸水率低、透气性差：挤塑板成形工艺造成了它具有十分连续完整的闭孔式组织结构，各泡孔之间基本没有空隙存在，具有均匀的横截面和连续平滑的表面。挤塑板吸水率低，透气性差，与砂浆粘结亲和性差，极容易引发空鼓、开裂、剥离、脱落等质量问题。

2）该工程施工质量分析。

该工程1号～5号楼外墙外保温工程的施工工艺为：基层堵塞螺杆洞、清理墙面基层→粘贴保温板→钉钉子→抹抗裂砂浆→批弹性外墙腻子→刷涂料。该工程相关资料的《采购清单》中未见挤塑板配套界面剂的相关购买及送货资料。北京市地方标准《保温板薄抹灰外墙外保温施工技术规程》DB11/T 584—2013第3.0.6条："保温材料选用挤塑板时，应使用配套的界面剂进行界面处理，并按供应商提供的使用说明施工。"该工程住宅楼外墙外保温采用挤塑板，施工过程中抹面砂浆与挤塑板之间界面处理不当或未进行处理，未能保证抹面层与挤塑板粘结牢固可靠。

3.工程总结

综上所述，分析本工程外墙保温层工程质量问题成因为挤塑板本身特性以及施工存在质量缺陷所致。针对挤塑聚苯板板材变形大、热应力高；吸水率低、粘结亲和力差等特性，在外墙外保温工程中，应选用系统整体系列配套且符合标准要求的外保温系统材料，以确保系统所用各材料之间相容，并应保证该系列材料所组成的外墙外保温系统各项性能指标均能满足标准要求。从现场外墙外保温系统抹面层空鼓、脱落现象及脱落界面情况等因素分析，抹面砂浆层空鼓脱落问题产生的主要原因为抹面砂浆与挤塑板之间界面处理不当或未进行处理，未能保证抹面砂浆与挤塑板粘结牢固可靠。

15.3 岩棉板薄抹灰外保温系统典型案例

国家标准《建筑防火设计规范》GB 50016—2014（2018年版）实施后，岩棉薄抹灰外墙外保温系统因为在防火、保温等性能上能更好地满足要求，所以在市场上占据了越来越大的比例。但是由于岩棉外保温系统在我国使用的时间较晚，积累的数据和工程经验有限，工程技术人员对工程中问题的成因认识不足，也缺乏工程案例进行参考，导致岩棉板薄抹灰外保温系统工程质量问题也时有发生。岩棉薄抹灰外墙外保温是一个系统工程，它涉及墙体基层、粘结抹面砂浆、锚栓加固层、保温层、饰面层及系统配件等组合材料，结构设计以及施工工艺操作规范化等，只有在系统中每个环节都做到位才能保证整个系统不出问题。以北京市某商业园项目为例，其外墙MCM板饰面存在空鼓开裂、岩棉保温板脱落的情况，下文将对其原因进行分析。

1.工程概况

北京市某商业园建筑包括1号～4号楼，34号～35号楼，建筑层数为地上8层，地下1层，建筑高度为45m。该工程幕墙范围包括玻璃幕墙、铝板幕墙、外墙MCM板，铝合金门窗等。外墙MCM板系统：采用灰色MCM板湿贴系统，外墙保温为80mm厚钢丝网憎水裸板岩棉板。1号楼、4号楼的现状见图15-15、图15-16。

图15-15　1号楼南立面现状

图15-16　4号楼立面现状

目前该工程外墙MCM板饰面存在空鼓开裂、岩棉保温板脱落的情况。1号楼、4号楼外墙立面从2017年9月底开始保温施工，到2017年11月底保温和软瓷砖饰面大部分施工完成。2019年3月开始，保温和软瓷砖饰面出现保温空鼓和脱落等问题，随着时间发展，质量问题越来越严重，到2019年7月2日下午1号楼南立面保温大面积脱落、空鼓（图15-17），4号楼南立面、东立面软瓷砖饰面大面积脱落，南立面、东立面保温大面积空鼓（图15-18～图15-20）。

图15-17　1号楼南立面东侧区域抗裂层及软瓷砖饰面存在大面积脱落

图15-18　4号楼南立面岩棉外保温系统脱落

图15-19　4号楼南立面软瓷砖饰面层局部存在起鼓

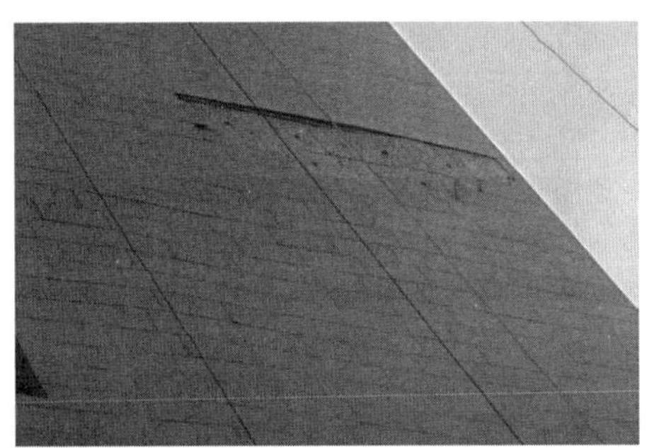

图15-20　4号楼东立面岩棉外保温系统抗裂砂浆层及外饰面脱落

2.检测鉴定过程

本项目采用现场勘验记录以及无损的红外热像法对建筑外围护结构的热工缺陷进行检测鉴定。

采用红外热像仪对1号楼南立面、4号楼的热工缺陷进行检测，检测情况见图15-21～图15-26。检测结果显示各检测面的各个区域均存在温差范围，可从红外成像图及对应的外墙饰面存在的不同程度的空鼓情况进行判断。

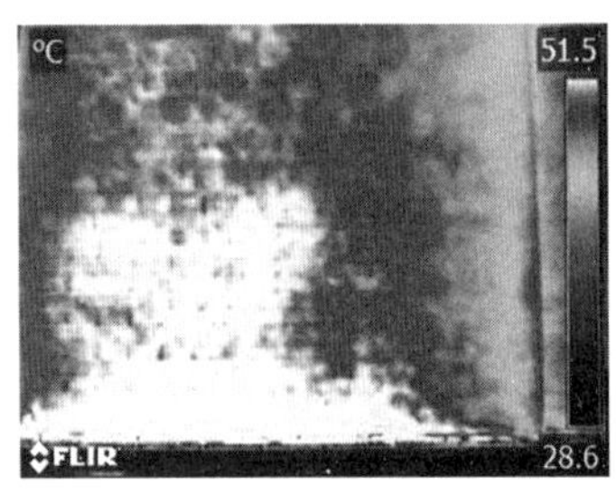

图15-21　1号楼南立面西侧红外成像及对应照片

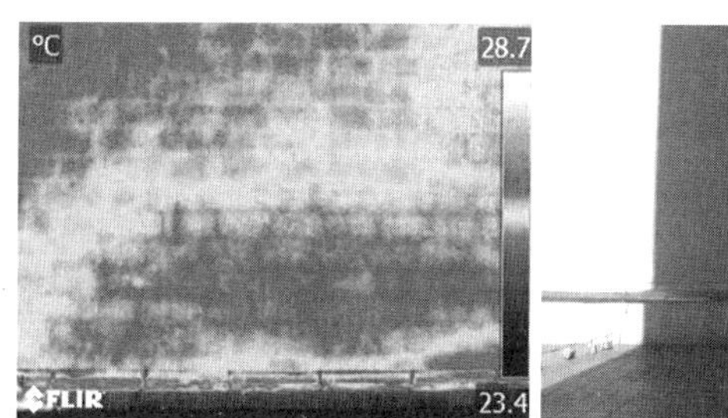

图 15-22　1 号楼南立面中间墙面红外成像及对应照片

图 15-23　4 号楼南立面东侧墙面红外成像及对应照片

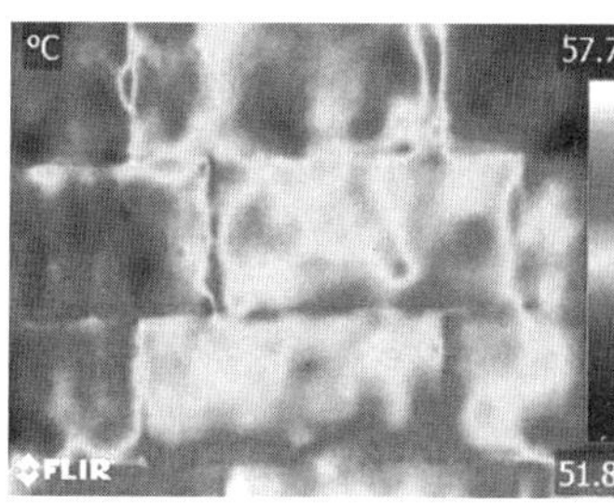

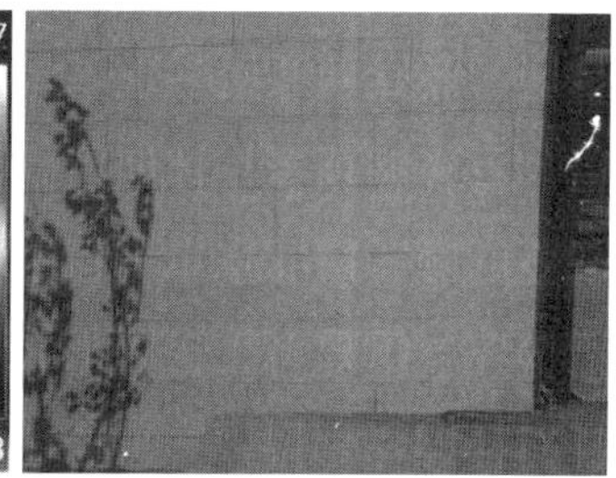

图 15-24　4 号楼西立面北侧墙面红外成像及对应照片

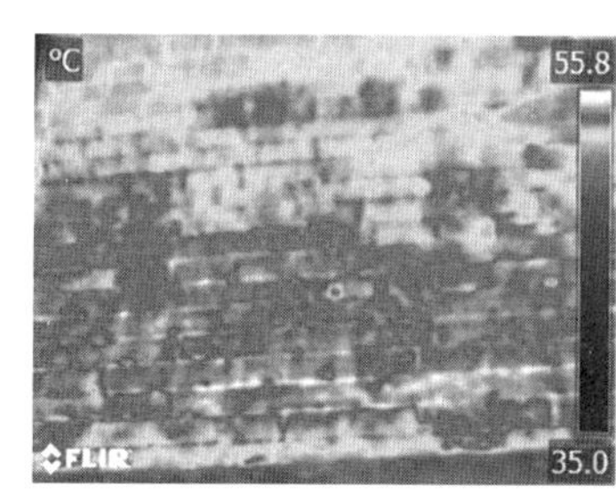

图 15-25　4 号楼西立面南侧墙面红外成像及对应照片

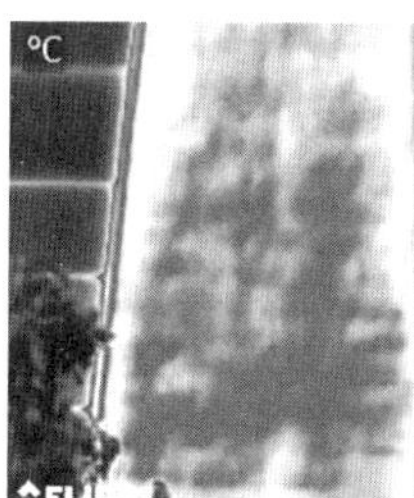

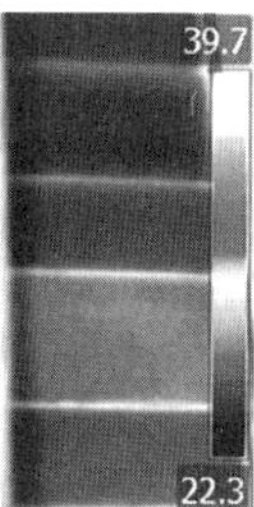

图 15-26　4 号楼东立面中间墙面红外成像及对应照片

3.工程质量问题原因分析

经过现场勘验以及规范查阅，对工程质量问题有以下几点分析：

1）材料特性分析。

岩棉板通过粘结受力极不稳定。普通岩棉板作用于墙体后纤维是平行于墙面的，这种横丝结构造成岩棉板粘结后只是部分纤维受力，较小的力（不足0.01MPa）即能破坏岩棉纤维。在热胀冷缩和正负风压的作用下，岩棉纤维丝易折断，且无法自行修复。

2）设计分析。

北京市地方标准《岩棉外墙外保温工程施工技术规程》DB11/T 1081—2014第3.0.8条规定："当基层墙体为加气混凝土等多孔材料时，宜采用岩棉条外保温系统"。该工程结构形式为筏板基础，钢筋混凝土框架剪力墙结构体系，其中填充墙为加气混凝土砌块墙。外墙外保温均采用80mm厚钢丝网憎水岩棉板。

3）施工分析。

（1）北京市地方标准《岩棉外墙外保温工程施工技术规程》DB11/T 1081—2014中第5.3.6条："粘贴岩棉板应按以下操作工艺进行：1 岩棉板上墙前宜双面进行界面处理……"。设计资料中外墙做法参照的标准图集《建筑外保温（节能75%）》13BJ2-12中外墙A5M做法也注明：岩棉板应双面刷界面剂。现场岩棉板均未见界面处理，不符合北京市地方标准及设计的要求。

（2）施工质量不符合国家相关标准规范的要求。根据北京市地方标准《岩棉外墙外保温工程施工技术规程》DB11/T 1081—2014第3.0.5条："岩棉板外保温系统应符合以下要求：1 岩棉板外保温系统与基层墙体采用粘锚结合、以锚为主的连结方式……4 建筑高度不大于 24m 时，岩棉板与基层墙体的粘结面积率应不小于40%；建筑高度大于24m时，岩棉板与基层墙体的粘结面积率应不小于60%……5 抹面层应采用双层玻纤网增强，锚栓圆盘应压住底层玻纤网。"现场抽检的岩棉保温板与基层墙体粘贴面积率、抽检的锚栓数量均不符合北京市地方性相关标准规范的规定。

（3）现场岩棉板的锚固钉其圆盘直径为60mm与规范要求的圆盘直径数值相差较大。行业标准《外墙保温用锚栓》JG/T 366—2012第5.5条："用于岩棉外墙外保温系统时，宜选用圆盘直径为140mm的圆盘锚栓。"

4.工程总结

综上所述，分析本工程外墙保温层工程质量问题成因为材料本身特性以及施工存在质量缺陷所致。以下是根据本项目存在的问题提出的几点建议：

1）新材料、新工艺在使用前应做可行性分析。本工程采用的外墙装饰面为软瓷砖（MCM材料）是一种新型的建筑装饰材料。国家标准《建筑节能工程施工质量验收标准》GB 50411—2019第3.1.3条的规定："建筑节能工程采用的新技术、新设备、新材料、新工艺，应按照有关规定进行评审、鉴定及备案。施工前应对新的或首次采用的施工工艺进行评价，并制订专门的施工技术方案"及第4.1.3条的规定："墙体节能工程当采用外保温定型产品或成套技术或产品时，其型式检验报告中应包括安全性和耐候性检验。"工程若使用新工艺前应进行工程应用调研及可行性分析及需要通过系统耐候性试验检测。对于新材料使用尤其要考虑与构造层之间的安装、固定及粘结问题。

2）应严格按照国家相关标准规范的要求选用合适的保温系统。以本工程为例，根据规范要求基层墙体为加气混凝土等多孔材料，宜采用岩棉条外保温系统，该工程均采用的为岩棉保温版。因为根据北京市地方标准《岩棉外墙外保温工程施工技术规程》DB11/T 1081—2014第3.0.5条要求加气混凝土砌块墙体若采用以锚固为主的岩棉板保温需用大量的锚栓锚固才能满足相应高度处最大风荷载时所需要的抗拉承载力，若采用以粘结为主的岩棉条外保温更为可靠更适宜保证质量及保温效果。

3）施工现场的管理。该工程针对岩棉保温板无论是使用的锚固钉数量、锚固钉圆盘直径、粘结面积均不符合国家相关标准规范的规定，所以施工现场需要严把质量关。

15.4 无机保温砂浆外保温系统典型案例

无机保温砂浆因具有经济性好、防火阻燃性能好、施工简单等多种优点而被广泛应用于建筑工程中，但由于材料自身缺点、粘结构造设计不足、施工质量控制不好等原因，出现了大量开裂、渗水、空鼓、甚至脱落等质量事故，严重阻碍了建筑工程节能的实施，甚至给社会公共安全造成了很大隐患。无机保温砂浆若想取得良好的施工效果，需要结合当地的施工环节、材料、技术等多个方面的因素。以江西省某办公楼项目为例，其外墙饰面层存在开裂、脱落现象，装饰柱砖砌体局部存在开裂现象，下文将对其原因进行分析。

1.工程概况

该工程为江西省某办公楼，竣工时间为2013年10月6日，该工程包括85号、86号、87号楼及花园办公楼15栋。85号楼地上9层，地下局部1层，框架结构，建筑高度37.080m；86号楼地上9层，框架结构，建筑高度37.080m；87号楼地上10层，框架结构，建筑高度40.680m；花园办公楼等15栋地上3层，框架异形柱结构房屋。本工程外墙墙面从内到外设计构造做法为：内墙饰面→页岩多孔砖（钢筋混凝土柱）→界面处理砂浆→30mm厚AJ膨胀玻化微珠保温砂浆（燃烧性能为A级）→抗裂砂浆5mm厚（压入一层加强型网格布）→柔性耐水腻子→面层涂料+罩面涂料。

该工程外墙饰面层存在开裂、脱落现象，装饰柱砖砌体局部存在开裂现象；图15-27～图15-31为该工程各楼东立面或北立面外墙饰面层存在脱落、开裂现象。

图15-27　某楼东立面外墙饰面层存在脱落、开裂现象

图15-28　某楼东立面外墙饰面层存在脱落、开裂现象

图15-29　某楼东立面外墙饰面层存在脱落、开裂现象

图15-30　某楼北立面外墙抹灰层、饰面层存在脱落、开裂现象

2.检测鉴定过程

1）剔凿勘验

在该工程每栋楼空鼓区域随机选取1个位置进行剔凿勘验，共计剔凿勘验18处，剔凿后对外墙各构造依次出现基墙和界面砂浆层之间空鼓、界面砂浆

图15-31　某楼北立面外墙抹灰层、饰面层存在脱落、开裂现象

层和保温层之间粘结不实等情况，采用红外检测方式计算各楼外墙外保温各立面的空鼓面积。另对该工程85号、86号、87号楼每栋外墙随机选取5个无空鼓现象的部位，在15栋花园办公楼每栋外墙随机选取1个无空鼓现象的部位，共计30处，对外墙外保温进行粘结强度检测，该工程所有楼外墙外保温粘结强度均不符合行业标准《玻化微珠保温隔热砂浆应用技术规程》JC/T 2164—2013第4.1.1条“现场粘结强度不得小于0.3MPa，且破坏部位应位于保温隔热层内”的规定。

2）红外成像

通过红外热成像（图15-32～图15-40）以及锤击法对该工程85号楼、86号楼、87号楼及15栋花园办公楼外墙空鼓情况进行整体检测，该工程67号～82号楼建筑物外墙空鼓主要出现在饰面层与抗裂砂浆层、抗裂砂浆层与保温砂浆层之间，饰面层自腻子层空鼓、起皮约占外墙面积30%，饰面层与抗裂砂浆层、抗裂砂浆层与保温砂浆层之间空鼓约占外墙面积10%；85号～87号楼三栋高层建筑物外墙空鼓、脱落均出现在水泥砂浆抹灰层与墙体结构基层之间，其空鼓率约占外墙面积的35%。

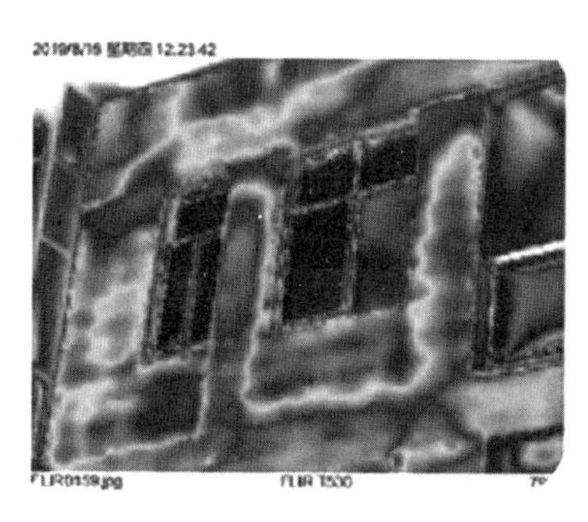

图15-32　某工程外墙空鼓红外成像及对应位置照片

图 15-33　某工程外墙空鼓红外成像及对应位置照片

图 15-34　某工程外墙空鼓红外成像及对应位置照片

图 15-35　某工程外墙空鼓红外成像及对应位置照片

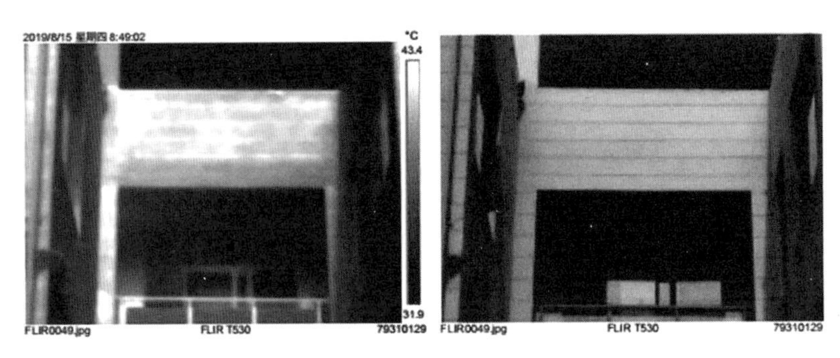

图 15-36　某工程外墙空鼓红外成像及对应位置照片

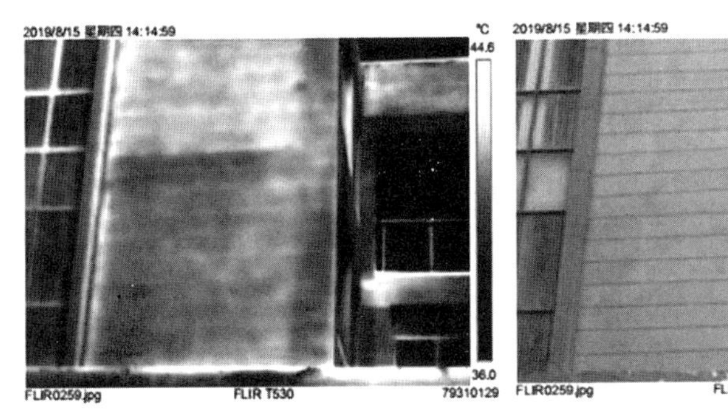

图 15-37　某工程外墙空鼓红外成像及对应位置照片

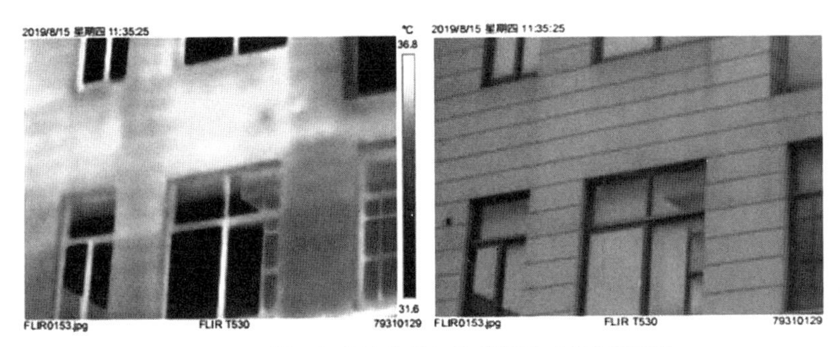

图 15-38　某工程外墙空鼓红外成像及对应位置照片

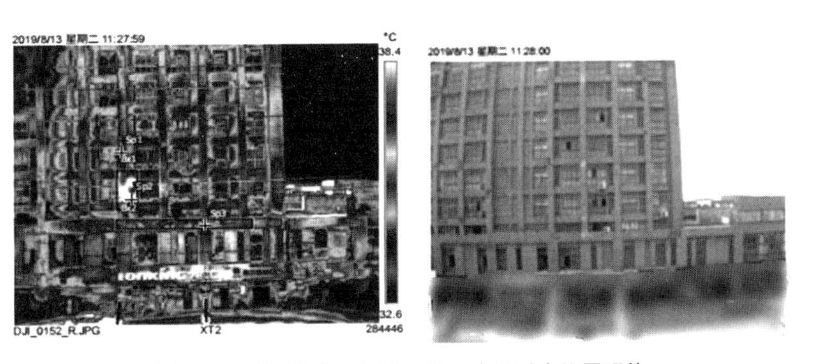

图 15-39　某工程外墙空鼓红外成像及对应位置照片

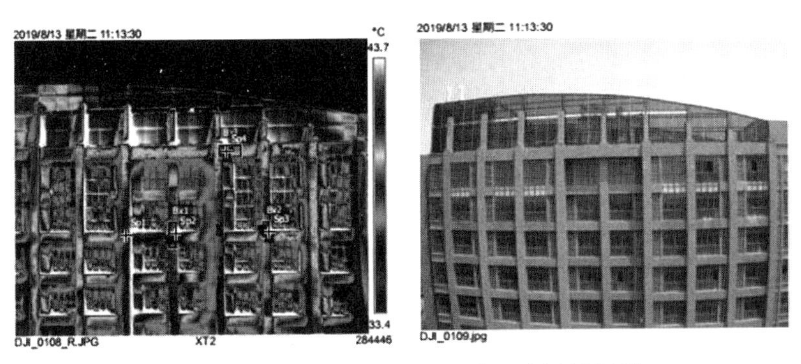

图 15-40　某工程外墙空鼓红外成像及对应位置照片

3. 工程质量问题原因分析

经过现场勘验以及规范查阅，对工程质量问题有以下几点分析：

1）材料特性分析。

无机浆料硬度高、线膨胀系数大，且该材料多数使用于我国的夏热冬冷地区，以前文11.2.2节的分析，冬季单日温差下产生的墙体膨胀变形量可以达到2.88cm，且随着温差逐日发生其膨胀空鼓量和尺寸变形量会逐渐积累，产生越来越大的空鼓。另外，因为有外墙保温层的保护，建筑基层墙体的温差被控制在很小的范围，因此无机保温砂浆受热时产生的膨胀变形大于基层墙体，遇冷时发生的冷缩裂缝也大于基层墙体。楼层越高其墙体变形位移总量越大，存在越大安全隐患，特别是高层建筑的上半部分，其面临的温差更大，热胀时更容易产生空鼓形变，冷缩时更容易发生收缩裂缝。

2）施工原因分析。

（1）材料的配比问题。材料的保水性和抗拉强度达不到要求而出现空鼓；现场搅拌不均匀，外加剂、胶粉料等改性组分未能充分溶解造成砂浆粘结性不够，二者均会导致空鼓。

（2）基层墙体处理问题。基层墙体表面不平整等于在基层墙体与砂浆层之间形成了隔离层，即形成砂浆层空鼓；由于基层墙体表面没有处理干净，有垃圾、积灰或污染物，影响面层与基层之间的粘结牢固；如果基层干湿程度不同或浇水不均匀，会使墙上不同的地方干湿不匀，而在铺设完砂浆层后造成干缩不均或局部因脱水过快而干缩，形成空鼓和裂缝；基层干湿程度不同或浇水不均匀，造成铺设砂浆之后局部脱水过快而干缩，形成空鼓和裂缝。

（3）施工工艺问题。如果砂浆单次涂抹施工厚度太厚，会导致收缩变形大，影响砂浆粘结能力或砂浆一次成活，易产生空鼓；保温层表面光滑不利于与抗裂增强层的粘结，也可能导致空鼓；砂浆铺设完压实不够，使保温砂浆层与基层粘结面积减小，而造成砂浆层空鼓。

4. 工程总结

综上所述，分析本工程外墙保温层工程质量问题成因为无机浆料本身特性以及施工存在质量缺陷所致。

无机保温砂浆强度高，在工程应用中易空鼓开裂。通过材料优化在其骨料中增加总体积50%以上的聚苯颗粒，可以形成柔性构造起到释放温度应力的作用，以抵消体积收缩膨胀，降低开裂脱落风险，形成防风、防火、防水、抗震、防温度应力的五不怕墙体，达到设计使用年限不低于50年的目标。

施工企业在施工时，除应严格执行质量管理体系和相应的施工工艺技术标准外，更重要的是施工管理人员和操作者必须认真学习且熟悉相关技术规范、标准、规程要求，不断提高自身施工工艺水平，且在工作中要有很强的责任心和质量意识。想取得良好的施工效果，必须结合当地的施工环节、材料、技术等多个方面的因素进行施工。

15.5 外墙外保温质量保障措施

近年来，建筑外围护结构墙面及幕墙的开裂、脱落和火灾等现象时有发生，据不完全统计，仅2021年一年时间里，全国公开报道的外围护结构墙面质量事故就有600多起，给城市公共安全和人民生命财产安全带来了极大威胁。建筑外围护结构既是建筑物挡风遮雨、抵御外界环境影响的重要组成部分，也是我们城市建筑的对外形象。

结合现状以及前文中的案例分析，笔者提出以下几点质量保障措施：

(1) 外墙外保温施工必须符合设计要求，施工前必须依据设计要求和规范标准规定严格审核施工方案，施工单位对操作层的技术交底要详细规范；

(2) 应选择国家推广应用的成熟的施工材料和技术，采用四新技术及尚无相关技术标准的分部分项工程要组织研讨和论证；

(3) 施工过程中必须严格执行国家现行规范标准，不能因赶工而不按工序施工，放松质量管理要求，项目监理部应从施工方案审核、样板引路、原材料质量、过程控制、专项验收等方面加强监理监督；

(4) 建议物业单位定期对外墙外保温进行安全性评价，结合拉拔试验等做全面的外观检查，防止保温层坠落造成不必要的损失。

(5) 在建筑保温设计、材料、施工和运维过程中，可以引入第三方质量评价和建筑保险机构，对外保温工程的全流程进行风险等级评价、整改、承保。

第16章

外墙外保温系统修缮技术与标准解析

我国地域辽阔，跨域五个不同气候区，既有建筑外墙外保温系统种类多样、数量庞大。受材料、设计、施工或环境等因素，一些建筑外墙外保温系统存在空鼓、开裂、渗水、脱落等质量缺陷和损伤。外墙外保温质量问题不但影响建筑美观，饰面层开裂、渗水还会导致外墙局部区域形成“热桥”，保温效果下降，保温系统空鼓、脱落等问题，会成为严重的公共安全威胁，问题必须及时进行修缮，以杜绝隐患。行业标准《建筑外墙外保温系统修缮标准》JGJ 376—2015的出台实施，对于规范既有外墙外保温系统修缮行为，有效治理外墙外保温系统质量缺陷和损伤，提高外墙外保温系统的安全性和热工性能，提供了强有力的技术支撑。

该标准涵盖了保温板材类、保温浆料类和现场喷涂类等建筑外墙外保温做法，装饰面层采用涂料、面砖等做法的修缮工程。提出了外墙外保温系统修缮、单元墙体、局部修缮、单元墙体修缮等全新概念。指明“修缮”包括对外墙外保温系统检查、评估和修复的全部行为，而并非是单纯的维修。标准包括总则、术语、基本规定、评估、材料与系统要求、设计、施工、验收等八个部分，体现了实用、严谨、科学的精神内涵。

16.1 现行标准关键技术要求

2　术语

2.0.1　外墙外保温系统修缮

为治理外墙外保温系统的质量缺陷和损伤，提高外墙外保温系统安全性和热工性能，对外墙外保温系统进行检查、评估和修复的活动。

2.0.3　局部修缮

对单元墙体局部区域的外保温系统进行检查、评估和修复的活动。

2.0.4　单元墙体修缮

依据外保温系统检查、评估结果，将单元墙体的外保温系统全部清除，并重新铺设外保温系统的活动。

术语“外墙外保温系统修缮”中的“修缮”明确规定，包括检查、评估、修复等活动。

建筑外墙外保温系统的缺陷类型、缺陷部位、缺陷成因各不相同，不同缺陷对保温系统的危害性也有所不同，但对于既有外墙外保温系统，一旦产生了缺陷，无论其大小，都需及时采取措施进行修补、修复，否则，轻则影响保温系统的外观质量，重则影响系统的寿命、安全性。

建筑外墙外保温修缮可以是局部修缮、单元修缮和整体修缮三种情况。如果外保温系统只是局部区域出现问题，且根据评估结果，其他区域不存在质量隐患时，仅需要进行问题部位修复；如果某个单元或某几个单元墙体普遍存在缺陷或质量问题时，需要将整个单元墙体外墙外保温系统全部铲除，并重新铺设外墙外保温系统。单元墙体修缮概念与整体修缮存在差异，前者只针对建筑的一个或几个单元进行修缮，后者针对整栋建筑进行修缮。

3　基本规定

3.0.3　建筑外墙外保温系统修缮应符合下列规定：

1　外墙外保温系统修复前应进行评估；

2　当修复面积合计达到50m^{2}及以上时，应制定修复设计方案；当修复面积合计为50m^{2}以下时，应在评估报告中明确修复技术要点；

3　应制定修复施工方案，明确修复施工要点；

4　应对外墙外保温系统修复工程进行验收。

建筑外墙外保温系统种类多样，引起缺陷的原因包括设计、材料、施工、环境等诸多因素，既可能是单一原因，也可能是多种原因综合影响导致的。只有找准原因，采取有针对性措施，对症下药方能解决问题。该标准明确规定，在建筑外墙外保温系统修复前，需先进行评估，通过初步调查，以及红外热像法、敲击法、系统拉伸粘结强度等现场检测，评估外墙外保温系统的缺陷部位、缺陷类型、缺陷程度以及成因等，并根据评估结果，制定具有针对性的修复设计方案。这充分体现了该标准的科学严谨性和切实可操作性。

以 $50m^2$ 为分界点，超过时，评估报告中应制定修复设计方案，不足时，应在评估报告中明确修复技术要点。在实际修缮工程中，采用局部修缮或单元墙体修缮，需根据外保温系统的评估结果综合判定。需要注意的是，当外墙外保温系统局部产生缺陷时，并不一定仅对缺陷部位进行局部修缮，还需要根据工程的实际情况对具体的缺陷类型、缺陷程度、缺陷原因等进行深入分析，若发现该外墙保温系统的缺陷分布较广，且大多缺陷已渗透、蔓延至保温层或保温材料层与基层之间，局部修缮无法彻底解决外墙保温系统的问题，改为单元墙体修缮或整栋修缮。

4　评估

4.1.1　外墙外保温系统的评估宜按下列步骤进行：

1　对项目建设基本情况、外墙外保温系统缺陷情况等进行初步调查；

2　对外墙外保温系统进行现场检查与现场检测；

3　对现场检查和现场检测结果进行评估，并编制评估报告。

外墙保温修缮前要进行评估，并出具评估报告，按评估报告提出的方案进行修缮施工并验收。该标准详细、具体的规定了评估活动中需要进行的初步调查、现场检查与现场检测等操作的方法、步骤，出具评估报告应有的格式和内容。具有很好的实操性。

7　施工

7.2.5　外墙外保温系统渗水修复应符合下列规定：

1　当外墙外保温系统渗水时，应确定渗水区域，并应在渗水区域左右及下方至少各扩展1m、上方至少扩展2m；

2　应将扩展后的区域清除至基层，对基层进行清理和界面处理；

3　沿扩展后的区域两侧扩大100mm，清除饰面层；

4　重新增设保温系统各构造层，新旧网格布搭接距离不应少于100mm。

本章明确规定了局部修缮、单元修缮时对于各种保温系统出现的保温层与基层问题、保温层自身问题、保温层与抹面防护层问题、饰面防护层问题等各种问题的具体修缮施工方法。对于外墙保温系统问题修缮施工活动起到了很好的指导和规范作用。另外，第7.2.5条中规定的关于保温系统渗水问题的修复方法十分必要，因为裂缝和空鼓不同，建筑外墙外保温系统渗水部位较难发现，沿渗水点向四周扩展一定面积，然后参考空鼓修复方法进行。本条的规定值应理解为最小扩展范围，若扩展时发现渗水面积较大，应在此基础上增大扩展范围。为了排除渗水隐患，一定要对渗水部位的保温材料进行更换，从而确保建筑外墙保温效果。

16.2 潜在风险分析

4.3 现场检查与现场检测

4.3.3 外墙外保温系统的现场检测应符合下列规定：

1 外墙外保温系统的现场检测应包括系统热工缺陷检测和系统粘结性能检测；

2 外墙外保温系统热工缺陷检测时，应采用红外热像法全数检测，并宜采用敲击法复核缺陷部位；

3 外墙外保温系统粘结性能检测时，应检测外保温系统的拉伸粘结强度，记录检测结果及破坏状态；

4 外墙外保温系统拉伸粘结强度检测时，对于每幢单体建筑中的不同缺陷类型部位和未损坏部位，抽查数量均不应少于3处。

4.4.3 外墙外保温系统的评估结论应明确外墙外保温系统的修缮范围，并应符合下列规定：

1 当保温砂浆类外墙外保温系统的空鼓面积比不大于15%或保温板材类、现场喷涂类外墙外保温系统的粘结强度不低于原设计值70%时，宜进行局部修缮；

2 当保温砂浆类外墙外保温系统的空鼓面积比大于15%或保温板材类、现场喷涂类外墙外保温系统的粘结强度低于原设计值70%，或出现明显的空鼓、脱落情况时应进行单元墙体修缮。

该标准第4.3.3条提出的红外线成像检测法，只能用于检测热工缺陷，对于保温板内侧砂浆粘结面积及与保温板粘结强度是否达到标准要求，保温板与砂浆之间是否存在虚粘等问题均无法检测。采用敲击或剖开方式检测砂浆与保温板粘结状态，人为主观成分过多，缺乏客观性和严谨性，很容易造成漏检和误判。外墙外保温工程质量问题主要是设计、材料、施工、环境等因素造成的，设计、材料因素造成的问题往往带有系统性、整体性特征，施工、环境因素造成的问题往往带有偶发性、随机性特征，通过抽查取样方式检测砂浆与保温板粘结强度，对于偶发性、随机性出现的质量缺陷同样容易造成漏检和误判。更何况，无论敲击剖开检查或砂浆粘结强度拉拔检测均需要在建筑物一定高度处进行，在没有确定修缮方案之前，大规模地采用外装吊篮或蜘蛛人等措施进行全面检测是不符合实际情况的，成本相当高，操作难度很大。因此，该标准第4.4.3条提出的测算空鼓面积比以及通过现场抽样检测砂浆粘结强度法作为修缮依据缺乏严谨性和可操作性。

对于该标准提出的单元修缮或整栋建筑修缮时，须全部拆除原保温系统，按原设计规定重新做保温的修缮方法值得商榷，完全拆除外保温系统所造成环境污染问题，需采取的安全防护，成品防护问题，受现场条件制约，许多情况下要么不可行，要么代价高昂。为此，本文提出了一种无需测算空鼓面积比、免拆除式修缮方案。该方案采用锚固件和热镀锌四角钢丝网将问题外保温系统固定于基层墙体上的连接方式，为保证固定安全性，锚固件数量每平方米不少于16个，锚固深度不小于50mm，锚固件锚入基层墙体部分涂覆植筋胶。锚固完成后，热镀锌四角钢丝网表面抹不少于20mm的胶粉聚苯颗粒浆料防护保温过渡层，过渡层表面做抹面防护层和饰面层。修缮施工前，对下列情形需采取相应措施。

对外保温系统防水失效部位，找出原因，找出漏点，全部清除干净，按原厚度、原材料（或039级模塑聚苯板）做法重新做保温。

装饰线条安全失效的全部清除，待保温修缮完成后，重新做。

原面砖饰面，现场拉拔测试，粘结强度不足0.1MPa的应清除。

如果原建筑外保温为保温装饰一体化板系统，考虑其系统自重较大，安全性难以保证，故应先清除再重新做保温。

框架填充保温砌块的自保温系统，现行构造设计为保温砌块外侧抹20mm普通水泥基抹灰砂浆，由于多孔性保温砌块具有强大的吸水性，抹灰砂浆保水性较弱，导致抹灰砂浆失水而强度下降，进而造成抹灰层开裂、空鼓、剥离。修复时，应全部清除原抹灰层，露出原保温砌块，在其表面涂刷专用界面剂（封闭、粘结），抹不低于20mm厚胶粉聚苯颗粒保温浆料，抹抗裂砂浆复合耐碱玻纤网格布（无需打锚固件），做柔性耐水腻子，做涂料外饰面层。

其他不安全做法应清除。

对于基层强度较低不适宜锚固连接的，须进行专项方案专家论证，只有经通过论证的方案才能作为实施。

当需要进行局部修缮或外保温系统出现渗漏问题时按该标准规定的方法进行修缮施工。当建筑外墙无保温或采用内保温、夹芯保温、自保温等节能形式需要修缮时，首先将问题饰面层清除干净，必要时将抹灰砂浆找平层、抹面砂浆防护层清除干净，按照建筑节能设计要求，优先采用适当厚度的胶粉聚苯颗粒保温浆料或胶粉聚苯颗粒复合保温板系统，重新做外墙外保温。外墙外保温施工完成后，重新做饰面层。本书重点探索保温板薄抹灰外墙外保温系统和胶粉聚苯颗粒复合保温板外墙外保温系统的饰面防护层，需进行单元修缮或整栋修缮两种情形的施工方案。

16.3 外墙外保温修缮技术发展

外墙保温系统按其受力模式不同可以分为三大类：第一大类是柔性粘结受力的外墙保温系统，胶粉聚苯颗粒复合保温板系统、保温板薄抹灰系统等常见的保温形式均属于这一类；第二大类是锚固受力或锚固受力结合柔性粘结受力的外墙保温系统，保温装饰一体化板就属于这一类；第三大类是自保温、夹芯保温受力模式的外墙保温系统，框架填充保温砌块，结构保温一体化、装配式外墙板都属于这一类，无论是填充保温砌块还是结构保温一体化、装配式外墙板中预先置入的保温板都有一个共同特点，即保温材料处于“不受力”状态，确切地说，是指自身重力荷载、风荷载、地震荷载、热应力等对其影响可以忽略不计。对于第一大类、第二大类外墙保温系统，有必要通过对其进行受力分析，或者说深入地研究其重力荷载、风荷载、地震荷载、热应力等因素对系统的影响机理，来探索更加科学合理的修缮方案。第三大类中自保温系统因为构造设计中材料匹配不合理，经常导致砂浆防护层开裂、剥离、脱落等问题可采取本方案进行修缮。对于结构保温一体化、装配式外墙板类型，保温板预先置入结构内部，破坏受损的概率很小，故不在本方案探索范围内。

16.3.1 保温板薄抹灰外墙保温系统修缮方案

采用保温板薄抹灰涂料等外饰面外挂热镀锌电焊网打锚固件抹20mm胶粉聚苯颗粒浆料的修缮施工方案。

1.主要材料性能指标

主要材料性能指标见表16-1～表16-8。

热镀锌电焊网性能指标　表16-1

项目	单位	指标
工艺	—	热镀锌电焊网
丝径	mm	0.9 ± 0.04
网孔大小	mm	12.7 × 12.7
焊点抗拉力	N	＞65
镀锌层重量	g/m^2	≥122

锚固件性能指标　表16-2

项目	单位	指标
有效锚固深度	mm	≥50
塑料圆盘直径	mm	≥60
套管外径	mm	≥8
单个锚栓抗拉承载力标准值	kN	≥0.5

界面砂浆性能指标　表16-3

项目		单位	指标
拉伸粘结强度（与水泥砂浆）	原强度	MPa	≥0.5
	耐水	MPa	≥0.3

胶粉聚苯颗粒浆料性能指标　表16-4

项目			单位	指标
干表观密度			kg/m^3	180～250
抗压强度			MPa	≥0.2
软化系数			—	≥0.5
导热系数			W/（m•K）	≤0.060
线性收缩率			%	≤0.3
抗拉强度			MPa	≥0.1
拉伸粘结强度	与水泥砂浆	标准状态	MPa	≥0.1
		浸水处理		
燃烧性能等级			—	不应低于B_1级

抗裂砂浆性能指标 **表16-5**

项目		单位	性能指标
拉伸粘结强度（与水泥砂浆）	标准状态	MPa	≥0.7
	浸水处理	MPa	≥0.5
	冻融循环处理	MPa	≥0.5
拉伸粘结强度（胶粉聚苯颗粒浆料）	标准状态	MPa	≥0.1
	浸水处理	MPa	≥0.1
可操作时间		h	≥1.5
压折比		—	≤3.0

玻纤网格布性能指标 **表16-6**

项目	单位	指标
单位面积重量	g/m^2	≥160
耐碱断裂强力（经向、纬向）	N/50mm	≥1000
耐碱强力保留率（经向、纬向）	%	≥80
断裂伸长率（经向、纬向）	%	≤5.0

高弹底涂技术指标 **表16-7**

项目		单位	指标
容器中状态		—	搅拌后无结块，呈均匀状态
施工性		—	刷涂无障碍
干燥时间	表干时间	h	≤4
	实干时间	h	≤8
断裂伸长率		%	≥100
表面憎水率		%	≥98

柔性耐水腻子性能指标 **表16-8**

项目		单位	指标
容器中状态		—	无结块、均匀
施工性		—	刮涂无障碍
干燥时间（表干）		h	≤5
打磨性		—	手工可打磨
耐水性96h		—	无异常
耐碱性48h		—	无异常
粘结强度	标准状态	MPa	≥0.60
	冻融循环（5次）	MPa	≥0.40
柔韧性		—	直径50mm，无裂纹
低温贮存稳定性		—	-5℃冷冻4h无变化，刮涂无困难

2.修缮施工工艺过程

1）基层检查。

采用敲击、剖开或借助仪器、工具等方法对保温板内侧粘结砂浆粘结状态进行检查。

对原保温系统按如下几种情况分别处理：

（1）原保温板与粘结砂浆之间已松动、剥离，须将保温板连同基层残留粘结砂浆全部清除干净，采用同厚度、同长宽尺寸的原保温板材或039级模塑聚苯板原位补充粘贴，胶粘剂条粘法满粘，之后待进一步修缮处理；

（2）保温板与基层粘结状态稳定，但抗裂砂浆防护层空鼓、剥离、松动，须将已经出现问题的抗裂防护层全部清除干净，之后待进一步修缮处理。对于挤塑板类表面致密光滑或裸面岩棉、酚醛板等表面粘结强度较低的保温板，应涂刷专用界面剂；

（3）保温板与基层墙体以及抗裂防护层的粘结状态稳定，则无须做清除处理，保持原状态不动，待进一步修缮处理。

2）设置水平300mm宽基层生根加固构造带。

剔除每层楼板处设置的原300mm宽防火隔离带（图16-1、图16-2），如某层楼板处未设置防火隔离带，则剔除此处的保温板，露出基层墙体，水平贯通，宽度300mm。

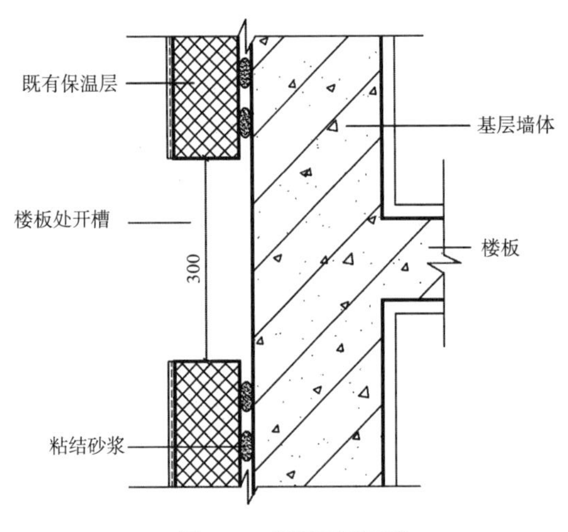

图16-1　墙面开槽示意

基层生根加固构造带清理完毕后，原保温板内侧出现的空腔构造，使用胶粉聚苯颗粒浆料灌注（图16-3），以增加系统粘结面积，减少空腔，提高系统粘结安全性。

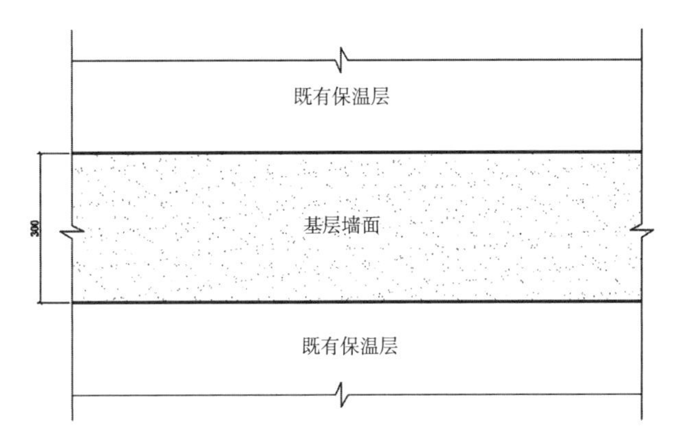

图16-2　立面开槽示意

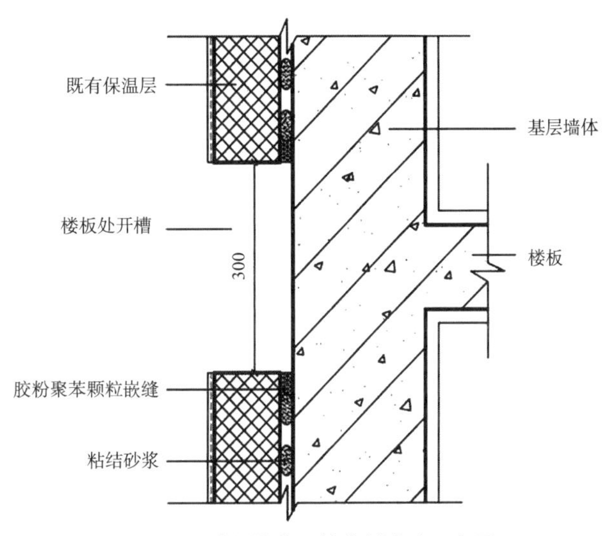

图16-3　胶粉聚苯颗粒浆料灌注示意图

热镀电焊丝网在此处连续折成直角形凹进生根构造带。凹进深度与原保温系统厚度相同，宽度300mm，与生根加固构造带宽度相同，以保证弯折好的热镀锌电焊网与生根加固构造带基层以及上下口保温板断面紧密接触。见图16-4和图16-5。

按每延米不少于16个，在300mm宽的构造带范围内，上下交错对称设置锚固射钉，锚固射钉锚盘直径不小于30mm，锚固深度不小于25mm（图16-6）。

热镀锌电焊网安装锚固完成后，在构造带内分几遍抹A级胶粉聚苯颗粒浆料（图16-7～图16-9）。宽度300mm，厚度与原保温系统厚度相同。构造带内也可以使用胶粉聚苯颗粒浆料贴砌保温板，如拆除的保温板性能完好，可加以回收再利用。

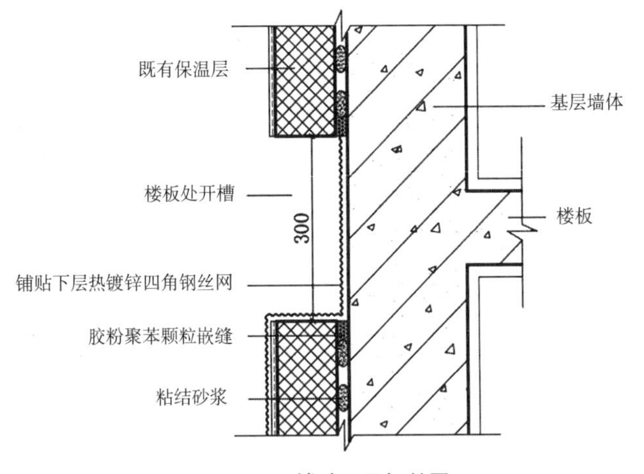

图 16-4　铺贴下层钢丝网

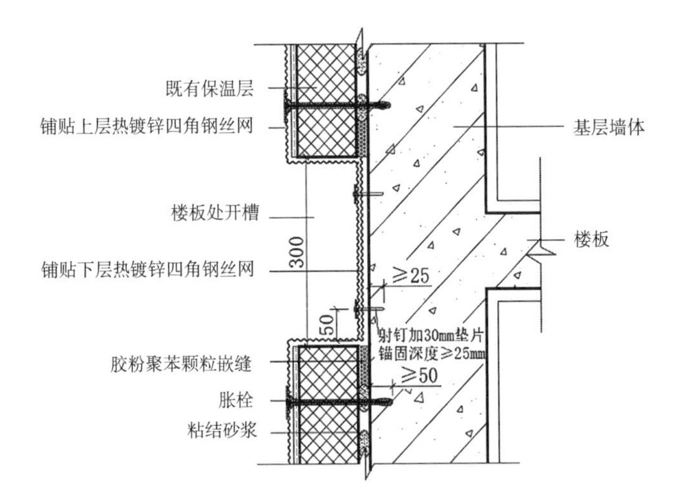

图 16-5　铺贴上层钢丝网

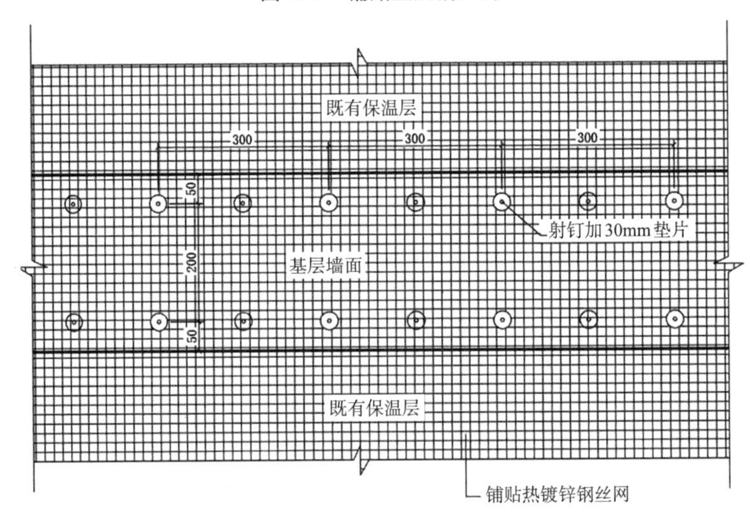

图 16-6　上层钢丝网射钉立面布置图

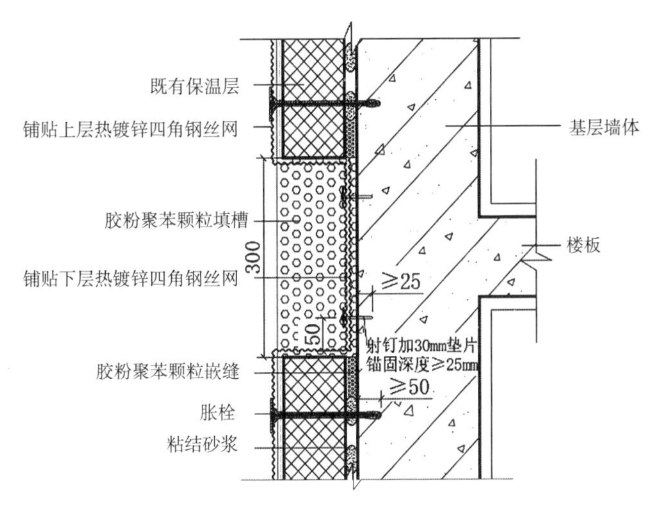

图16-7　胶粉聚苯颗粒填补凹槽

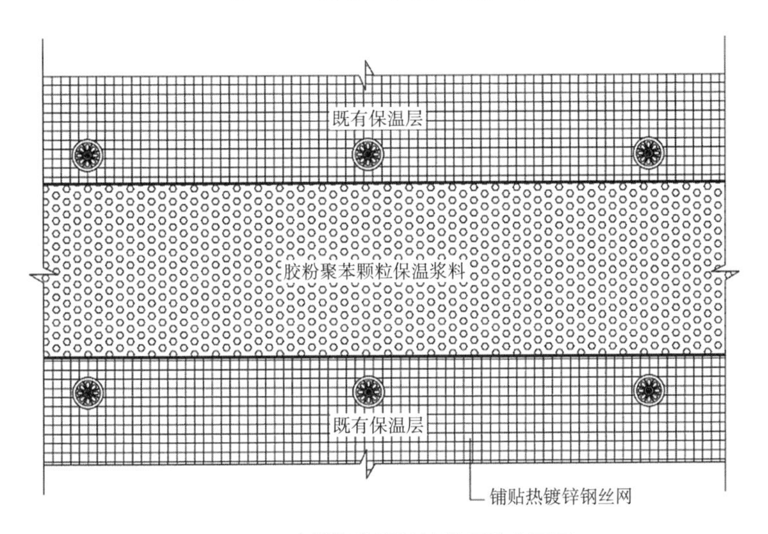

图16-8　胶粉聚苯颗粒填补凹槽立面图

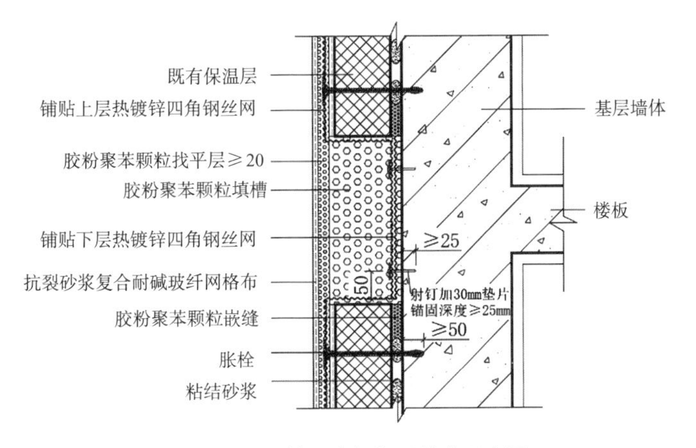

图16-9　基层生根加固构造示意图

通过设置基层生根构造带，可以起到三个积极作用：

（1）热镀锌电焊网作为软配筋分楼层与结构基层生根，建立了新的保温系统受力模式；

（2）重新构建系统防火隔离带，既可以提高系统防火稳定性又可以有效吸纳保温板形变产生的破坏力；

（3）大幅减少系统空腔构造，提高系统抗风压安全性。

3）基层墙面处理。

使用角磨机和钢丝刷将原墙面外墙涂料清理干净，同时对原墙面污渍、浮灰同步清理。原墙面开裂、空鼓、松动、风化部分应剔除干净。墙表面凸起物大于10mm时应剔除。

4）锚栓锚定热镀锌电焊网。

铺贴钢丝网应按从下往上，从左至右的顺序施工。首先将钢丝网在墙面就位，钢丝网张开后弯曲面向墙面，用约50～60mm长的12号铅丝折成U形卡钉临时固定，将钢丝网固定于基层墙上。随后用电动冲击钻在钢丝网上部打孔，在孔中插入塑料锚栓，用手锤将锚栓钉牢，塑料锚栓的分布应尽可能地符合图16-10所示，控制锚栓密度应为每平方米不少于10个。锚固锚栓固定钢丝网要求穿过原保温层钉入结构墙体，钉入深度应不小于50mm。

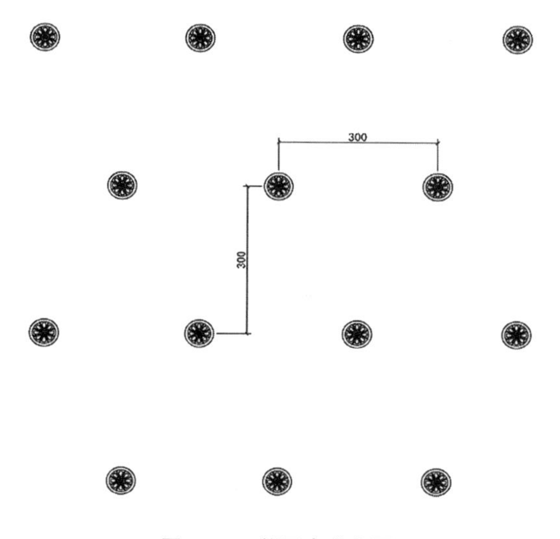

图16-10　锚固点分布图

铺贴施工时要尽量使钢丝网贴近原保温墙面，对于钢丝网局部翘起的部分再应用约5～6cm长的12号铅丝U形卡钉的插入基层进行压平固定，要求钢丝网局部翘起应小于2mm。钢丝网边相互搭接宽度应在40mm左右（3格网格），搭接层不大于3层，要求上一层网的底边压住下一层网的顶边，形成由上至下的顺水搭接次序，严禁反向搭接，也即不允许下层网顶边压住上一层网底边，形成呛水排列。

为使边角处钢丝网铺钉施工质量得到保证，将边角处的钢丝网施工前预先折成直角再铺贴。

门窗洞等侧口部位钢丝网收口处的固定锚栓数每延米不少于3个，窗口钢丝网边应直接固定于基层并靠紧铺贴于窗框处。

检查在裁剪钢丝网过程中不得将钢丝网形成死折，检查钢丝网铺钉要紧贴墙面保证平整达到 ±2mm的要求。

5）涂刷界面剂。

为增加基层强度、提高附着力，在基层墙面清理干净后，采用喷涂或滚涂方式，在基层墙体表面涂刷一道专用界面剂。要求界面剂涂刷均匀不得漏涂。

6）抹20mm胶粉聚苯颗粒浆料。

放控制线。在墙大角、门窗口两边处，用经纬仪打直线找垂直放控制线。根据调垂直线及保温厚度弹上控制线，再拉水平通线，并弹水平线做标志块。

做灰饼。根据垂直控制通线做垂直方向灰饼，再根据两垂直方向灰饼之间的通线，做墙面保温层厚度灰饼，每灰饼之间的距离（横、竖、斜向）不超过2m。灰饼可用保温浆料做，也可用废聚苯板裁成50mm×50mm小块粘贴。

抹胶粉聚苯颗粒浆料。镀锌钢丝网铺设完成，界面砂浆基本干燥后即可进行胶粉聚苯颗粒浆料的施工。

在胶粉聚苯颗粒浆料配制时，搅拌需设专人专职进行，以保证搅拌时间和加水量的准确。在施工现场搅拌质量可以通过观察其可操作性、抗滑坠性、膏料状态以及其测量湿表观密度等方法判断。

胶粉聚苯颗粒浆料可一次作业完成施工，根据控制灰饼厚度，保证保温层厚度控制在20mm。

胶粉聚苯颗粒浆料抹灰时顺序按照从上至下，从左至右进行，抹涂整个墙面后，用大杠在墙面上来回搓抹，去高补低，最后再用铁抹子压一遍，使表面压实平整，厚度均匀一致。

阴阳角找方应按下列步骤进行：

（1）用木方尺检查基层墙角的直角度，用线坠吊垂直检验墙角的垂直度。

（2）胶粉聚苯颗粒浆料抹完后应用木方尺压住墙角胶粉聚苯颗粒浆料层上下搓动，使墙角胶粉聚苯颗粒浆料基本达到垂直。然后阴阳角抹子压光。

（3）胶粉聚苯颗粒浆料面层大角抹灰时要用方尺，抹子反复检查抹压修补以确保垂直度偏差≤ ±2mm，直角度偏差≤ ±2mm。

（4）门窗口施工时应先抹门窗侧口，窗台和窗上口再抹大面墙。施工前应按门窗口的尺寸截好单边八字靠尺，作口应贴尺施工以保证门窗口处方正与内、外尺寸的一致性。

（5）胶粉聚苯颗粒浆料施工完成后应按检验批的要求做全面的质量检验。在自检合格的基础上，整理好施工质量记录报总包方和相关方进行隐蔽检查验收。

7）抹抗裂砂浆层铺压玻纤网格布。

（1）配制抗裂砂浆，门窗洞口部位刮一层抗裂砂浆，在墙面上洞口四角处紧挨角部斜向45°粘贴一块200mm × 400mm的网格布，如图16-11。

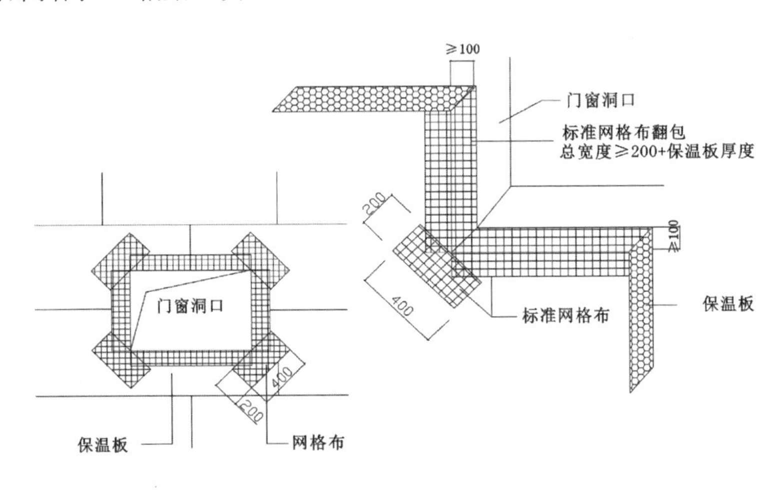

图16-11　门窗洞口网格布加强示意

（2）处理完门窗洞口等细部后，开始由上而下进行刮抗裂砂浆并铺设玻纤网格布：先在板表面薄刮第一层胶浆，然后及时在砂浆上平铺网格布，并用木抹子或刮板等工具压刮网格布。第一层胶浆无须把网格布完全遮盖。底层砂浆厚度2～3mm。

（3）相邻两块网格布必须搭接，搭接宽度不小于100mm。

（4）在墙面的阴阳角处，应加铺400mm宽的加强网格布，每侧各200mm，角网位于大面玻纤网外侧。

（5）刮第二遍抗裂砂浆，第二遍抗裂砂浆要遮盖住网格布。第二遍抗裂砂浆批抹时要尽量消除抹子印，使外保温表面平整、光滑，达到外保温验收的标准。面层砂浆厚度1～2mm。抗裂砂浆总厚度控制在3～5mm。抗裂砂浆施工间歇应留置在伸缩缝、阴阳角、挑台等自然断开处，方便后续施工的搭接。如需在连续墙面上停顿，面层砂浆不应完全覆盖已铺好的玻纤网，需与玻纤网、底层砂浆呈台阶形坡茬，留茬间距不小于150mm，避免玻纤网搭接处平整度超出偏差。

8）涂刷高分子弹性底涂。

抗裂层施工完后2～4h即可喷刷弹性底涂。喷刷应均匀，不得有漏底现象。

9）刮柔性耐水腻子、涂刷饰面涂料（以浮雕涂料饰面层为例）。

刮腻子→粘贴美纹纸分格→喷涂浮雕造型→刷底漆→刷面漆→粘贴色带→描线分格→验收。

16.3.2 胶粉聚苯颗粒复合保温板外墙保温系统饰面防护层问题修缮方法

清除原饰面防护层，露出原保温系统抗裂层，清理浮灰，在原抗裂防护层表面重新做饰面防护层。

1）涂刷高分子弹性底涂。

抗裂层施工完后2～4h即可喷刷弹性底涂。喷刷应均匀，不得有漏底现象。

2）刮柔性耐水腻子、涂刷饰面涂料（以浮雕涂料为例）。

刮腻子→粘贴美纹纸分格→喷涂浮雕造型→刷底漆→刷面漆→粘贴色带→描线分格→验收。

第17章

墙体保温装饰线条技术与标准解析

为了配合建筑节能的发展，装饰美化外墙保温施工完成的墙面，保温装饰线条从2010年开始（其具有施工难度低、成本低、自重轻、质量缺陷少等优势）逐渐成为目前建筑外墙装修的主要产品。外墙造型、线条转角多、作业面小，由混凝土施工难度非常大（指模板支护、钢筋绑扎），因此逐渐被市场淘汰。

墙体保温装饰线条（图17-1），通常采用保温材料作为芯材，外覆抗裂砂浆耐碱网格布，用粘结砂浆将线条粘贴于墙体表面，中大型线条造型并用胀栓辅助固定。

图17-1　墙体保温装饰线条

保温线条的作用也不限于装饰作用，在大量运用保温线条装饰楼体时，线条也可以作为节能指标计算的重要组成部分。

外保温线条行业产品标准有《聚苯乙烯泡沫（EPS）复合装饰线》JC/T 2387—2016，外保温线条行业施工标准还是空白。

17.1 线条的分类

1）装饰线条根据施工工艺要求的不同分为成品线条和半成品线条。

（1）成品线条：在工厂将抗裂砂浆复合耐碱网格布包裹于保温线条表面，到施工现场可直接粘贴固定于墙面。

（2）半成品线条：在工厂将保温材料加工成所需要的形状，运输至现场进行粘贴、固定，在施工现场将抗裂砂浆网格布包覆于线条表面。

2）装饰线条依据燃烧性能可分为A级线条和B级线条。

（1）A级线条：主要应用在防火等级要求较高的公共建筑、人口密度较大的建筑物。

（2）B级线条：可应用于普通民用建筑（100m以下高度建筑）。

装饰线条芯材主要有模塑聚苯板、石墨模塑聚苯板、岩棉，不同芯材的选择及其指标分析对比见表17-1。

不同芯材的选择及其指标分析对比　　表17-1

序号	分项指标	芯材材料		
		模塑聚苯板	石墨模塑聚苯板	增强竖丝岩棉复合板
1	燃烧等级	B_2，B_1	B_1	A
2	导热系数[W/(m·K)]	0.039	0.033	0.045
3	抗裂层	单网	单网	双网
4	拉拔强度（kPa）	100	100	100
5	吸水率	3%	3%	5%
6	复合层厚度（mm）	2～4，4～6（加强）	2～4，4～6（加强）	2～5
7	缺棱掉角最小尺寸不得大于（mm）	30	30	无
8	缺棱掉角最大尺寸不得大于（mm）	70	70	无
9	缺棱掉角不多于	2处	2处	无
10	漏网	不允许	不允许	无
11	裂纹	不允许	不允许	无
12	蜂窝麻面占总面积	≤5%	≤5%	无
13	蜂窝麻面数量	不多于1处/件	不多于1处/件	无
14	聚合物砂浆	无	无	均匀
15	表面	无	无	清洁
16	表面	无	无	无凸凹

续表

序号	分项指标	芯材材料		
		模塑聚苯板	石墨模塑聚苯板	增强竖丝岩棉复合板
17	端头	无	无	整齐
18	整体	无	无	无弯曲变形

17.2 现行标准关键技术要求

现有行业标准《聚苯乙烯泡沫（EPS）复合装饰线》JC/T 2387—2016于2017年4月1日正式实施。

17.2.1 组成材料

选用聚苯乙烯泡沫作为线条芯材，是目前线条芯材性能稳定、易加工、成本相对较低的一种材料；EPS具有优异的保温性能，导热系数可以达到0.041W/（m·K）以下，石墨模塑聚苯板可以达到0.033W/（m·K）以下。防火性能可以达到B_1级；当陈化期达到要求（40d），尺寸稳定性得到大幅提高（通常检测尺寸偏差都在1mm以内），尤其温度对其变形量影响也相对较小，这对于制作线条尤为重要；吸水率也较低（通常在3%以下）。

抹面胶浆应符合《外墙外保温用膨胀聚苯乙烯板抹面胶浆》JC/T 993—2006的要求，拉伸粘结原强度、耐水强度、耐冻融强度均不小于0.10MPa；规定了材料柔韧性，压折比不大于3.0；抗冲击性为3.0J级；吸水率不大于500g/m^2。

玻璃纤维网格布应符合《耐碱玻璃纤维网布》JC/T 841—2007的要求，规定了氧化锆、氧化钛含量，保证了耐碱保留率耐久性；但并未说明网格布的选用克重，线条加工应选用自粘玻纤网，其性能见表17-2。

自粘玻纤网性能指标　　表17-2

项目	性能指标
单位面积质量（g/m^2）	≥110
耐碱断裂强力（经向、纬向）（N/50mm）	≥750
耐碱断裂强力保留率（经向、纬向）（%）	≥50
断裂伸长率（经向、纬向）（%）	≤5.0
涂胶面数量	单面涂胶

17.2.2 设计要求

设计方面，该标准未对设计做出要求。设计应有如下要求：

1）线条上面≤500mm宽平面迎水面流水坡应大于10%坡度；＞500mm宽平面迎水面流水坡应大于5%坡度。

2）线条下外角应设置滴水线；对于多级造型，最上层下外角和最下层下外角均应设置滴水线。

17.2.3 施工要求

该标准并未对施工提出要求。下面是对线条关键施工工序的要求：

1）线条的碰头搭接。

应要求无板缝印、不开裂，线条对接部位用粘结砂浆将两块线条对接缝挤满灰浆，接缝宽度≤2mm，粘结强度≥100kPa，粘结砂浆受温度影响线性收缩率不超过成品聚苯线条线性收缩率 ±5%（图17-2）。

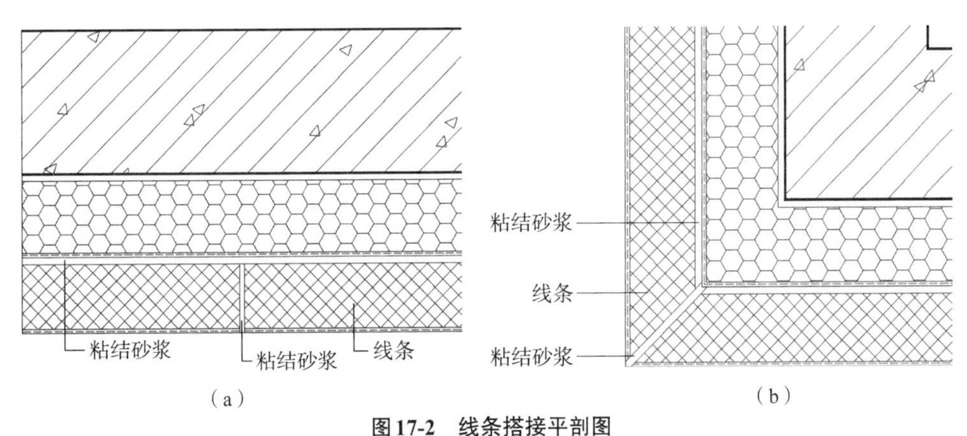

图17-2 线条搭接平剖图

（a）横向线条平剖图；（b）横向线条阳角平剖图

线条接头处，加设一道网格布，用柔性耐水腻子（柔性达到直径50mm无裂纹）预先薄覆盖，挤缝处宽度≥80mm，墙面搭接≥40mm，压入80mm宽网格布（$90g/m^2$），两端顺平到线条表面，再整体批刮腻子（图17-3）。

2）交圈原则。

水平线条应遵循水平交圈原则，每隔1.5m设置水平点，用于超平线条，相邻两段线条水平偏差应≤2mm；也可预先在同一面墙两段粘贴线条小块，拉通线从两端向中间粘贴。可通过粘结砂浆厚度来调整线条凸出墙体的平直。竖向线条，应预先吊垂线，安装线条时相邻两段线条垂直偏差≤2mm。

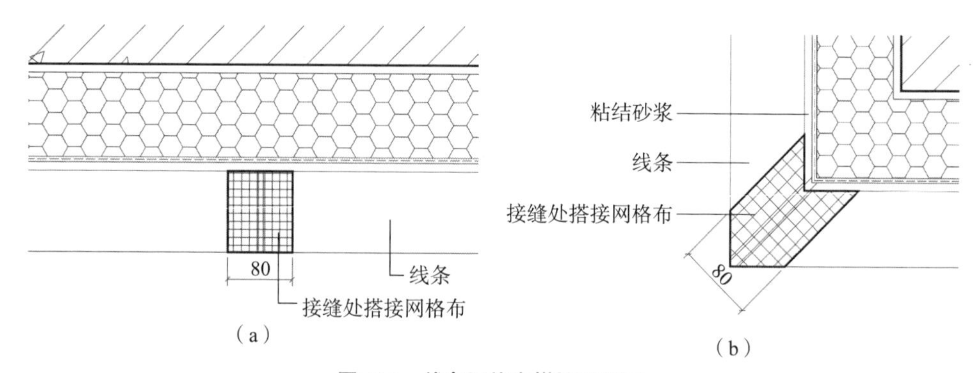

图17-3　线条网格布搭接平剖图

（a）横向线条墙面平剖图；（b）横向线条阳角平剖图

3）聚苯线条。

对线条固定锚栓数量和布局做出要求；100mm宽度以下线条在粘结砂浆饱满的状态下可不打胀栓；100～400mm宽，每延米不少于3个胀栓；400～700mm宽每延米不少于6个胀栓，上下双排均匀排布；依次类推，每增加300mm，增加3个胀栓。

在固定胀栓时，胀栓的圆盘应凹入线条表面1mm，预先对胀栓圆盘批刮柔性耐水腻子，使其表面平整。

聚苯线条没有对粘结面积提出要求。宽度100mm以下应满粘；宽度100mm以上粘结率不低于70%。

4）岩棉线条。

应凸出墙体200mm以内的线条，锚固粘贴方式同聚苯线条。凸出墙体大于200mm的线条粘结砂浆均应满粘。

凸出墙体200～350mm的线条，应在线条两端下方增设托架，上方设置挂件，如图17-4所示。

挂件和托架表面应粘贴丁基防水胶带。防止从托件和挂件处渗水（图17-5）。

托架背面加设100mm×100mm×50mm隔热垫块，防止托架出现冷桥。

托架采取3mm镀锌钢板加工制作，要求如图17-6所示。

挂件采用2mm镀锌钢板加工制作，如图17-7所示。

17.2.4 其他要求

尺寸偏差长度±5mm；宽度和高度±2mm，一般满足施工安装要求。

外观质量要求了缺棱掉角不大于30mm和70mm，应明确观察缺棱掉角尺寸为立体观察尺寸，数量不多于2个；裂纹和漏网都是不允许的以及蜂窝麻面

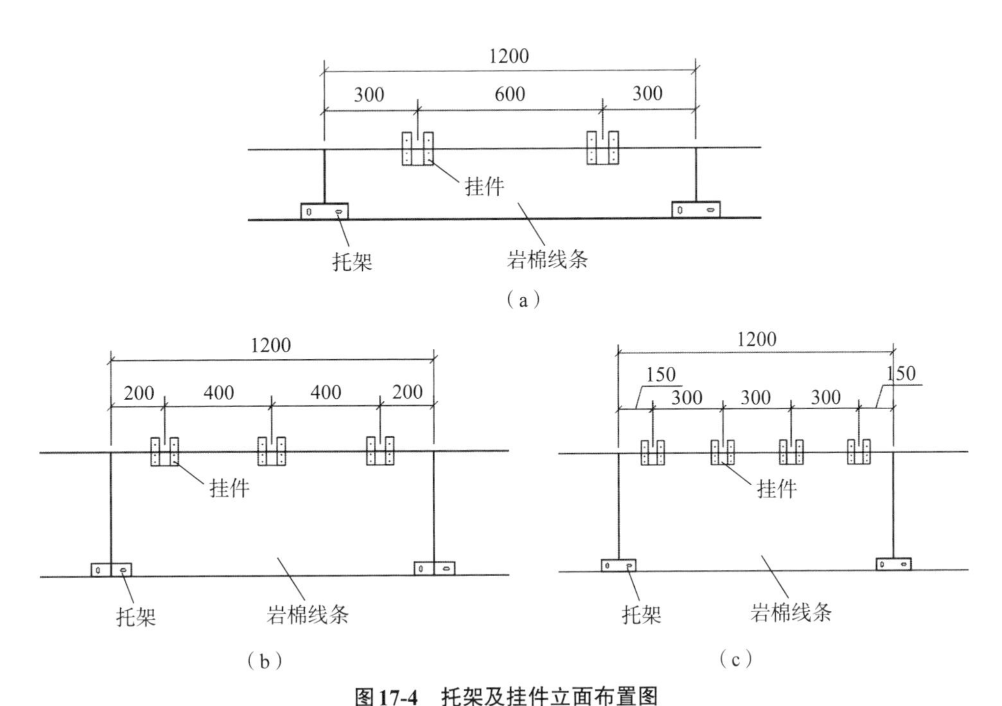

图17-4　托架及挂件立面布置图

（a）立面图；（b）凸出墙体350～500mm；（c）凸出墙体500～700mm

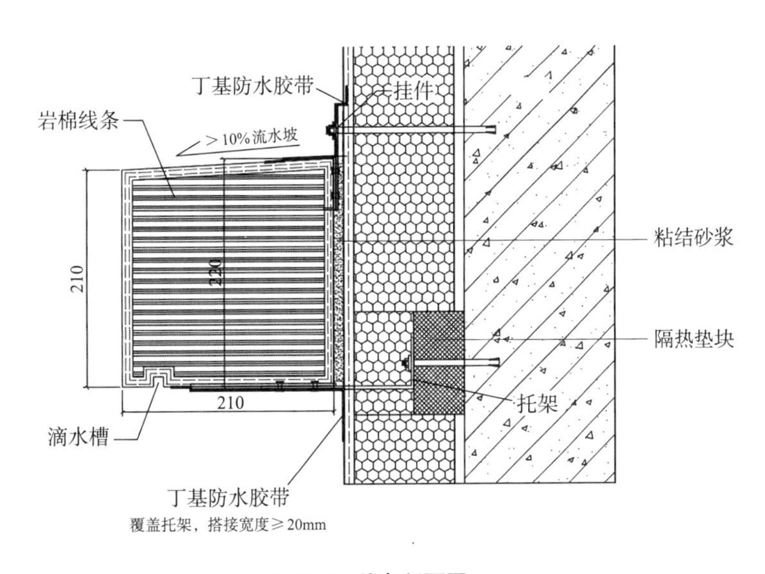

图17-5　线条剖面图

小于5%数量不多于1处，应明确蜂窝麻面占总线条外观表面积的5%。

物理性能也有一定要求，抹面胶浆厚度2～4mm普通型和4～6mm增强型；吸水量小于500g/m^2；抗冲击普通3J，增强6J。拉伸粘结强度0.1MPa；耐冻融30次。

规定了检测批次数量1000件为一个检测批次，不足1000件也按一个批

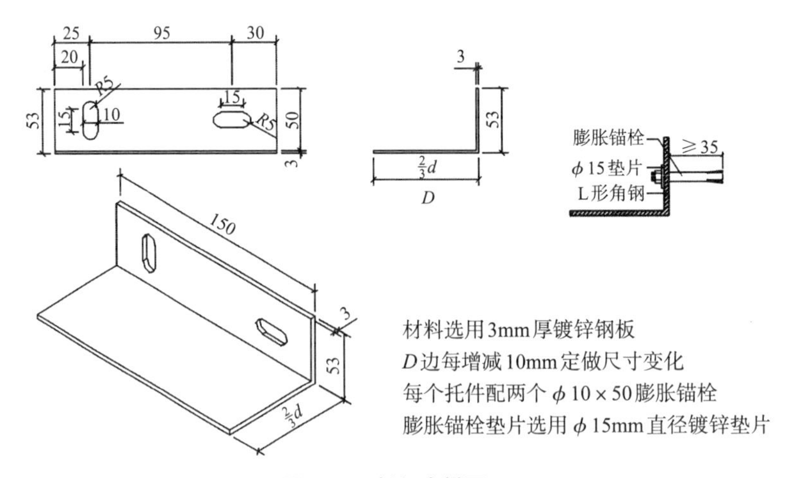

图17-6　托架大样图

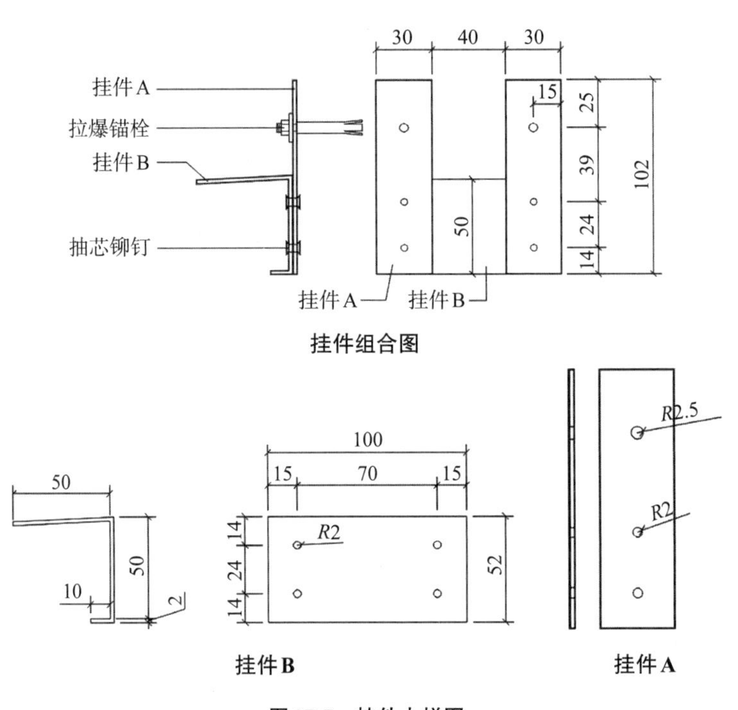

图17-7　挂件大样图

次；另规定了检测规则及检测方法。

该标准未对成品聚苯线条的变形量做出要求，仅是对成品聚苯线条要求28d的陈化期，大多数聚苯线条运至施工现场，由于长时间未粘贴到墙面，且只有三面束缚聚苯板，线条在受到暴晒高温的时候会发生严重变形，成品线条变形量要求见表17-3（成品聚苯线条经过50℃烘烤12h，常温冷却12h，循环15次测量烘烤前后尺寸对比）。

成品线条允许偏差　　表17-3

项目	允许偏差
长度（L）	±5.0
宽度（W）	±2.0
高度（H）	±2.0
平整度（P）	±5.0

该标准未对线条端头平齐程度做出要求，线条端头应平整，对接时不应出现超过1mm的缝隙。

该标准第9.4条贮存条件，应增加避免阳光直射暴晒，避免高温，高温和暴晒易使线条弯曲变形。

17.3 聚苯板线条对火焰的蔓延影响

聚苯的主要成分是聚苯乙烯，其热性能：脆化温度-30℃左右、玻璃化温度80～105℃、熔融温度为140～180℃、分解温度300℃以上。

聚苯乙烯在80℃的加热条件下即可分解产生苯和甲苯，不同的加热温度条件下分解产物不同，温度越高，分解产物的种类越多，浓度越大。

聚苯乙烯在200℃的温度下，会有少量游离的苯乙烯单体以及甲苯、乙苯等挥发性物质产生。

甲苯的引燃温度为535℃，乙苯的引燃温度为423℃。

当火焰温度达到105℃以上时聚苯板开始收缩，140～180℃开始液化流坠，300℃开始分解汽化，当遇到明火达到423℃即可引燃。

根据窗口火与墙角火实验数据，火焰燃烧5min后火焰温度基本超过500℃，最高温度可达到1000℃，在这种条件下聚苯板被熔融后会形成助燃通道，在助燃通道的作用下聚苯板会大面积被汽化分解点燃。

综上所述聚苯板在达到一定温度后有助燃作用，因此在外保温构造设计方面不宜在窗口上设计聚苯板线条，且防火隔离带部位也不应设计聚苯板线条。

17.4 线条选材

当墙面燃烧等级是A级的保温系统、结构保温一体化系统时，线条选材应遵循《建筑设计防火规范》GB 50016—2014（2018年版）对于保温板材燃烧等级的要求选用燃烧等级为A级的保温线条材料。

当墙面燃烧等级是B级的保温系统时，保温装饰线条可选用燃烧等级不低于B_1级的保温材料。

为防止窗口火蔓延，窗口部位应选用燃烧等级为A级的保温装饰线条。

当线条位于防火隔离带范围内应选用燃烧等级为A级的保温装饰线条。

为防止墙面火在墙面转角处蔓延，当横向出挑线条或竖向壁柱位于墙体转角处，应选用燃烧等级为A级的保温装饰线条。

17.5 保温装饰线条在近零能耗建筑中的应用

不同保温材料的热值不同如图17-8所示，聚苯类保温材料热值最高，其次是聚氨酯、酚醛保温材料，热值最低的是岩棉类产品。

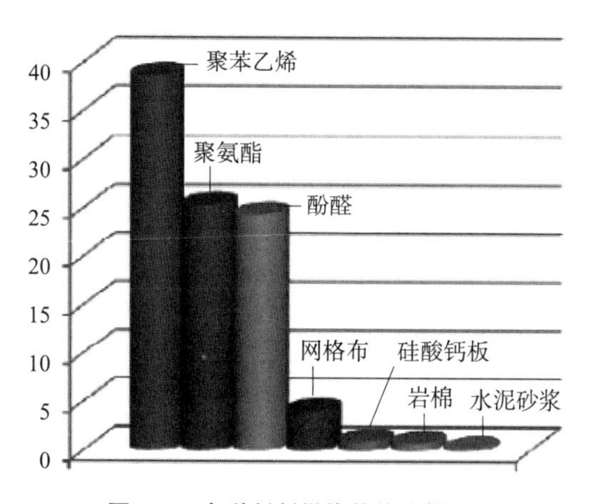

图17-8 各种材料燃烧热值比较图

保温装饰线条厚度通常在20cm以上，当选用聚苯乙烯、聚氨酯、酚醛作为墙体保温材料时，近零能耗建筑外墙与一般建筑比较热值相对较高，高热值的保温墙体一旦发生火灾燃烧释放热量巨大，后果不堪设想。近零能耗建筑应选用燃烧等级为A级的保温装饰线条，不增加建筑物外热值。A级保温装饰线条具有不燃的特性，在一定范围内能阻断火灾蔓延。

当近零能耗建筑外墙保温层选用燃烧等级为A级的保温材料时，可选用燃烧等级为B_1级的保温装饰线条。

总结

人的正确思想是从哪里来的？毛泽东所著的《实践论》告诉我们，人的正确思想只能从科学试验，从社会实践中来。通过不断地实践—认识—再实践—再认识，不断总结不断提升认识水平，从必然王国向自由王国发展。

“外墙外保温”从引进、消化到创新，经过近半个世纪的发展，已经深深扎根于中国工程建设领域，为社会主义建设发挥其强大的贡献。期间，外墙外保温技术几经革新，从模塑聚苯板、胶粉聚苯颗粒、挤塑聚苯板、聚氨酯等有机保温材料或有机无机结合保温材料组成的外墙外保温系统到以岩棉、无机轻集料、泡沫玻璃等无机保温材料组成的外墙外保温系统，再到保温装饰一体化板、真空绝热板等新型外墙外保温材料和产品，我国的外墙外保温系统发展迅速并呈现多样化发展趋势。相应地标准也不断编制和发布，标准体系已形成。

进入新发展阶段，近零能耗建筑和装配式建筑是实现碳达峰、碳中和目标的重要领域。建筑领域的资源消耗大、排放高，建造方式粗放等方面的问题仍比较突出，推广绿色建造，推动建筑业发展方式转型升级迫在眉睫。在“双碳”目标下，如何更好地开展建筑外墙外保温技术创新、推动建筑外墙外保温技术应用、改善和达到更高节能要求和更低碳排放目标要求是行业发展的关键问题。

本书通过对十余项建筑保温行业标准潜在风险的解析，对各技术标准实践工程应用中发生工程事故的分析，对各种材料技术构造的科学试验分析，对各类保温技术类型热物理状态做数学模型分析，对不同材料不同技术系统的大型耐候性试验的对比分析，对不同材料、不同构造的技术体系进行不同形式的耐火数据分析，使我们对外墙外保温的知识有了更系统、更科学、更全面的认识。

本书总结了我国30年来建筑墙体节能工作的实践，对墙体节能的再实践、再认识完成了一轮新的飞跃。在这一轮认识的飞跃中完成的主要内容有以下几方面：

1. 保温层位置对建筑结构温度变化有重要影响

不同的保温类型如外保温、内保温、夹芯保温、自保温等，在建筑的不同构造部位由保温材料对热的阻断作用，使得建筑不同部位有不同的温度分布变化。在由保温的构造位置引发的结构热形变中，凡是有利于建筑结构稳定、延长建筑结构寿命的技术做法就是优选地技术构造。

2. 外墙外保温是五种自然因素集中作用的建筑部位

外保温保护建筑结构就像人体的皮肤、脂肪、肌肉保护骨骼一样，要面对各种外力影响，主要面对的有两种经常发生的和三种偶发生的外来自然力。经常发生的是热应力和水的相变影响，偶发生的是火灾、风灾和地震破坏。

外墙外保温可安全使用的长寿命的十条控制基线是研究外保温工程面临五种自然因素影响的重要认识成果。

3. 柔性粘结有利于保障外墙外保温质量

外墙外保温把环境温度变化阻隔后使外保温构造承受剧烈温变产生的应力变化，要满足反复发生的胀缩形变，外保温构造系统最好是完全的轻质柔性体。

建筑领域是我国“双碳”目标的重要战场，建筑节能又是建筑领域“双碳”目标的重要路径。实现零能耗、长寿命是建筑节能的主攻方向，我们希望通过各界不懈努力：碳达峰，外保温寿命超过50年；碳中和，建筑结构寿命再延长50年。

建筑保温行业健康有序发展，离不开高质量标准的支撑。希望通过本书对外墙外保温技术在工程应用中可能存在的工程质量问题及时自省、完善。建立在科学研究与工程实践基础上的关于外墙外保温技术创新及应用的探索，永远是行业发展的安全动力。

附录　建筑保温行业部分标准、图集目录

建筑保温行业部分国家、行业标准目录　　附表1

序号	标准名称	标准号
1	建筑材料及制品燃烧性能分级	GB 8624—2012
2	建筑设计防火规范	GB 50016—2014
3	建筑保温砂浆	GB/T 20473—2021
4	建筑隔墙用保温条板	GB/T 23450—2009
5	外墙外保温抹面砂浆和粘结砂浆用钢渣砂	GB/T 24764—2009
6	建筑外墙外保温用岩棉制品	GB/T 25975—2010
7	膨胀玻化微珠保温隔热砂浆	GB/T 26000—2010
8	烧结保温砖和保温砌块	GB 26538—2011
9	外墙外保温系统用钢丝网架模塑聚苯乙烯板	GB 26540—2011
10	复合保温砖和复合保温砌块	GB/T 29060—2012
11	建筑外墙外保温系统的防火性能试验方法	GB/T 29416—2012
12	模塑聚苯板薄抹灰外墙外保温系统材料	GB/T 29906—2013
13	外墙内保温复合板系统	GB/T 30593—2014
14	挤塑聚苯板（XPS）薄抹灰外墙外保温系统材料	GB/T 30595—2014
15	外墙外保温系统材料安全性评价方法	GB/T 31435—2015
16	外墙外保温泡沫陶瓷	GB/T 33500—2017
17	建筑用绝热制品 外墙外保温系统抗拉脱性能的测定（泡沫块试验）	GB/T 34011—2017
18	建筑用绝热制品 外墙外保温系统抗冲击性测定	GB/T 34180—2017
19	建筑外墙外保温系统耐候性试验方法	GB/T 35169—2017
20	装配式玻纤增强无机材料复合保温墙体技术要求	GB/T 36140—2018
21	外墙外保温系统抗穿透性测试方法	GB/T 36583—2018
22	结构用木质覆面板保温墙体试验方法	GB/T 36785—2018
23	中空玻璃隔热保温性能评价方法及分级	GB/T 39749—2021
24	硬泡聚氨酯保温防水工程技术规范	GB 50404—2017
25	胶粉聚苯颗粒外墙外保温系统材料	JG/T 158—2013
26	外墙内保温板	JG/T 159—2004

续表

序号	标准名称	标准号
27	外墙外保温用丙烯酸涂料	JG/T 206—2018
28	建筑用混凝土复合聚苯板外墙外保温材料	JG/T 228—2015
29	无机轻集料砂浆保温系统技术规程	JGJ 253—2011
30	保温装饰板外墙外保温系统材料	JG/T 287—2013
31	聚氨酯硬泡复合保温板	JG/T 314—2012
32	金属装饰保温板	JG/T 360—2012
33	外墙保温用锚栓	JG/T 366—2012
34	自保温混凝土复合砌块	JG/T 407—2013
35	硬泡聚氨酯板薄抹灰外墙外保温系统材料	JG/T 420—2013
36	外墙外保温系统耐候性试验方法	JG/T 429—2014
37	外墙保温复合板通用技术要求	JG/T 480—2015
38	岩棉薄抹灰外墙外保温系统材料	JG/T 483—2015
39	建筑用发泡陶瓷保温板	JG/T 511—2017
40	钢边框保温隔热轻型板	JG/T 513—2017
41	酚醛泡沫板薄抹灰外墙外保温系统材料	JG/T 515—2017
42	工程用中空玻璃微珠保温隔热材料	JG/T 517—2017
43	建筑用表面玻璃化膨胀珍珠岩保温板	JG/T 532—2018
44	热固复合聚苯乙烯泡沫保温板	JG/T 536—2017
45	预制保温墙体用纤维增强塑料连接件	JG/T 561—2019
46	外墙外保温工程技术标准	JGJ 144—2019
47	无机轻集料砂浆保温系统技术标准	JGJ/T 253—2019
48	外墙内保温工程技术规程	JGJ/T261—2011
49	建筑外墙外保温防火隔离带技术规程	JGJ289—2012
50	自保温混凝土复合砌块墙体应用技术规程	JGJ/T323—2014
51	保温防火复合板应用技术规程	JGJ/T 350—2015
52	建筑外墙外保温系统修缮标准	JGJ 376—2015
53	聚苯模块保温墙体应用技术规程	JGJ/T 420—2017
54	烧结保温砌块应用技术标准	JGJ/T 447—2018
55	岩棉薄抹灰外墙外保温工程技术标准	JGJ/T 480—2019
56	复合保温石膏板	JC/T 2077—2011
57	挤塑聚苯板薄抹灰外墙外保温系统用砂浆	JC/T 2084—2011
58	屋面保温隔热用泡沫混凝土	JC/T 2125—2012
59	玻化微珠保温隔热砂浆应用技术规程	JC/T 2164—2013
60	水泥基泡沫保温板	JC/T 2200—2013

续表

序号	标准名称	标准号
61	外墙外保温系统用水泥基界面剂和填缝剂	JC/T 2242—2014
62	外墙外保温用硬质酚醛泡沫绝热制品	JC/T 2265—2014
63	建筑用膨胀珍珠岩保温板	JC/T 2298—2014
64	建筑用保温隔热玻璃技术条件	JC/T 2304—2015
65	格构式自保温混凝土砌块	JC/T 2360—2016
66	外墙外保温用酚醛板粘结、抹面砂浆	JC/T 2384—2016
67	水泥基泡沫保温板专用砂浆	JC/T 2390—2017
68	建筑用膨胀珍珠岩保温装饰复合板	JC/T 2421—2017
69	泡沫混凝土保温装饰板	JC/T 2432—2017
70	水泥基复合材料保温板	JC/T 2479—2018
71	自保温混凝土夹芯墙板	JC/T 2482—2018
72	建筑用免拆复合保温模板	JC/T 2493—2018
73	装配式建筑 预制混凝土夹心保温墙板	JC/T 2504—2019
74	纤维增强复合材料保温板	JC/T 2510—2019
75	泡沫混凝土自保温砌块	JC/T 2550—2019
76	岩棉外墙外保温系统用粘结、抹面砂浆	JC/T 2559—2020
77	膨胀珍珠岩保温板外墙外保温系统用砂浆	JC/T 2566—2020
78	增强用玻璃纤维网布 第2部分：聚合物基外墙外保温用玻璃纤维网布	JC 561.2—2006
79	墙体保温用膨胀聚苯乙烯板胶粘剂	JC/T 992—2006
80	外墙外保温用膨胀聚苯乙烯板抹面胶浆	JC/T 993—2006
81	玻璃纤维增强水泥（GRC）外墙内保温板	JC/T 893—2001
82	喷涂聚氨酯硬泡体保温材料	JC/T 998—2006

建筑保温部分团体标准目录 **附表2**

序号	标准名称	标准号
1	模塑聚苯（EPS）模块外保温工程技术规程	CECS 355—2013
2	酚醛泡沫板薄抹灰外墙外保温工程技术规程	CECS 335—2013
3	厚层腻子墙体隔热保温系统应用技术规程	CECS 346—2013
4	多层保温砌模混凝土网格墙建筑技术规程	CECS 338—2013
5	预制塑筋水泥聚苯保温墙板应用技术规程	CECS 272—2010
6	水工混凝土外保温聚苯板施工技术规范	CECS 268—2010
7	乡村建筑外墙无机保温砂浆应用技术规程	CECS 297—2011
8	膨胀珍珠岩保温板薄抹灰外墙外保温工程技术规程	CECS 380—2014

续表

序号	标准名称	标准号
9	泡沫玻璃薄抹灰外墙外保温工程技术规程	CECS 443—2016
10	聚氨酯硬泡复合保温板应用技术规程	CECS 351—2015
11	聚氨酯硬泡外墙外保温技术规程	CECS 352—2015
12	硫铝酸盐水泥基发泡保温板外墙外保温工程技术规程	CECS 379—2014
13	装配式玻纤增强无机材料复合保温墙板应用技术规程	CECS 396—2015
14	非金属面结构保温夹芯板设计规程	CECS 445—2016
15	模块化蒸压加气混凝土轻钢复合保温墙体工程技术规程	CECS 454—2016

建筑保温行业部分图集目录 **附表3**

序号	标准名称	标准号
1	建筑专业设计常用数据	08J911
2	既有建筑节能改造（一）	06J908-7
3	建筑围护结构节能工程做法及数据	09J908-3
4	公共建筑节能构造–严寒、寒冷地区	06J908-1
5	公共建筑节能构造–夏热冬冷\夏热冬暖地区	06J908-2
6	防火建筑构造（一）	07J905-1
7	建筑设计防火规范图示	13SJ811
8	墙体节能建筑构造	06J123
9	外墙外保温建筑构造	10J121
10	外墙内保温建筑构造	11J122
11	预制混凝土外墙挂板	08SJ110-2、08SG333
12	夹心保温墙建筑构件	07J107
13	HBL聚氨酯板保温系统建筑构造	13CJ45
14	天意无机保温板系统建筑构造	13CJ42
15	YT无机活性保温材料系统建筑构造	13CJ37
16	陶粒泡沫混凝土砌块墙体建筑构造	12CJ34
17	JL无机轻集料砂浆保温系统建筑构造	13CJ48
18	TF无机保温砂浆外墙保温构造	11CJ31
19	TDF防水保温材料建筑构造	11CJ29
20	房屋建筑工程施工工法图示（一）外墙外保温系统施工工法	11CJ26、11CG13 -1
21	ZL轻质砂浆内外组合保温建筑构造	11CJ25
22	挤塑聚苯乙烯泡沫塑料板保温系统建筑构造	10CJ16
23	矿物纤维喷涂保温\吸声构造	11CJ30
24	钢边框保温隔热轻型板	14CG22 14CJ57

续表

序号	标准名称	标准号
25	VIF与TDF集成防水、保温体系建筑构造	14CJ29
26	JY硬泡聚氨酯复合板外墙保温建筑构造	14CJ51
27	DFZ防水保温一体化系统	15CJ61
28	夹心保温墙建筑与结构构造	16J107 16G617
29	泡沫玻璃保温防水紧密型系统建筑构造-风格	17CJ76-1
30	轻质保温装饰板建筑构造	17CJ78-1
31	水泥基纤维复合保温轻质板材建筑构造——冀东FCL板	18CJ72-4
32	外墙外保温系统构造（一）	18CJ83-1
33	AW网织增强保温板（安围板）建筑构造	18CJ84-1
34	烧结保温空心砖和砌块墙体构造	18EJ113
35	外墙外保温系统建筑构造（二）	19CJ83-2
36	外墙外保温系统建筑构造（三）——万华聚氨酯岩棉复合板保温系统	19CJ83-2
37	外墙外保温系统建筑构造（四）——钢管混凝土束结构岩棉薄抹灰外墙外保温系统	19CJ83-2
38	外墙外保温系统建筑构造（一）——FLL预拌无机膏状保温材料内保温构造	20CJ96-1
39	纤维增强复合材料拉挤型材（FRP）建筑部品（一）——集成空调围护架、集成飘窗、围墙护栏、靠墙扶手、预制夹芯保温墙板用拉结件	20CJ99-1 20CG49-1
40	喷涂硬泡聚氨酯防水保温一体化（一）	21CJ102-1

参考文献

［1］北京建筑节能与环境工程协会等.外保温技术理论与应用[M].第2版.北京：中国建筑工业出版社.2015.

［2］王昭君，孙诗兵，田英良.几种泡沫塑料的受热影像行为分析.建筑节能，2009（7）：43～44.

［3］杨光辉，杨森，孙玉泉，于广和.几类典型外墙保温材料燃烧热值探析.2012年中国阻燃学术年会论文，福建厦门.

［4］殷宜初，刘洪瑞.防火绝热兼优是建筑节能保温的必备性能——论酚醛泡沫发展趋势.建设科技.2018(6)下.

［5］陈一全.酚醛泡沫保温板改性研究与工程应用分析.青岛理工大学学报.2018(5).

［6］刘超群.聚苯颗粒-玻化微珠复合防火保温砂浆的研究[D].重庆：重庆大学，2014年：43.

［7］邸小波，鲍崇高，高义民，谢振刚，胡永年.真空绝热板导热系数与板内真空度关系研究.

［8］阚安康，康利云，曹丹.真空绝热板使用寿命数值分析及预测.上海海事大学商船学院，2014-08-14.

［9］马科.真空绝热板薄抹灰应用技术基础研究.2014.

［10］解小娟.EPS混凝土砌块墙体抗压性能及热工性能研究.

［11］杨正俊.横孔连锁混凝土砌块墙体传热性能分析.

［12］马婷婷.蒸压加气混凝土砌块自保温墙体的建筑构造及热工性能试验研究.

［13］刘华存.基于三维稳态传热模拟的自保温系统热工性能研究.

［14］肖群芳.普通砌筑与抹灰砂浆的应用研究.

［15］吕宪春.混凝土小型空心砌块墙体开裂原因分析及控制.

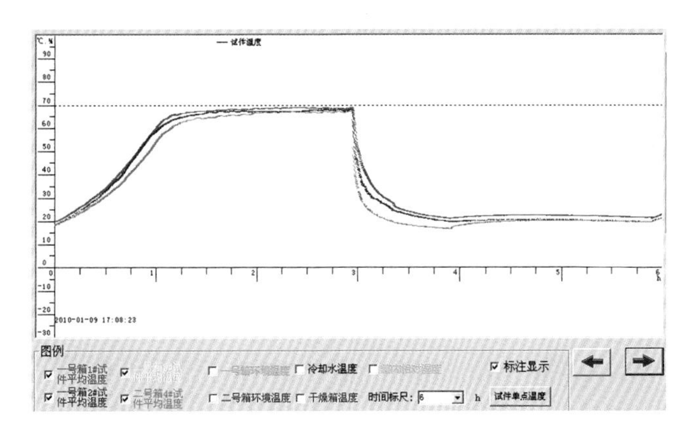

图 7-16　高温–淋水循环稳定一个周期内仪器记录的温度图

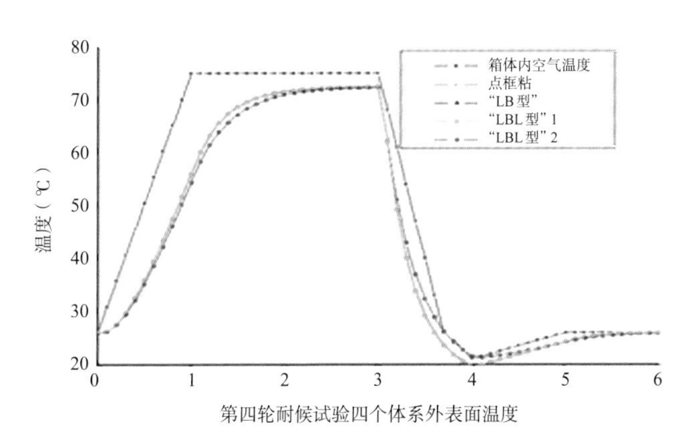

图 7-17　挤塑板系统高温–淋水循环一个周期内各墙体外表面温度图

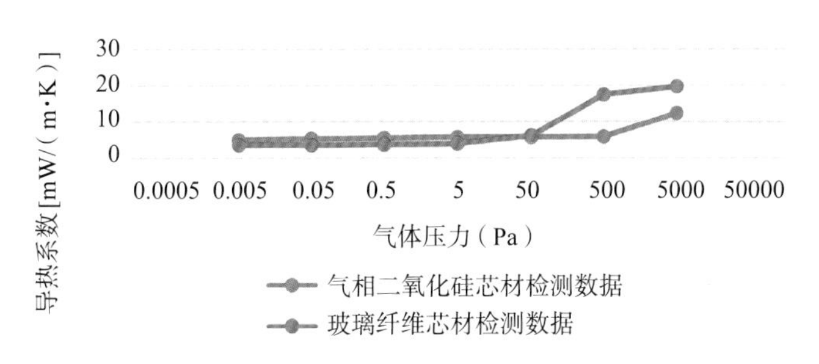

图 13-3　真空绝热板导热系数与板内压力之间关系曲线

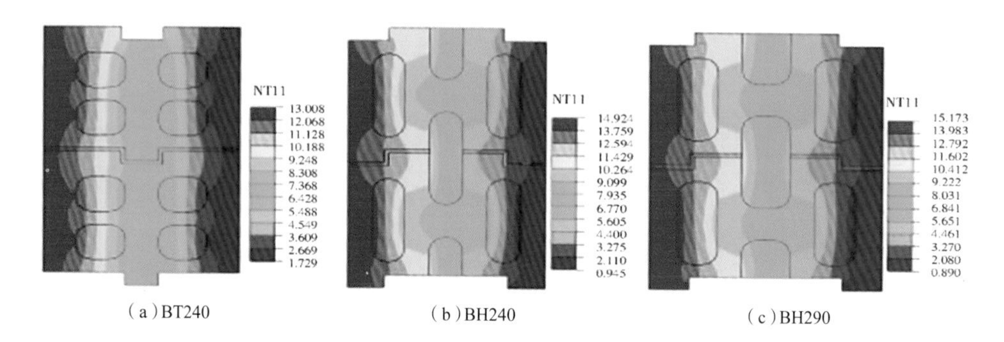

（a）BT240　　（b）BH240　　（c）BH290

图 14-16　未填充保温材料温度分布云图

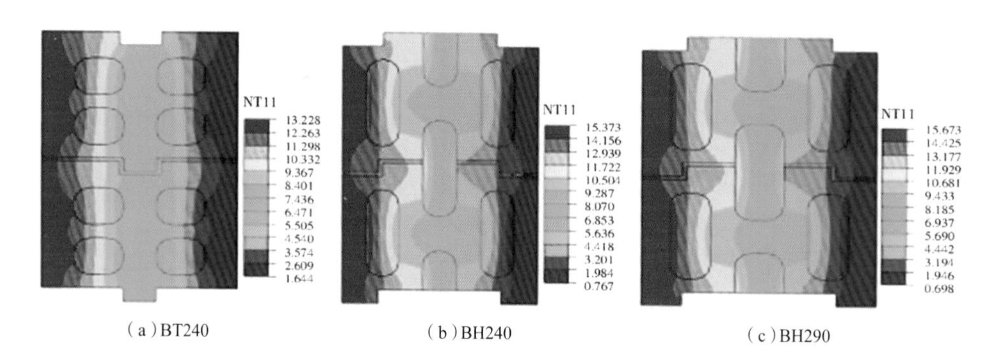

（a）BT240　　（b）BH240　　（c）BH290

图 14-17　填充保温材料温度分布云图

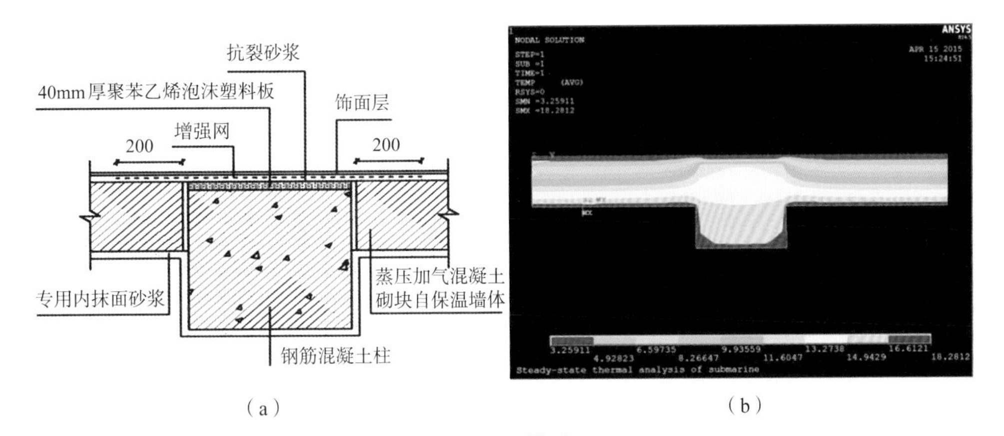

图 14-18　模型 A

(a)框架柱节点处的建筑构造图；(b)墙体温度分布云图

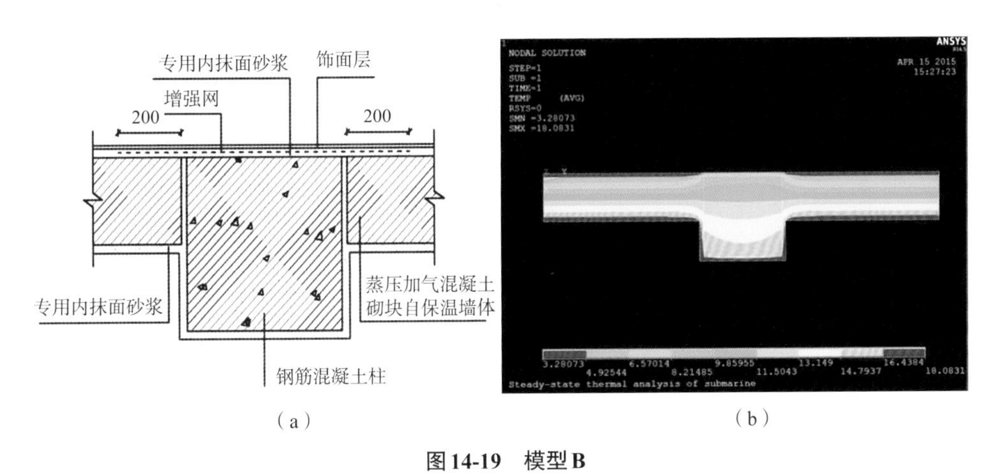

图 14-19　模型 B

(a)框架柱节点处的建筑构造图；(b)墙体温度分布云图

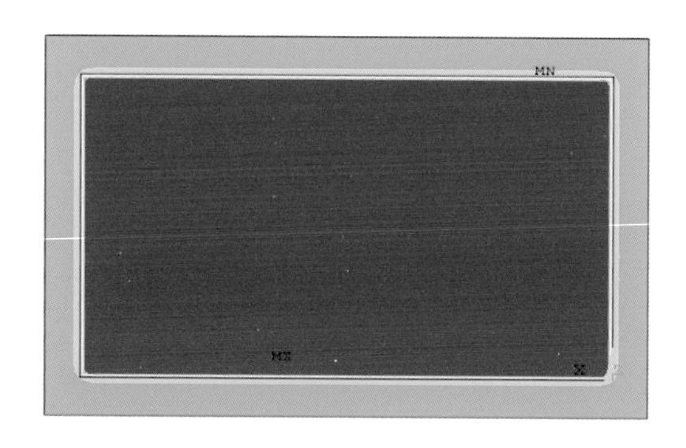

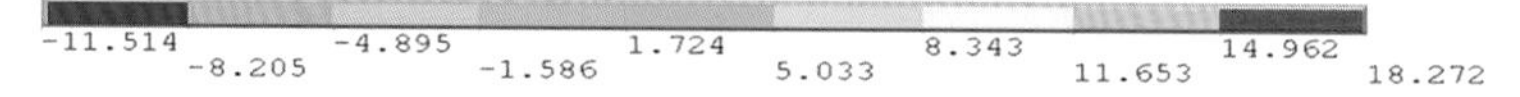

图14-27 框架加气混凝土墙自保温冬季温度场

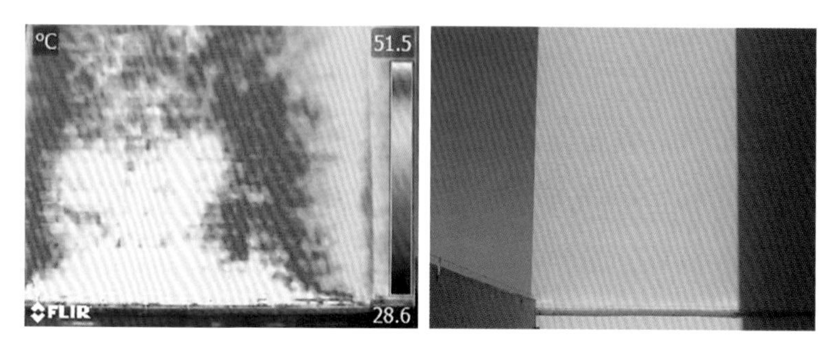

图15-21 1号楼南立面西侧红外成像及对应照片

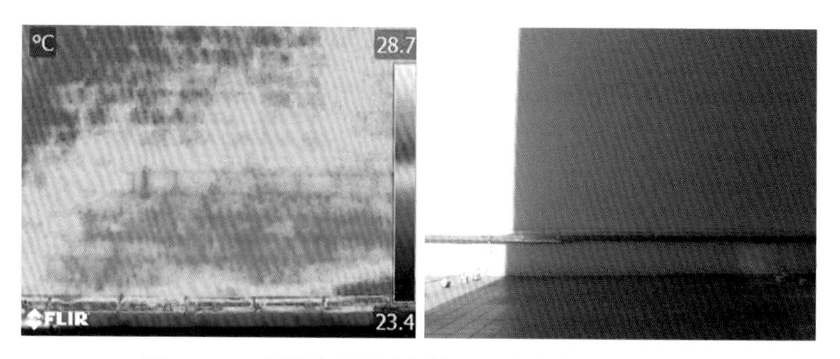

图15-22 1号楼南立面中间墙面红外成像及对应照片

图15-23 4号楼南立面东侧墙面红外成像及对应照片

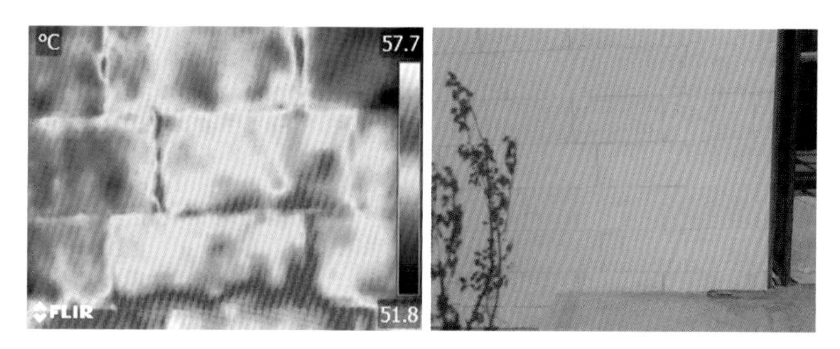

图15-24　4号楼西立面北侧墙面红外成像及对应照片

图15-25　4号楼西立面南侧墙面红外成像及对应照片

图15-26　4号楼东立面中间墙面红外成像及对应照片

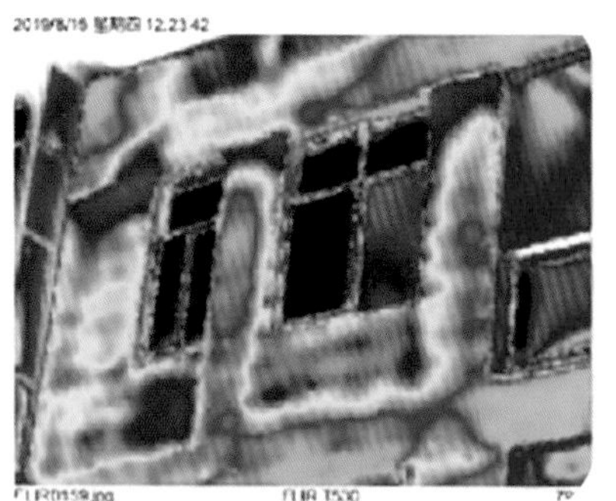

图 15-32　某工程外墙空鼓红外成像及对应位置照片

图 15-33　某工程外墙空鼓红外成像及对应位置照片

图 15-34　某工程外墙空鼓红外成像及对应位置照片

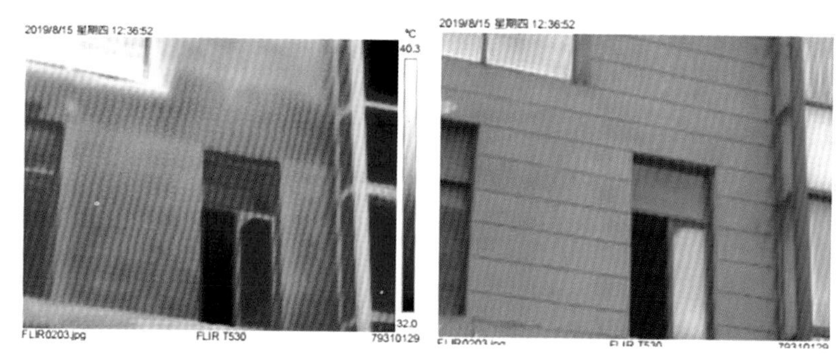

图 15-35　某工程外墙空鼓红外成像及对应位置照片

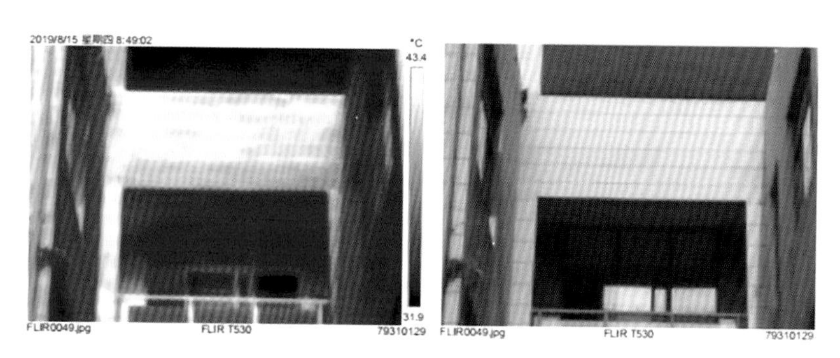

图 15-36　某工程外墙空鼓红外成像及对应位置照片

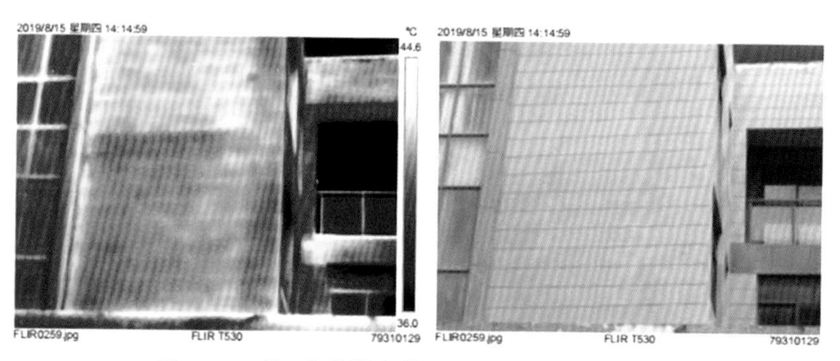

图 15-37　某工程外墙空鼓红外成像及对应位置照片

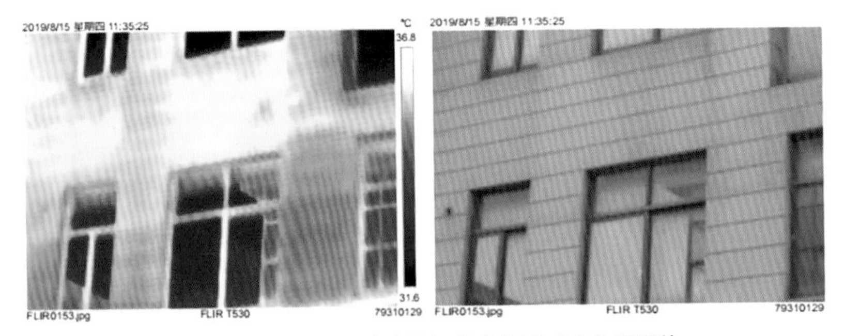

图 15-38　某工程外墙空鼓红外成像及对应位置照片

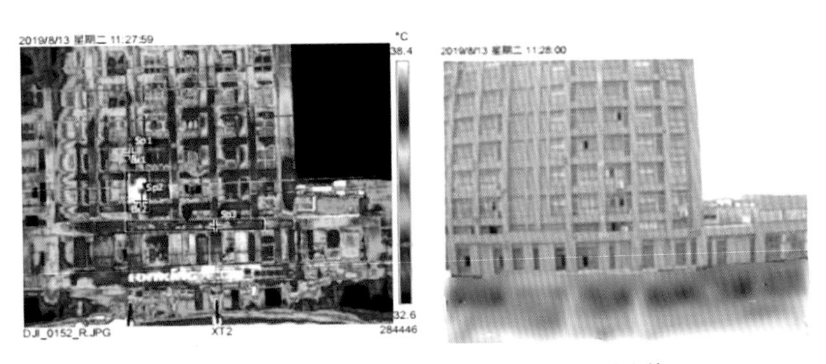

图 15-39　某工程外墙空鼓红外成像及对应位置照片

图 15-40　某工程外墙空鼓红外成像及对应位置照片